种子生产实用技术

ZHONGZI SHENGCHAN SHIYONG JISHU

张光昱　杨志辉　主编

中国农业出版社

北　京

编 写 委 员 会

编 写 人 员

主　　编：张光昱　杨志辉

副 主 编：李小岩　赵震杰　张　瑜　孙义东　赵时祥
　　　　　刘广远　刘俊涛　杨　仙　李中傲　郑　强

参编人员（按姓氏笔画排序）：

　　　　　王　伟　王　华　王全黎　王国雨　王明才

　　　　　王育楠　王登芳　尹正大　邓松梅　古晓珍

　　　　　乔新平　刘　朋　刘书斌　刘贵省　江　林

　　　　　孙红洲　闫　佩　李　烁　李　昶　李梅娜

　　　　　杨会珍　杨荣谦　杨艳丽　张　沛　张　改

　　　　　张　波　张金贵　张彩虹　陈伯林　欧长岭

　　　　　尚林山　周春纪　周振楠　郑　义　单小伟

　　　　　赵远志　赵保国　赵艳玲　党　峥　郭　军

　　　　　郭安文　曹景伟　梁　辉　韩红平　谭晓伟

民以食为天，农以种为先。种业是农业基础性核心产业，种子是农业生产特殊的、不可替代的、最基本的生产资料，是农业科学技术和各种农业生产资料作用的载体。"一粒种子可以改变一个世界"，推动农业绿色发展，离不开优良种子；要做到"藏粮于地、藏粮于技"，更离不开优良种子。优良品种是农业科技的核心载体，我国目前农作物良种覆盖率已达96%，良种对农业科学技术的贡献率已超过43%，并且我国粮食总产量每上一个台阶都与突破性品种选育紧密相关。新形势下，农业的主要矛盾已由总量不足转变为结构性矛盾，阶段性、结构性的供过于求与供给不足日益凸现。我国农业发展环境正在发生深刻变化，老问题不断积累，新矛盾不断涌现，面临着品种结构不平衡、消费结构升级、国内外市场联动增强等困难和挑战。种植业结构调整势在必行，而种业首当其冲。种子将成为农业供给侧结构性改革的"排头兵"，种业将成为农业供给侧结构性改革、发展现代农业的先导产业。党的十八大以来，以习近平同志为核心的党中央高屋建瓴地提出了新时期国家粮食安全的新战略，并强调"中国人的饭碗任何时候都要牢牢端在自己手上"、确保"谷物基本自给，口粮绝对安全"。党的十九大报告再次明确提出要"确保国家粮食安全，把中国人的饭碗牢牢端在自己手中"。要保证国家粮食安全，倡导农业绿色发展，适应农业可持续发展，服务农业供给侧结构性改革，种业必须先行。

为了做好种子技术研究、服务农业生产，由南阳市种子技术服务站从事种子工作近30年的高级农艺师张光昱、研究员杨志辉牵头，组织李小岩、赵震杰、张瑜等种子技术服务系统技术人员共同编写了本书。本书适用于种子生产者、经营者及种子生产相关人员等。本书主要介绍种子学的基础知识和基本概念、种子生产技术、种子贮藏加工、种子质量控制及新品种试验等技术规范等。结合近年来南阳市种子技术服务站开展的业务，编者对主要作物品种的利用趋势及南阳当地审定的品种和南阳当地利用的品种进行了介绍。

在本书的编写过程中，得到了南阳市农业农村局、南阳市农业科学院、南阳市种子管理站、南阳市水稻生产办公室、南阳市蔬菜生产办公室等单位和有关专家的帮助和指导，书中参考和引用了一些专家、学者的著作及研究成果，在此向他们表示崇高的敬意和深深的谢意！

由于时间仓促及水平所限，书中难免有疏漏之处，恳请读者批评指正。

编　者

2020 年 6 月

CONTENTS 目 录

第一章

种 子 基 础 知 识

第一节 农作物种子概述

一、农作物种子的概念

种子是植物的繁殖器官，是长期进化的结果，是植物有性繁殖的最高形式，同时种子也是农业生产最基本的生产资料，是人工选择的结果。种子对于植物和农业都具有十分重要的意义。

（一）种子在植物学方面的概念

种子是植物个体发育的一个阶段，从受精后种子的形成开始，到成熟后的休眠、萌发，是一个微妙的、独特的生命历程，它既是上一代发育的结果，又是下一代生活的开端，是植物世代交替的"中转站"。此外，它也可以单独完成自己的生活史，即从种子形成后经过活力的逐步下降，衰老以至死亡的过程。种子系高等植物所特有，是植物长期进化的产物。在植物学上，种子是指从胚珠发育而成的繁殖器官，包括种皮、胚、胚乳3个主要部分。

（二）种子在农业生产方面的概念

从农业生产的角度来说，其含义要比植物学上的概念广泛，是指一切可以被用作播种材料的植物器官。不管它是植物体的哪一部分，也不管它在形态构造上是简单还是复杂，只要能繁殖后代的都统称为种子。现在农业生产上所常用的播种材料有许多种，大体上可以归纳为5类：真种子、类似种子的果实、营养器官、繁殖孢子、人工种子。习惯上，农业工作者所讲的种子多是指农业生产上的种子。农业生产上良种有2方面含义，一是作物优良品种，二是作物的优良种子。这两者关系密切，良种必须是优良品种的优良种子。所谓优良品种，就是该品种具有新颖性、区别性、均匀性、稳定性，且能符合农业生产要求。优良种子是指种子本身具有良好的播种品质，也就是要具备以下几个条件：①纯净一致。纯度高，净度好。②饱满完整。种子充分发育，整齐一致，组织致密。③健全无病虫。内外无病虫感染，无虫蛀。④活力强。发芽势强，发芽率高，出苗整齐一致。

（三）《中华人民共和国种子法》中的种子概念

《中华人民共和国种子法》第二条第二款指出："本法所称种子，是指农作物和林木的种植材料或者繁殖材料，包括籽粒、果实、根、茎、苗、芽、叶、花等。"

二、种子的植物学分类

种子的分类方法有多种，但最常用的有两种，一种是根据胚乳的有无分类，另一种是根据植物形态学分类。这两种分类方法各有其优缺点：前者方法比较简单，但有时不明确，因为有许多植物种子虽然被列入无胚乳种子，但却含有少量胚乳，如十字花科和豆科的某些属；后者虽然较为麻烦，却能把种子的形态特征与种子的识别、检验和利用综合起来，对指导生产有一定意义。现将两种方法分述如下：

（一）根据胚乳有无分类

在被子植物中，有些植物种子中的胚乳在发育过程中被子叶吸收，成熟后的种子没有胚乳，叫作无胚乳种子，如大豆、黄瓜、番茄的种子；成熟后有胚乳的种子叫作有胚乳种子，如小麦、水稻、玉米、蓖麻的种子。根据种子中胚乳的有无和多少，可将种子分为有胚乳种子和无胚乳种子2大类。

1. 有胚乳种子

这类种子均具较发达的胚乳。根据种子子叶的数目，可分为单子叶有胚乳种子和双子叶有胚乳种子。单子叶有胚乳种子主要包括禾本科、百合科、姜科、棕榈科、天南星科等植物的种子；双子叶有胚乳种子则主要包括茄科、伞形科、藜科、苋科、大戟科、蓼科等植物的种子。

若根据胚乳的来源，有胚乳种子又可分为3种：

（1）内胚乳发达。在有些种子中，胚只占据种子的一小部分，而其余大部分为内胚乳，如禾本科、茄科、伞形科、百合科等植物的种子。

（2）外胚乳发达。有些植物的种子，在形成过程中消耗了所有的内胚乳，但由珠心层发育而成的外胚乳保留了下来，如藜科、石竹科、苋科等植物的种子。

（3）内外胚乳同时存在。在同一个种子中既有内胚乳又有外胚乳，这样的植物很少，只有胡椒、姜等。

2. 无胚乳种子

这类种子在其发育过程中，胚乳中的营养物质大都转移到了胚中，因而有较大的胚，子叶尤其发达，而胚乳却不复存在。也有些植物种子的胚乳没有完全消失而有少量残留，亦应归于此类。无胚乳种子主要包括豆科、十字花科、锦葵科、葫芦科、蔷薇科、菊科等植物的种子。

（二）根据植物形态学分类

从植物形态学的观点来看，同一科属的种子常具有共同特点。根据这些特点，可以把种子分为五大类：

1. 包括果皮及其外部的附属物

禾本科：颖果，外部包有稃（即内外颖，有的还包括护颖），植物学上常称为假果，如稻、大麦（有皮大麦）、燕麦、二粒小麦、莫迦小麦、薏苡、粟、黍等。

藜科：坚果，外部附着花被及苞叶，如甜菜、菠菜等。

蓼科：瘦果，花萼不脱落成翅状或肉质，附着在果实基部，称为宿萼，如荞麦、食用大黄等。

2. 包括果实的全部

禾本科：颖果，如普通小麦、黑麦、玉米、高粱、裸大麦等。

蔷薇科：瘦果，如草莓等。

豆科：荚果，如黄花苜蓿（金花菜）等。

大麻科：瘦果，如大麻等。

荨麻科：瘦果，如苎麻等。

山毛榉科：坚果，如粟等。

伞形科：悬果，如胡萝卜、芹菜、茴香、防风、当归、芫荽等。

菊科：瘦果，如向日葵、菊芋等。

莲科：坚果，如莲等。

3. 包括种子及果实的一部分（主要是内果皮）

蔷薇科：桃、李、梅、杏、樱桃等。

杨梅科：杨梅等。

鼠李科：枣等。

五加科：人参等。

4. 包括种子的全部

石蒜科：葱、洋葱、韭菜、韭葱等。

山茶科：茶、油桑等。

锦葵科：黄麻、苘麻等。

番木瓜科：番木瓜等。

葫芦科：南瓜、冬瓜、西瓜、甜瓜、黄瓜、葫芦、丝瓜等。

十字花科：油菜、甘蓝、萝卜、芥菜、白菜、荠菜等。

苋科：苋菜等。

蔷薇科：苹果、梨、蔷薇等。

豆科：大豆、菜豆、绿豆、花生、刀豆、扁豆、豇豆、蚕豆、豌豆等。

亚麻科：亚麻等。

芸香科：柑、橘、柚、金柑、柠檬、佛手等。

葡萄科：葡萄等。

旋花科：甘薯、蕹菜等。

茄科：茄子、烟草、番茄、辣椒等。

胡麻科：芝麻等。

5. 包括种子的主要部分（种皮的外层已脱去）

银杏科：银杏等。

第二节 种子的形态构造与成分

一、种子的形态构造

种子是植物的繁殖器官，长期的进化使其形态构造方面发生显著分化，形成多种多样的种子。所以熟练掌握种子的形态构造、灵活运用种子的分类方法，是做好种子精选分级、安全贮藏及纯度检验的基础。

（一）种子的外部性状

地球上分布的种子植物约有 25.5 万种，其中绝大部分是被子植物，裸子植物仅有 700 余种。各种植物的种子在形态构造上千差万别。

1. 外形

种子的外形以球形（豌豆）、椭圆形（大豆）、肾脏形（菜豆）、牙齿形（玉米）、纺锤形

（大麦）、扁椭圆形（蓖麻）、卵形或圆锥形（棉花）、扁卵形（瓜类）、扁圆形（兵豆）、楔形或不规则形（黄麻）等较为常见。其他比较稀少的有三棱形（荞麦）、螺旋形（黄花苜蓿的荚果）、近似方形（豆薯）、盾形（葱）、钱币形（榆树）、头颅形（椰子）。种子的外形一般可以肉眼观察，但有些细小的种子则需借助于放大镜或显微镜等仪器才能观察清楚。

2. 色泽

由于种子含有不同的色素，往往会呈现不同的颜色及斑纹，有的鲜明、有的黯淡、有的富有光泽。在实践中可根据不同的色泽来鉴别作物的种和品种，例如，大多数玉米品种的籽粒呈橙黄色，有的品种则呈鲜黄色、浅黄色、玉白色，乃至乳白色。大豆亦因品种不同，种子会呈现多种多样的颜色，如浅黄、淡绿、紫红、深褐、黑色等。小麦品种根据外表颜色可分为红皮和白皮两大类，每种类型又有深浅明暗的差别。种子所含的色素存在于不同的部位，如荞麦的黑褐色存在于果皮内；红米稻的红褐色、高粱的棕褐色存在于种皮内；大麦的青紫色存在于糊粉层内；玉米的黄色则存在于胚乳内。

3. 大小

种子的大小常用籽粒的平均长、宽、厚或千粒重来表示。不同植物的种子，大小相差悬殊。就农作物而言，大粒蚕豆的千粒重可达 2 500 克以上，而烟草种子的千粒重仅 0.06～0.08 克。同一种作物因品种不同，种子大小的变异幅度也相当大，如小粒玉米的千粒重约50 克，而大粒品种可达 1 000 克以上。主要农作物的种子千粒重大多数在 20～50 克。

种子的形状和色泽在遗传中是相当稳定的性状，而在不同品种之间，往往存在着显著的差异。种子大小是品种特征之一，种子的长度和宽度一般比较稳定，但厚度及千粒重却受生长环境和栽培条件的影响较大，即使是同一品种在不同地区和不同年份，种子的充实饱满程度亦有较大差异。应该指出，作物种子的形状、色泽和大小不但会受到作物成熟期间气候条件的影响，同时和种子本身的成熟度也有密切关系。

（二）种子的基本构造

农作物种子形形色色，形态性状非常多样化，但从解剖构造上看，几乎所有种子都是由各种功能细胞组成的多孔毛管体系，都是由 3 个基本组分——起保护作用的皮层、种胚、营养贮藏体胚乳或子叶组成。

1. 果皮和种皮

有些果实表面和种子很相像，如颖果、瘦果、坚果以及少数作物的荚果等。这些果实在农业生产实践中，通常不必脱去果皮，可以直接作为播种材料。尤其禾谷类的颖果，是一种非常重要的种子，其种皮与果皮很薄，紧密贴在一起，为了方便，往往称之为果种皮。

果皮和种皮是包围在胚乳外部的保护构造，其组织的层次与厚薄、结构的致密程度、细胞所含的各种化学物质（如单宁、色素等）等都会在不同程度上影响到种子与外界环境的关系。

果皮由子房壁发育而成，一般分 3 层：外果皮、中果皮及内果皮。但在农作物中，水稻、小麦、玉米、荞麦等果皮分化均不明显。外果皮通常由 1 层或 2 层表皮细胞组成，常有茸毛及气孔。中果皮大多数只有 1 层，内果皮细胞 1 至数层不等，在果皮或稃壳上往往分布着非常明显的输导组织（维管束）。果皮的颜色有的是由花青素产生的，有的是由于存在着杂色体的缘故，未成熟的果实中含有大量的叶绿素。

种皮由 1 层或 2 层珠被发育而成，外珠被发育成外种皮，内珠被发育成内种皮。外种皮质厚而强韧，内种皮多为薄膜状。禾谷类作物种皮到成熟时，只残留痕迹，而豆类作物种皮一般都很发达，且在种皮的细胞中，不含原生质。在种皮外部通常可以看到胚珠的痕迹，有时种子太小，不易观察清楚。有些种子在发育过程中，胚珠附近的细胞发生变化，某些痕迹就不存在了。一般在种子外部可看到发芽口、脐、脐条、内脐等胚珠痕迹。

2. 胚

胚是种子最主要的部分，通常是由受精卵发育而成的幼小植物体。各类种子的胚，因各部分的构造与发育程度不同，其形状各异，但所具备的基本器官是完全相同的，一般可分为胚芽、胚轴、胚根和子叶 4 部分。

（1）胚芽。它是叶、茎的原始体，位于胚轴的上端，顶部就是茎的生长点。在种子萌发前，胚芽的分化程度是不同的，有的在生长点基部已形成 1 片或数片初生叶，有的仅仅是一团分生细胞。禾本科植物的胚芽是由 3～5 片胚叶所组成的，着生在最外部的 1 片呈圆筒状，称为芽鞘。

（2）胚轴。它是连接胚芽和胚根的过渡部分。双子叶植物子叶着生点和胚根之间的部分，称为下胚轴，而子叶着生点以上的部分，称为上胚轴。在种子发芽前多数不明显，所以胚轴和胚根的界限通常从外部看不清楚，只有根据解剖学观察才能确定。有些种子萌发时，随着幼根和幼芽的生长，其下胚轴也迅速地伸长，把子叶和幼芽顶出，如大豆、豌豆等。禾谷类作物籽实的胚轴部分不明显，但在黑暗中萌发时，会延长成为第一节间，称为中胚轴，亦称中茎。

（3）胚根。它在胚轴下面，为植物未发育的初生根，有 1 条或多条。在胚根中已经可以区分出根的初生组织与根冠部分，在根尖有分生细胞。当种子萌发时，这些分生细胞迅速生长和分化，产生根部的次生组织。

（4）子叶。它是种胚的幼叶，具有 1 片（单子叶植物称内子叶、子叶盘或盾片）、2 片（双子叶植物）或多片（裸子植物），子叶和真叶是不同的，子叶常较真叶厚，叶脉一般不明显，也有较明显的，如蓖麻。子叶在种子内的主要功能是贮藏营养物质，如大豆、花生的子叶含有丰富的蛋白质和脂肪；蚕豆、豌豆的种子除蛋白质外，还含有大量的淀粉。双子叶植物种子的胚芽着生于 2 片子叶之间，子叶起保护作用。2 片子叶通常大小相等，互相对称，但也有 2 片子叶大小不同的类型，如棉花、油菜等。出土的绿色子叶是幼苗最初的同化器官。禾本科种子的子叶（即盾片）具有特殊的生理功能，在发芽时能分泌酶，使胚乳中的养料迅速分解，成为简单的可溶性物质，并吸收以供胚利用，起传递养料的桥梁作用。

通常每粒种子只有 1 个胚，但也有同一粒种子里包含着 2 个或 2 个以上胚的情况，多胚容易和复粒相混淆。复粒是在同一个花内，由 2 个或 2 个以上的子房发育而成，例如，复粒稻是在一粒谷子里有 2 个或 2 个以上的米粒，而每粒米是 1 个颖果，只有 1 个胚，所以不能称为多胚。

3. 胚乳

胚乳按来源不同分为外胚乳和内胚乳 2 种。由珠心层细胞直接发育而成的，称为外胚乳；由胚囊中受精极核细胞发育而成的，称为内胚乳。有的胚乳在种子发育过程中被胚吸收而消耗殆尽，仅留下 1 层薄膜，因而成为无胚乳种子。在无胚乳种子中，营养物质主要贮藏在子叶内，如豆科、葫芦科、蔷薇科及菊科植物种子。在有胚乳种子中，一般内胚乳比较发达，如禾本科、茄科、伞形科等植物种子，仅有少数植物种子的外胚乳比较发达，如藜科、石竹科等植物种子。胚乳的营养对幼苗健壮程度有着重要的影响。胚乳花粉的色泽对玉米杂交种鉴定具有重要作用。

二、种子的成分

种子成分的性质、含量及分布会影响到种子的生理特性、耐贮性、加工品质和营养品质。

（一）种子的成分组成

种子的成分有许多种类，包括水分、营养成分、矿物质、维生素、酶及色素等物质。其中营养成分主要有淀粉、脂肪和蛋白质。按照主要营养成分和用途，可以分为：①粉质种子，如水稻、玉米、小麦和高粱等；②蛋白质种子，如大豆；③油质种子，如花生、油菜、芝麻等。水稻种子的淀粉含量大部分为 $65\%\sim70\%$，脂肪为 $2\%\sim3\%$，蛋白质含量因所属类型而不同，籼稻一般为 $8\%\sim10\%$、粳稻一般为 $6\%\sim9\%$。小麦种子的淀粉含量为 $50\%\sim55\%$，蛋白质含量一般为 $10\%\sim14\%$，赖氨酸含量为 $0.19\%\sim0.37\%$。各种成分的含量不仅在作物品种之间存在很大差异，而且会因气候、土壤及栽培条件的影响而发生一些变化。但在正常稳定的条件下，同一品种的种子化学成分变动的幅度较小。

（二）种子的成分分布

农作物种子中各种成分的分布很不均衡，在不同部位的含量相差很大。胚在整粒种子中所占比重很小，但含有较高的蛋白质、脂肪、可溶性糖和矿物质。如稻胚中含有水分 8.8%，蛋白质 $18.1\%\sim20.9\%$，脂肪 $17.6\%\sim23.8\%$，矿物质 $8.9\%\sim9.1\%$。胚部不含淀粉（如小麦）或仅含少量淀粉（如水稻），但却含有高浓度的可溶性糖，如稻胚中的可溶性糖约占 20%，其中蔗糖占近一半。禾谷类种子的胚部富含维生素，其中维生素 B_1 和维生素 E 较多。胚的营养价值很高，但由于其中糖分、脂肪和水分含量较高，在贮藏过程中比其他部分更容易变质。

胚乳是养料的贮藏器官，胚乳细胞中充满了淀粉粒和蛋白质，种子的全部淀粉和大部分蛋白质集中于胚乳之中。麸皮（包括果种皮）中极少含有营养成分，因为充分成熟的果种皮细胞中已不存在原生质，而是无内含物的空细胞壁，其纤维素和矿物质的含量特别高。

糊粉层是胚乳的外层，在种子中所占的比例很小，如小麦中仅 1 层细胞，但却含有非常丰富的蛋白质（主要以糊粉粒的形式存在）、脂肪、矿物质和维生素，其化学成分的特点与胚部大致相同。

第三节　种子寿命与劣变

种子的播种品质是否符合生产要求，首先取决于种子是否具有旺盛活力。丧失活力的种子，在生产上是没有价值的。因此，保持种子活力、延缓种子衰老、延长种子寿命具有重要的实践意义。

一、种子活力

种子活力与生命力、生活力、发芽力等都是反映种子生命状况的标志，既有联系又有区别。

生命力是表示种子有无生命活动的能力。凡是没有完全死亡，生命活动现象尚未消失的种子都是具有生命力的种子。生活力是指种子萌发的潜在能力。常采用快速的生活力测定判断种子发芽率的高低。有生活力的种子并不都有萌发能力，有萌发能力的种子都具有生活力。发芽力是指种子在适宜萌发的条件下，形成正常幼苗的能力，通常以发芽率表示。种子活力是指种子在一般田间条件下的成苗力。一般来说，生活力、发芽力与活力呈正相关，但三者并不完全一致，常会有生活力和发芽力较高的种子，活力很低。只有活力测定才能提供可靠的种子田间信息。

二、种子寿命

（一）种子寿命的含义

种子寿命是指种子群体在一定环境条件下保持生活力的期限。实质上每粒种子都有一定的生存期限，但目前尚无法逐一加以测定，只能用取样的方法，每隔一定时间从种子群体中取出一小部分作为代表，测定其存活率。当一批种子的发芽率从收获后降低到半数种子存活所经历的时间，即为该批种子的平均寿命，也称半活期。因为一批种子死亡点的分布呈正态分布，因此半活期正是一批种子死亡的高峰期。

种子的寿命因作物种类不同而差异悬殊，短则数小时，长则可达千、万年。据报道，迄今为止寿命最长的种子是在北极冻土地带旅鼠洞中发现的羽扇豆，经处理后仍可发芽并长成正常植株，据测其寿命已达 1 万年以上。在我国辽东半岛南部 1 个干涸湖底挖掘出 1 000 多年前的古莲籽仍然能开花结果，这是在我国迄今为止发现的寿命最长的种子。

（二）植物种子寿命的差异性

植物种子寿命长短的差异很大，这种差异性是由多方面因素造成的。由植物本身的遗传特性所决定。例如，禾谷类种子一般寿命较短，葫芦科种子则寿命较长；又如豆科种子，绿豆和紫云英种子寿命比大豆和花生长得多。另外，受环境条件的作用，包括种子留在母株上时的生态条件以及收获、脱粒、干燥、加工、贮藏和运输过程中所受到的影响（表 1 - 1）。

表 1 - 1　几种种子在不同贮藏条件下的寿命

作物	贮藏条件	期限	生活力
小麦	一般贮藏条件	3 年	发芽良好
	水分 12%，密封	33 个月	82.3%
	玻璃瓶藏，混生石灰	15 年	48.6%
	人工干燥，瓶藏	25 年	16%
	低温地区	32 年	85%
水稻	水分 6%，密封	5 年	51.5%
	水分 3.6%～4.5%，密封	7 年	约 80%
	水分 10%～12%，密封，30℃以下	4 年	保持生活力
	相对湿度 55%，20～25℃	3.5 年	保持生活力
	相对湿度 80%	8 个月	丧失
玉米	一般条件	2 年	发芽良好
	玻璃瓶藏，混生石灰	5 年	95%
	水分 5%，密封	13 年	80%

（续）

作物	贮藏条件	期限	生活力
	水分14%，32.2℃	4个月	丧失
	水分7.7%，相对湿度80%	8个月	丧失
	水分10.8%	2年	63%
棉花	水分9%	5年	81%
	水分8%～11%，1～32℃	11年	发芽良好
	水分8%，1℃	13.5年	93%
	水分7%，21.1℃	15年	73%
	水分6%，35℃以上	7个月	80%以上
	麻袋藏	1年	丧失
花生	密封	4年	发芽良好
	-18℃或1℃	4年以上	100%
	27℃	4年以上	0

通常提到某一作物种子的寿命，是指它在一定的条件下，能保持其生活力的年限，当时间、地点以及各种环境因素发生改变时，作物种子的寿命也就随之改变。作物种子的寿命，在不同地区和不同条件下观察的结果虽有很大差异，但若在相同条件下观察，其结果较为一致。据 Ewart 的分类法，根据寿命长短，可将种子大致分为三大类：

（1）长命种子（15年以上）作物。如紫云英、绿豆、蚕豆、甜菜、陆地棉、烟草、芝麻、丝瓜、南瓜、西瓜、甜瓜、茄子、白菜、萝卜、豇豆、茼蒿等。

（2）常命种子（3～15年）作物。如水稻、裸大麦、小麦、高粱、粟、玉米、荞麦、向日葵、大豆、菜豆、豌豆、番茄、菠菜、葱、洋葱、大蒜、胡萝卜等。

（3）短命种子（3年以下）作物。如甘蔗、花生、苎麻、洋葱、辣椒等。此外，许多林木、果树的种子大多寿命较短。

以上分类仅为大致划分，实际上各类型之间并没有严格界限。例如，列入第三类的花生种子，晒干后贮藏在密闭条件下，可以贮藏8年以上而发芽仍然很好。又如玉米、大豆、菠菜、番茄均列入第二类，但在一般贮藏条件下，番茄、菠菜种子寿命要比玉米、大豆长很多。

还有一种分类方法是 Delouche 等提出的，将种子寿命划分为易藏、中等、难藏3个类型。这种方法比较确切地表示了种子寿命与贮藏的关系。

（三）正常型种子和顽拗型种子

按种子贮藏特性不同分为正常型种子和顽拗型种子。

1. 正常型种子

正常型种子具有适于干燥低温贮藏的特性。一般来说，种子水分和贮藏温度越低，越有利于延长种子寿命。大多数农作物和牧草种子均属于这一类型。

2. 顽拗型种子

顽拗型种子具有不耐低温贮藏和不耐脱水干燥的特性。一般来说，脱水干燥会造成种子损伤，0℃以下低温会引起冻害，而造成种子死亡，如茶、板栗、咖啡、可可和橡胶等种子。顽拗型种子特性的形成和当地的地理气候条件有很大关系。热带气候高温潮湿，种子随时可以萌发长成植株，多年生木本植物的种子客观上不需具有较长的寿命以度过不良环境。因此，顽拗型种子的寿命较短。为了延长顽拗型种子的寿命，必须满足其生理上需要的条件，即较高的水分、较高的温度和充足的氧气。

顽拗型种子可以通过干燥和低温处理后是否死亡来鉴别，但正常型种子用不适当的干燥方法和低温处理（如速度太快或者变化幅度太大）也会造成死亡。因此，确定某种子是否属于顽拗型种子，必须经过多年研究和反复验证才能得出结论。

三、种子劣变

(一) 种子劣变的含义

种子劣变是指种子的结构和生理机能恶化。种子在生理成熟时，其活力达到最高点，随着贮藏时间的延长，种子逐渐老化，最终丧失发芽能力。种子老化的过程是渐进式的，而且是有次序的，通常是先发生生物化学变化，再发生生理变化。陶嘉龄和郑光华在总结前人研究的基础上，提出种子生活力丧失机理可分为两个阶段，即生化劣变和生理劣变。生化劣变表现为膜系统受损，膜结构与功能的改变，渗漏增加；酶活性下降，如脱氢酶活性的下降；高能量化合物合成速度下降；呼吸速率下降，耗氧量减少；蛋白质及 RNA 合成速率下降；染色体及 DNA 受损，突变增加。生理劣变表现为种子耐贮力下降，萌发及生长减缓，萌发整齐度下降，抗逆境能力下降，出苗率降低，不正常幼苗增加，种子失去发芽能力。

(二) 种子活力丧失的机理

作物种子的贮藏条件不论如何控制，若贮藏时间超过一定期限，种子活力终会逐渐减弱以至完全消失。目前种子活力丧失的原因尚未明确，一般认为有以下几点：

1. 有毒物质的积累

一类是可以诱导 DNA 变异的物质，如脂质氧化的产物丙二醛；另一类是抑制生长的物质，如酚类、脱落酸和发酵产物丙醇、乙醇等。

2. 营养物质的损耗

种子的生存需要能量供应，需要某些易被利用的物质存在于胚部，不断地供细胞利用。种子经长期贮藏后，胚部可溶性营养物质消耗太多，一旦营养物质耗尽，则胚部细胞因"饥饿"而死。

3. 胚部细胞核变性

很多衰老明显的种子，在将要完全丧失活力之前，其胚部细胞核就表现生理失常，染色体受损，有丝分裂发生障碍，即使萌发亦表现畸形。如变质继续发展，则必然导致胚部细胞的完全残废，种子完全丧失活力。

4. 激素的变化

许多人认为活力的丧失与激素有关，即与抑制物质的产生和萌发促进物质的缺乏存在联系。有研究曾发现高活力的花生种子中类似赤霉素的物质含量较高，而在失去活力的种子中消失，并出现类似脱落酸的物质。试验中也曾发现在稻谷的陈种子中有累积脱落酸、紫苜蓿的陈种子中有累积乳酸等。

5. 蛋白质变性

有观点认为种子活力丧失是由于胚部细胞所含蛋白质分子失去活化能力，以致完全凝固而不能转化。但也有观点认为种子内所含酶失去作用，不能把复杂物质分解为简单物质或催化其他反应。

（三）导致种子劣变的因素

种子寿命长短除决定于遗传特性外，还与种子本身个体发育状况有密切关系，如籽粒的大小、饱满度、成熟度及化学组成等，这些内在因素都可能或多或少影响种子的活力及寿命。影响种子活力及寿命的外因很复杂，贮藏期间起决定作用的是水分和温度，其次有光、气体及病虫等。

1. 内在因素

（1）种子的遗传性。不同植物的种子寿命长短有差异。根据以往的观察记载，豆科、锦葵科及睡莲科植物的种子寿命一般比较长，葫芦科、唇形科、梧桐科的种子也有大部分是长寿的。曾有科研人员观察过 1 400 种种子，其中 49 种经 50 年以上贮藏，仍能保持活力，其中豆科植物种子占 37 种。近年的研究成果也充分证明了种子寿命与遗传性的密切关系。

（2）种皮结构。种皮（有时包括果皮及其附属物）是空气、水分、营养物质进出种子的必然通道，也是微生物侵入种子的天然屏障。凡种皮结构坚韧、致密且具有蜡质层和角质层的种子，劣变较慢。反之，种皮薄、结构疏松、外无保护结构和组织的种子，劣变较快。种皮的保护性能也影响到种子收获、加工、干燥、运输过程中遭受机械损伤的程度，凡遭受严重机械损伤的种子，其劣变将明显加快。

（3）种子的化学成分。糖类、蛋白质和脂肪是种子中三大类贮藏物质，其中脂肪较其他两类物质更容易水解和氧化，常因酸败而产生大量有毒物质，如游离脂肪酸和丙二醛等，对种子生活力造成很大威胁，容易导致种子劣变。

（4）种子的生理状态。种子若处于活跃的生理状态，其耐贮性是很差的。生理状态活跃的明显指标是种子呼吸强度增强。凡未充分成熟的种子、受潮受冻的种子，尤其是已处于萌动状态的种子或发芽后又重新干燥的种子，均由于旺盛的呼吸作用而导致迅速劣变。

（5）种子的物理性质。种子大小、硬度、完整性、吸湿性等因素均影响种子劣变，因为这些因素归根结底影响着种子的呼吸强度。小粒、瘦粒、破损种子，其比表面积较大，且胚部占整粒种子的比例较高，因而呼吸强度明显高于大粒、饱满和完整的种子，其劣变较快。吸湿性强的种子，相应地含水分和微生物较多，容易引起种子劣变。

2. 环境因素

（1）湿度。在贮藏环境条件下，种子水分会随着贮藏环境的湿度而变化，因为种子若不是完全密闭贮藏在容器内，它必定会和周围环境的湿度产生交换而达到自动平衡。如果环境湿度较高，种子将会吸湿而使水分增加，而种子水分是影响种子劣变的最关键因素。种子水分和种子呼吸强度关系最为密切。当种子中出现自由水时，种子的呼吸强度激增，同时自由水的出现使种子中的酶得以活化，使各种生理过程尤其是物质的分解过程加速进行，导致种子迅速劣变。

（2）温度。贮藏温度是影响种子劣变的另一个关键因素。在水分得到控制的情况下，贮藏温度越低，正常型种子的劣变就越慢，反之高温对种子安全贮藏十分不利。首先，在 0～55℃范围内，种子的呼吸强度随着温度上升而增加。其次，温度增高有利于仓库害虫和微生物活动以及脂质的氧化和变质。若温度再上升，则会引起蛋白质变性和胶体的凝聚，使种子的生活力迅速下降。若种子水分偏离又处于高温条件下，种子会很快死亡。

（3）气体。据研究，氧气会促进种子的劣变和死亡，而氮气、氦气、氩气和二氧化碳则会延缓低水分种子的劣变进程，但将加速高水分种子的劣变和死亡。氧气的存在能促使种子呼吸作用和物质的氧化分解加速进行，不利于种子安全贮藏。

（4）光。强烈的日光中紫外线较强，对种胚有杀伤作用，且强光与高温相伴随，种子经强烈而持久的日光照射后，也容易丧失生活力，这当然与种子的特性和水分有关，但一般室内散射光虽长期作用于种子，亦不起显著影响。小粒而颜色深的种子放在夏季强烈的日光下暴晒，最初会降低其发芽势，继续再晒可将胚部细胞杀死，但大粒而种皮颜色较浅的种子则受害程度较轻。

（5）微生物及仓库害虫。真菌和细菌的活动能分泌毒素并促使种子呼吸作用加强，加速其代谢过程，因而影响其生活力。发生这种现象的原因，不仅因为微生物具有呼吸作用，还因为被感染的组织要比健全组织的呼吸强度大。仓库害虫对于种子堆呼吸作用的影响，是由于它们破坏了种子的完整性和仓库害虫本身的呼吸作用。微生物和仓库害虫生命活动的产物（热能和水分）都是促进种子呼吸作用和种子发热的重要因素，并能加速它本身的繁殖和活动，因而直接导致种子的劣变。

第四节　种子休眠

一、种子休眠的概念与意义

凡具有生活力的种子，在适宜萌发的条件下而不能萌发的现象称为休眠。广义的种子休眠包括两种情况：一是种子本身未完全通过生理成熟过程或存在着发芽的障碍，虽然给予适当的发芽条件仍不能萌发；另一种是种子已具有发芽的能力，但由于不具备发芽所必需的基本条件，种子被迫处于静止状态。许多科学家认为，为了明确起见，应把前一种情况称为休眠种子，把后一种情况称为静止种子。

种子休眠是植物在长期系统发育过程中形成的抵抗不良环境条件的适应性，是调节种子萌发的最佳时间和空间分布的有效方法，具有普遍的生态意义。由于休眠深度或种子所处的条件不同，这就使得不同个体的种子能在不同的时间发芽，增加了物种生存和分布的可能性。野生植物种子的休眠往往较深，个体间差异很大，许多种子成熟后不能发芽，出苗可延到冬后或旱季之后。栽培作物由于长期选择的结果，种子萌发较为整齐一致。但许多作物仍有相当程度的休眠过程，如禾谷类、豆类等，这有利于延长种子寿命。

种子休眠对植物本身来说虽有利，但对农业生产却并不一定有利。如有些作物的种子休眠期很短，往往会在收获前的母株上萌发，影响种子产量和品质，而休眠期较长的品种可以显著减轻甚至完全避免这种损失。另外，种子休眠也给生产造成一些困难，如作物到了播种季节而种子尚处于休眠状态，若未经适当处理即行播种，则田间出苗参差不齐，出苗率低；在测定种子发芽力时，处于休眠状态的种子就难以检测准确。此外，杂草种子休眠期参差不齐，造成了根除杂草的困难。

二、种子休眠的原因

种子休眠可能由1种原因所造成，也可能由多重原因所引起。各因素间的关系也比较复杂，有时彼此间存在密切联系，当某种因素被消除或某种障碍被除去，而其他因素仍存在时，种子依然不能发芽。有时当 1 种因素被消除，另 1 种因素也可能随之消失，于是休眠得到了解除，当环境条件适宜时，种子即能萌发。种子的休眠原因有如下几类：

（一）胚休眠

胚休眠有 2 种类型，一种是种胚尚未成熟，另一种是种子中存在代谢缺陷而未完全后熟。

有些植物的种子从外表上看，各部分组织均已充分成熟并已脱离母株，但内部的种胚在形态上尚未成熟。不成熟的胚相对较小，某些情况下几乎没有分化，需从胚乳或其他组织中吸收养料，进行细胞组织的分化或继续生长，直到完成生理成熟。

有些植物种子的种胚虽已充分发育，种子各器官在形态上已达完备，但由于子叶或胚轴中存在发芽抑制物质，而使胚的生理状态不适于发芽，即使发芽条件具备也不萌发，只有切除子叶或除去抑制物质，或者经过一定时期的后熟，才具备发芽能力。许多果树种子（如桃、苹果、梨等）及某些杂草种子属于这一休眠类型。

（二）种皮障碍

有些种子的种皮是种子萌发的障碍，即使外界环境适于种子萌发，这些条件亦不能被种子利用，可以说是种皮迫使种子处于休眠状态，这类种子的休眠是由胚的外围构造所造成的。一旦种皮的性质发生改变，种子就能获得发芽能力，种皮对发芽和休眠的影响主要表现在以下几个方面：

1. 不透水

种皮非常坚韧致密，有的具蜡质角质层，其中存在疏水性物质，阻碍水分透入种子，如豆科植物的硬实。

2. 不透气

有些种子的种皮能够透入水分，但由于透氧性不良，种子仍然不能得到充分的萌发条件而被迫处于休眠状态，如禾谷类等。尤其在含水量较高的情况下，种皮更成为气体通透的障碍，因为水分子堵塞了种皮上的空隙，阻碍了气体的扩散。种皮的性质除了影响氧供应外，还可以导致二氧化碳在种子中的积聚。当种子含水分较多时，呼吸作用旺盛，消耗氧气而放出二氧化碳，种皮的物理障碍使二氧化碳难以排出，累积过多影响了胚细胞的生长和正常生理过程。

3. 阻止抑制物质逸出

种子的内部组织及外部覆被物含有萌发抑制剂。种皮可能是通过两方面的作用来阻碍抑制剂逸出的，一是因为它是完全不透性的屏障，二是它能减少抑制剂向外扩散。在这样的状态下，胚含有较高浓度的抑制剂，因此处于休眠状态。将离体胚放水中能促进抑制剂的流失，因而促进萌发。

4. 减少光线到达胚部

由于白光中红光和远红光成分的联合作用，使胚内光敏素的活化型与钝化型达到一定比例时，需光的完整种子便能萌发，即休眠被打破，不同植物要求的比例各不相同。由于光能够穿透胚的包围结构，所以胚包围结构的作用可以看作滤光器，它能改变到达敏感胚部的红光和远红光的比例，所以这种植物胚的休眠不仅忍受种皮强迫休眠的约束，而且还会因种皮能有效改变光的比例而受到影响。

5. 机械约束作用

有些种子的种皮具有机械约束力，使胚不能向外伸展，即使在氧气和水分得到满足的条件下，给予适宜的发芽温度，种子仍长期处于吸胀饱和状态，无力突破种皮。直至种皮得到干燥机会，或者随着时间的延长，细胞壁的胶体性质发生变化，种皮的约束力逐渐减弱，种子才能萌发。

（三）抑制物质的存在

种子中存在抑制物质的情况在自然界相当普遍，抑制物质可以存在于种子的不同部位——种皮、胚部或胚乳中。例如，在小麦中曾发现稃壳中存在抑制物质，会使小麦的田间萌发率降低，直到抑制物质因雨水淋洗而消失或降低浓度后才能萌发。番茄、黄瓜等新鲜果实也含有抑制自身种子萌发的物质（种子尚包在果实内时），向日葵、莴苣、甜菜等作物的种被也都含有抑制物质，使这些作物的新鲜种子不能发芽。

抑制物质的种类众多，作物种子中最重要的抑制物质是脱落酸、酚类物质、香豆酸、阿魏酸和儿茶素等。如在甜菜、油菜、莴苣种子中都曾测得酚类化合物和香豆酸等的存在；禾谷类种子中除酚类物质外，也曾测得有脱落酸；大麦种子中 3～12 个碳的直链脂肪酸和稃壳中香豆素、酚酸等也具有抑制种子萌发的效应。

抑制物质对种子发芽的抑制作用没有专一性，它不仅影响本身的正常发育，对其他种子也能发生抑制作用，如马铃薯和大蒜放在一起贮藏，马铃薯发芽就会受到抑制。

（四）光照的影响

大部分农作物种子发芽时对光没有严格的要求，无论在光下或暗处都能萌发，但也有一些植物的新收获种子需要光或暗的发芽条件，否则就停留在休眠状态，如芥菜、莴苣、烟草、芹菜等。光促进或抑制发芽的照射时间，不仅因作物、品种而不同，还取决于光照度。弱光虽然也有效，但需延长照光时间。

种子的光敏感性不是绝对的，而是随其他条件（如温度、氧分压、发芽床等）改变而变化的，其中最重要的影响因素是温度。在一定温度下经光照才发芽的种子，往往在高于或低于这一温度时（因种类不同而不同），在暗处亦能萌发。另外，种子的光反应与种皮的完整性有关，除去或弄破种皮，光敏感性可随之降低或消失。

（五）不良条件的影响

不良条件的影响可以使种子产生二次休眠，即原来不休眠的种子发生休眠或部分休眠的种子加深休眠，即使再将种子移至正常条件下，种子仍然不能萌发。二次休眠有许多诱导因素，如光或暗、高温或低温、水分过多或过于干燥、氧气缺乏、高渗压溶液和某些抑制物质等。这些因素在大部分情况下作为不良的萌发条件诱导休眠，在某些情况下也可使干燥种子发生休眠，如加温干燥的温度较高或时间过长，可使某些豆类和大麦、高粱种子进入二次休眠；贮藏温度过高，也可导致大麦、小麦产生这种现象；莴苣种子在高温下吸胀发芽，会进入二次休眠（热休眠）。根据品种不同，土壤温度在 25～32 ℃时，发芽受到抑制，温度高于 32 ℃时，很少有种子能发芽。

二次休眠的产生是由于不良条件使种子的代谢发生改变，影响到种皮或胚的特性。休眠解除的时间与休眠深度有关，休眠解除的条件在大部分情况下与解除其原发性休眠即种子在植株上已产生的休眠是一致的。

三、打破种子休眠的常用方法

采用未度过休眠期的种子播种，出苗率往往很低，并且出苗时间大为延长，耽误生产季节，影响作物产量。因此，须采取处理措施，提高种子发芽率和出苗整齐度。

（一）种子处理

破除种子休眠的方法很多，有化学物质处理、物理方法处理等，可以根据作物不同的休眠原因和种子的数量选用适宜的方法。

1. 药剂处理

能破除休眠的化学物质种类有很多，但适用的范围不一致，最常用的有赤霉素、细胞分裂素和乙烯等植物生长调节物质。禾谷类种子经处理后能增加淀粉酶和呼吸酶的活性，并使细胞分裂加速，促进胚的萌发和生长。大麦经处理后，不仅能促进发芽，而且使淀粉酶活性增高 2～3 倍，能为酿造工业节省大量种子。采用氧化剂处理种皮透气性差的休眠种子，能取得良好的效果，双氧水（过氧化氢）是最常用的一种氧化剂。不同作物种子由于种皮组织及透性的差异，应分别采用适宜浓度的药液。硝酸等含氮化合物对破除水稻等种子的休眠有效。

2. 物理方法

机械处理可以改变种皮结构和消除种皮对萌发的阻碍作用。切割、针刺、去壳等都是行之有效的方法。这类方法如能很好掌握，可使休眠种子立即萌发而并不伤及种胚，因此，通常用于测定休眠种子的生活力。

温度处理可根据需要进行高温处理、低温处理及变温处理，晒种皮或人工加温干燥也是一种温度处理方式，在农业生产上常用于因种皮透气性差和含有抑制物质而导致休眠的种子。硬实是一种特殊的休眠形式，其休眠的破除在于改变种皮的透水性，因此，可采用多种方法损伤种皮，以达到促进萌发的目的，如温度处理（高温、冷冻、变温等）、切除种皮、机械碾磨擦伤种皮、浓硫酸腐蚀种皮、有机溶剂浸渍去除种皮上的脂类物质等。硬实和种皮透气性不良是农作物种子休眠的重要原因，破除休眠的方法有相同之处，也有不同之点。相同之处是可以采用物理机械方法改变这种状况，不同之处是硬实不能用激素或一般的化学物质进行处理，因为这些物质无法透过种皮。

（二）改变发芽条件

许多作物的休眠种子并非绝对不能发芽，而是其萌发温度不同于非休眠种子，而且发芽的温度范围比较狭窄。若将它们置于一定温度条件下，可以使之发芽良好，提高其发芽率。如大麦、小麦和油菜种子要经过低温预处理后再发芽，即将种子置于湿润的发芽床上，保持 8～10 ℃72 小时，再移至 20 ℃条件下发芽；油菜在 15～25 ℃变温条件下发芽，每 24 小时中 15 ℃保持 16 小时，25 ℃保持 8 小时；玉米用 35 ℃高温发芽。低温预处理常能使休眠种子发芽完全或接近完全，所以可作为解除种子休眠的常规方法。水稻种子用 35～37 ℃高温处理，也可在一定程度上提高发芽率。有些作物的休眠种子需要光照才能发芽，应当注意给予适当光照度和光照时间。

第五节　种子萌发

有活力的种子经过休眠后，在适宜条件下，内部生理代谢活化，幼胚恢复生长成苗的现象称为萌发。在萌发过程中，种子不仅外部形态发生多样性变化，而且内部也进行一系列生理生化变化。种子萌发，除本身活力等内在因素影响外，还受周围生态条件的影响。一般来说，适宜的温度、充足的水分和氧气是萌发必不可少的 3 个基本条件。此外，光线、二氧化碳以及其他条件，对萌发也有不同程度的影响。

一、种子萌发的条件

（一）水分

1. 种子发芽的最低需水量

水分是种子萌发的先决条件。种子吸水后才会从静止状态转向活跃，在吸收一定量水分后才能萌发。不同种类种子发芽时对水分要求不同，可以用最低需水量表示（表 1 - 2）。发芽最低需水量是指种子萌动时所含最低限度的水分占种子原重的百分率（亦可用含水量表示）。

表 1 - 2 作物种子发芽时最低需水量

作物种类	最低需水量（%）	作物种类	最低需水量（%）
水稻	22.6	向日葵	56.5
小麦	60	大麻	43.9
大麦	48.2	亚麻	60
黑麦	57.7	大豆	107
燕麦	59.8	豌豆	186
玉米	39.8	蚕豆	157
荞麦	46.9	甜菜	120
油菜	48.3		

种子发芽的需水量与化学成分有密切关系，淀粉种子和油质种子需水量较少，如水稻种子发芽的最低需水量为 22.6%；而高蛋白种子需水量较高，如大豆种子发芽的最低需水量为 107%。

2. 影响种子水分吸收的因素

种子吸收水分的速率和吸收量，主要受到种子化学成分、种皮透性、外界水分状况和温度的影响。种皮的透水性在不同种子中有很大差异，豆类种子水分主要通过种皮的发芽口进入内部，豌豆的内脐透水性比种子的其他部分高 1 倍，而硬实种子则由于种皮不透水而无法萌发。种子吸收水分与外界水分状态有很大关系，有些种子在相对湿度饱和或接近饱和的空气中就能吸足水分发芽。一般种子发芽吸收的是液态水，在土壤中的种子可吸收周围直径约 1 厘米的土壤水分。当种子周围的土壤吸水力和渗透压上升时，种子的吸水量降低。温度在种子吸水的一定阶段会明显影响种子的吸水速率，一般环境温度每提高 10 ℃，水分吸收速率增加 50%～80%。

3. 种子的吸胀损伤和吸胀冷害

当种子刚接触水分时，由于干种子细胞膜系统不完整，细胞内部的一些分子如可溶性糖、有机酸、氨基酸、低分子蛋白肽链及无机离子会发生渗漏现象。随着吸胀种子细胞膜的修复，内部物质的外渗逐渐减少。但有些种子如大豆、菜豆，本身种皮较薄，蛋白质含量高，吸水力强。如果种子吸胀速率快，细胞膜就无法修复而且还会出现更多的损伤，物质外渗加剧，种子发芽成苗能力下降，这种类型的损伤称为吸胀损伤。所以，大豆等种子播种前不宜浸种，种皮不完整的种子尤为如此。

种子的安全萌发对吸胀的温度也有一定的要求。有些作物的干燥种子（水分 12%～14%，因作物差异而不同）短时间在 0 ℃以上低温吸水，种胚就会受到伤害，再转移到正常条件下也无法正常发芽成苗，这种现象称为吸胀冷害。导致吸胀冷害的温度界限是在 15 ℃或 10 ℃以下，大豆、菜豆、玉米、高粱、棉花、番茄、茄子、辣椒以及许多热带作物和观赏植物种子易受到吸胀冷害的影响。

（二）温度

1. 种子发芽温度的三基点

种子发芽要求一定的温度，各种植物种子对发芽温度要求都可用最低、最适和最高温度来表示。最低温度和最高温度分别是指种子至少有 50%能正常发芽的最低、最高温度界限；最适温度是指种子能迅速并达到最高发芽率所处的温度。大多数作物在 15～30 ℃范围内均可良好发芽，但不同作物种子的具体要求有差异（表 1-3）。

表 1-3　部分种子发芽对温度的要求（℃）

作物种子	最低	最适	最高
水稻	8～14	30～35	38～42
高粱、粟、黍	6～7	30～33	40～45
玉米	5～10	32～35	40～45
麦类	0～4	20～28	35
荞麦	3～4	25～31	37～44
棉花	10～12	25～32	40
大豆	6～8	25～30	39～40
小豆	19～11	32～33	39～40
菜豆	10	32	37
蚕豆	3～4	20～25	30
豌豆	1～2	25～30	35～37
紫云英	1～2	15～30	39～40
黄花苜蓿	0～5	15～30	35～37
圆果黄麻	11～12	20～35	40～41
长果黄麻	16	25～35	39～40
麻	6～8	25～30	40
亚麻	2～3	25	30～37
向日葵	5～7	30～31	37～40
油菜	0～3	31～35	40～41
烟草	10	24	30
南瓜、黄瓜、甜瓜	12～15	30～37	40
杉	8～9	20	30
赤松	9	21～25	35～36
扁柏	8～9	26～30	35～36

种子发芽的温度要求与作物的生育习性以及长期所处的生态环境有关。热带作物种子适宜温度普遍比温带作物高。一般喜温作物或夏季作物的温度三基点分别是 6～12 ℃、30～35 ℃和 40 ℃，而耐寒作物或冬季作物发芽温度的三基点分别是 0～4 ℃、20～25 ℃和 40 ℃。两类作物相比较，发芽的最低温度和最适温度均有明显差异。

一般作物种子可以在较广泛的温度范围内发芽，但也有一些种子发芽对温度要求较严格。如蚕豆种子萌发的最适温度为 20～25 ℃，最高温度为 30 ℃左右，芹菜最适宜的发芽温度为 15 ℃。韭葱类及莴苣、茼蒿、菠菜种子发芽温度不宜超过 20 ℃，因此，这些冬季作物种子在夏季高温下往往难以发芽。甜瓜、西瓜种子萌发的适宜温度是 30 ℃以上，辣椒种子发芽温度不能低于 15 ℃，这类夏季作物在早春播种时应注意满足其对温度的需要。

2. 变温促进种子发芽的效果

许多植物种子在昼夜温度交替变化的生态条件下发芽最好。种子发芽要求变温的作物往往是喜温、休眠和野生性状较强的一些种类，如水稻、玉米、茄子及许多牧草、林木种子。变温对促进休眠种子发芽特别有效，因此，对未完成后熟的种子或休眠种子采用变温处理，发芽效果特别显著。另外，变温还能提高一些无休眠种子发芽的速率和整齐度。

在自然条件下，昼夜温度是变化的，因而许多作物在恒温环境中发芽不良，在变温环境中则良好。其原因综合如下：一是低温时氧在水中溶解度大；二是变温使种皮胀缩受伤，利于水分和氧气进入；三是变温促进酶的活性，因不同酶对温度有不同要求和反应；四是变温引起种子内外温差，促进气体交换；五是变温可减少贮藏物质呼吸消耗。变温对水稻、番茄、辣椒、茄子等种子萌发有明显促进效果，最常用的变温处理是 15 ℃或 20 ℃（16 小时）/30 ℃（8 小时）。

（三）氧气

1. 种子萌发时影响氧气供应的因素

据研究，氧气是种子发芽不可缺少的条件，绝大多数种子萌发需充足的氧气。种子萌发时，有氧呼吸特别旺盛，需要足够的氧气供给，一些酶的活动也需要氧，萌发时氧气对种胚的供应受到外界氧气浓度、水中氧的溶解度、种皮对氧的透过性、种子内部酶对氧的亲和力的影响。

大气中氧的浓度约占 21%，能充分满足种子萌发的需要。如果种子覆土过深或土壤中水多氧少，发芽可能受阻。当氧气浓度低于 9% 时，许多种子如玉米、大豆、小麦的发芽会受到抑制，一般情况下限制氧气供应的主要因素是水分和种皮。在 20 ℃条件下，氧在空气中的扩散速率是在水中的 10 倍。因此，当种子刚吸胀时由于表皮水膜增厚，氧气向种胚内部扩散的阻碍就会增加。有些种子的种皮透气性本来就差，发芽环境中水分过多，氧气供应进一步受阻，发芽会受到严重影响，如大麦、西瓜、南瓜、菠菜等。因此，这类种子发芽时应避免环境中水分过多。还应注意的是随着外界温度的提高，种胚需氧增多，但氧气在水中的溶解度降低。随着发芽进行，对氧供应的限制和种胚的需氧量也会发生变化，特别是胚根突破种皮后，种皮对氧透过的阻碍因此消失。

2. 不同作物种子的萌发对氧气需要有差异

作物种子发芽的需氧量，与作物的系统发育有关。长期生长在水田的水稻比长期生长在旱地的麦类需氧量少得多。如将水稻、紫云英、猫尾草（生长在长期浸水的草原条件下）、小麦和燕麦的种子浸于水中，置于温暖有光处，定期换水，经 8～12 天后取出，则水稻、紫云英和猫尾草均能发芽，而麦类不仅不能发芽，甚至会腐烂，说明麦类只靠水中溶解的氧是远远不能满足其发芽要求的。即使已经萌动或发芽的种子，长时间置于无氧的淹水条件下（与发芽后被水淹的田间条件相似），会严重影响出苗。淹水时间越长，深度越深，则受害越严重。

3. 种子萌发过程需氧量的变化

种子萌发过程中需氧量变化也类似吸水阶段。当种子吸水时，随着吸水量的增加，其需氧量也随之快速增加；当种子处于吸水滞缓期，其需氧量也较多；当种子胚根突破种皮时，其需氧量又急剧增加。如果这些时期氧气供应不足，且又处于高温条件下，种子会陷入缺氧呼吸，产生乙醇而杀死种子。水稻催芽过程中经常发生这种情况，应特别注意。

（四）其他因素

1. 光线

大多数植物种子发芽时对光反应不敏感，在光照和黑暗条件下都能正常发芽，如小麦、大麦、水稻等。还有些植物种子萌发时对光敏感，需要在光照或黑暗条件下发芽，如莴苣、芹菜、烟草等为喜光种子，而苋菜等为忌光种子。

2. 二氧化碳（CO_2）

通常在大气中只含有 0.03％的 CO_2，对发芽无显著影响。但发芽环境中的 CO_2 浓度过高时，会严重抑制发芽。如燕麦种子，当 CO_2 浓度为 30％时种子的萌发受阻，CO_2 浓度达 37％时种子完全不发芽。不过高 CO_2 浓度对发芽的危害程度要比缺氧为轻。CO_2 对发芽的抑制作用与温度及氧气的浓度有关，当环境温度不适宜或含氧量较低时其阻碍效果特别明显。

二、种子萌发的过程

种子萌发涉及一系列的生理、生化和形态上的变化，并受到周围环境条件的影响。根据一般规律，种子萌发过程可以分为 4 个阶段。

（一）吸胀阶段

吸胀是种子萌发的起始阶段，是指种子吸水而体积膨胀的现象。一般成熟种子贮藏阶段水分在 8％～14％范围内，各部分组织比较坚实紧密，细胞内含物呈干燥的凝胶状态。当种子与水分直接接触或在湿度较高的空气中，则很快吸水而膨胀（少数种子例外），直到细胞内部的水分达到一定的饱和程度，细胞壁呈紧张状态，种子外部的保护组织趋向软化，才逐渐停止。

种子吸胀作用并非活细胞的一种生理现象，而是胶体吸水体积膨大的物理作用。由于种子的化学组成主要是亲水胶体，当种子生活力丧失以后，这些胶体的性质不会发生显著变化。所以无论是活种子或是死种子均能吸胀。种子吸胀能力的强弱，主要取决于种子的化学成分。高蛋白种子的吸胀能力远比高淀粉含量的种子强，如豆类作物种子的吸水量大致接近或超过种子本身的干重，而淀粉种子吸水一般约占种子干重的 50％。油料种子则主要取决于含油量的多少，在其他化学成分相似时，油分愈多，吸水力愈弱。有些植物种子的外表有一薄层胶质，能使种子吸取大量水分，以供给其内部的生理需要，如亚麻种子。

种子吸胀时，由于所有细胞体积增大，对种皮产生很大的膨压，可能致使种皮破裂。种子吸水达到一定量时，吸胀的体积占气干状态的体积比率，称为吸胀率。一般淀粉种子的吸胀率在 130%～140%，而豆类种子的吸胀率在 200% 左右。

（二）萌动阶段

萌动是种子萌发的第二阶段。种子在最初吸胀的基础上，吸水一般要停滞数小时或数天。吸水虽然暂时停滞，但种子内部的代谢开始加强，转入一个新的生理状态。这一时期，在生物大分子、细胞器活化和修复的基础上，种胚细胞恢复生长。种子萌动在农业生产上俗称为露白，表明胚部组织从种皮裂缝中开始显现出来的状况。而在种子生理上常把萌动这一形态变化阶段的到来看成是种子萌发的完成。

种子萌动是胚细胞伸长的结果，有时种胚细胞分裂也在萌动前发生。绝大多数植物的种子萌动时，首先冲破种皮的部分是胚根，因为胚根的尖端正对着种孔（发芽口），当种子吸胀时，水分从种孔进入种子，胚部优先获得水分，并且最早开始活动。种子萌动时，胚的生长随水分供应情况而不同，当水分较少时，胚根先出；而当水分过多时，胚芽先出。这是因为胚芽对缺氧的反应比胚根敏感。在少数情况下，有些无生命力的种子在充分吸胀后，胚根也会因体积膨大而伸出种皮之外，这种现象称为假萌动或假发芽。

种子从吸胀到萌动所需的时间因植物种类的不同而不同，例如，油菜与小麦的种子当水分与温度适宜时，仅需 24 小时左右即可萌动，而水稻与大豆则需经过 1 倍以上的时间。至于果树、林木种子，由于种壳坚硬，吸胀缓慢，或由于透性不良，种胚生长过程往往需时较长。

（三）发芽阶段

种子萌动以后，种胚细胞开始或加速分裂和分化，生长速度显著加快，当胚根、胚芽伸出种皮并发育到一定程度时，就称为发芽。我国和国际种子检验规程中对发芽的定义是当种子发育长成具备正常主要构造的幼苗才称为发芽。

种子处于这一时期，种胚的新陈代谢极为旺盛，呼吸强度达到最高限度，产生大量的能量和代谢产物。如果氧气供应不足，则易引起无氧呼吸，放出乙醇等有害物质，使种胚窒息麻痹以致中毒死亡。农作物种子如果催芽不当或播种后受到不良条件的影响，常会发生这种情况。例如，大豆、花生及棉花等大粒种子，在播种后由于土质黏重、密度过大或覆土过深、雨后表土板结，种子萌动会因氧供应不足、呼吸受阻、生长停滞、幼苗无力顶出土面，而发生烂种和缺苗断垄等现象。

种子发芽过程中所放出的能量是较多的，其中一部分热量散失到周围土壤中，另一部分成为幼苗顶土和幼根入土的动力。健壮的农作物种子出苗快而整齐，瘦弱的种子营养物质少，发芽时可利用的能量不足，即使播种深度适宜，也常常无力顶出地面而死亡；有时虽能出土，但因活力很弱，经不起恶劣条件的侵袭，同样容易引起死苗。

（四）成苗阶段

种子发芽后根据其子叶出土的状况，可把幼苗分成 2 种类型。

1. 子叶出土型

双子叶的子叶出土型植物在种子发芽时，下胚轴显著伸长，初期弯成拱形，顶出土面后在光照诱导下，生长素分布相应发生变化，使下胚轴逐渐伸直，生长的胚与种皮（有些种子连带小部分残余胚乳）脱离，子叶迅速展开，见光后逐渐转绿，开始进行光合作用，以后从2个子叶间的胚芽上长出真叶和主茎。单子叶植物中只有少数属于子叶出土型，如葱、蒜等，而 90% 的双子叶植物幼苗属于这种类型，常见的作物有棉花、油菜、大豆、黄麻、烟草、蓖麻、向日葵和瓜类等。

2. 子叶留土型

双子叶的子叶留土型植物在种子发芽时，上胚轴伸长而出土，随即长出真叶而成幼苗，子叶仍留在土中与种皮不脱离，直至内部贮藏养料消耗殆尽，才萎缩或解体。大部分单子叶植物种子如禾谷类，小部分双子叶植物种子如蚕豆、豌豆、茶叶属于这一类型，后者的子叶一般较肥厚。这类子叶留土型植物的种子发芽时，穿土力较强，即便在黏重的土壤中，一般也较少发生闭孔现象。因此，播种时可比子叶出土型的植物略深，尤其在干旱地区，更属必要。禾谷类种子幼苗出土的部分是子弹形的胚芽鞘，胚芽鞘出土后在光照下开裂，内部的真叶才逐渐伸出，进行光合作用。如果没有完整胚芽鞘的保护作用，幼苗出土将受到阻碍。另外，由于子叶留土型植物幼苗的营养贮藏组织和部分侧芽仍保留在土中，因此，即使土壤上面的幼苗部分受到昆虫、低温等的伤害，仍有可能重新从土中长出幼苗。

第二章

种子生产技术

第一节　小麦种子生产技术

一、小麦种子生产基地的建设

（一）种子生产基地应具备的条件

1. 自然条件

具备适宜的气候，便于隔离，自然灾害较轻，交通便利等自然条件。

2. 生产条件

具备人均耕地面积大，种植地块较集中，无其他有害植物，水肥条件比较好，劳动力充足，机械化水平较高等生产条件。

3. 其他条件

农户以种植小麦为主，有较强的市场风险意识，劳动力的文化素质较高，当地有一定的贮藏加工条件。

（二）小麦种子生产基地的管理

当前种子生产基地正朝着集团化、规模化、专业化、社会化方向发展，搞好基地管理，有利于种子产业的发展。

1. 制订统一的技术规程

目前，我国的小麦种子生产体系是：常规小麦品种经审定后，由育种单位提供育种家种子，在生产单位实行原种、良种分级繁育。对生产上正在应用的品种，也可由原（良）种场采用三圃制或两圃制等方法提纯后，生产原种，由特约种子生产基地或各专业村（户）用原种繁育出良种，供大田生产应用。

关于常规小麦种子生产技术措施，目前，对原种生产制订了技术规程。各种子生产单位应严格按生产技术规程操作，实现种子生产技术标准化。

2. 建立健全技术岗位责任制

必须组建一支稳定的专业技术队伍，为了提高种子生产者的技术水平，必须建立健全技术培训制度，不断提高技术员和生产者的技术水平和业务素质，使其精通繁种、制种技术，掌握种子加工技术。可利用农闲季节进行系统培训，在生产季节采取现场指导的方式。

3. 做好小麦新品种试验、示范工作

每个小麦品种都有其特定的区域适应性、形态特征、生理特性以及与之相适应的栽培管理措施。为了获得高产，就必须掌握其特点，做好试验、示范工作。

（三）种子生产基地的质量管理

种子质量直接影响着小麦产量的高低及品质的优劣，基地的质量管理是一项十分重要的工作，必须严格管理种子生产的质量，加强管理的力度，完善质量管理体系。

1. 种子专业化生产

实行种子专业化、规模化生产。种子生产田相对集中、隔离安全，容易发挥种子生产基地的地形地势优势；有专业技术队伍专门从事种子生产，种子生产技术水平高，容易发挥种子生产基地的技术优势。

2. 严把田间检验质量关

做好田间检验工作，对不符合质量要求的田块加强技术管理或取消种子生产田资格。对于特约种子生产基地的生产单位或农户，不仅要求严格执行种子生产的各项技术操作规程，而且要及时给予技术指导，做到技术责任落实到人。

3. 种子精选与加工

种子精选加工包括种子干燥、脱粒、初选、精选分级、包衣和包装，经过精选加工的种子，籽粒均匀，千粒重、发芽率、净度都有明显提高，播种品质好、用种量少，对发展小麦生产具有重要的意义。

4. 加强种子室内检验

种子室内检验要依据中华人民共和国国家标准《农作物种子分级标准》和《农作物种子检验规程》进行，在种子检验过程中，根据检验结果，确定其质量等级，由检验部门和检验人员签发检验证书。供种时，在包装上加扣检验标签，注明检验结果和种子等级，供用种单位或个人参考。

二、小麦原种生产

（一）利用育种家种子直接生产原种

由育种家提供种子，将种子通过精量点播的方法播种于原种圃，进行扩大繁殖。育种家可一次扩繁供多年利用的种子贮藏于低温库中，每年提供相当数量的种子，或由育种者按照育种家种子标准每年进行扩繁，提供种子。

优点：简单可靠，可有效地保证种子纯度，并使育种单位获得一定的专利效益。

缺点：生产的种子数量较少，生产面积增加时，育种者很难提供足够多的种子，生产的过程中材料也易流失。

（二）三圃制生产小麦原种

三圃是指株（穗）行圃、株（穗）系圃和原种圃。用这种方法生产原种通常需要 3 年时间，所以也称三年三圃制。如选单株时设选择圃，就需要 4 年时间。三圃制生产原种的基本技术程序是"单株（穗）选择，分系比较鉴定，混系繁殖"。经典的三圃制技术操作规程相当繁杂，广大种子工作者根据实践对其技术环节进行了简化，主要是在"分系比较"阶段，省略了分系测产，改为以田间目测决定。生产程序见图 2-1。

（三）二圃制生产小麦原种

由于三圃制生产原种的周期长、生产成本大、技术要求严格等原因，目前大多数种子生产单位不再采取典型的三圃制原种生产程序，简化为二圃制，它比三年三圃制少一个株（系）圃，故又称其为二年二圃制。该方法是把株（穗）行圃中当选的株（穗）行种子混合，

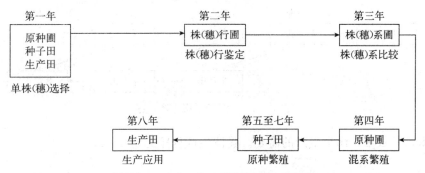

图 2-1　小麦三年三圃制原种生产程序

进入原种圃，生产原种，简单易行，节省时间，但提纯效果不及三圃制。对于种源纯度较高的品种，可以采取这种方法生产原种。其生产程序见图 2-2。

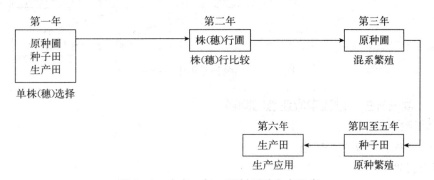

图 2-2　小麦二年二圃制原种生产程序

三、小麦良种生产

一般原种繁殖数量有限，不能满足大田用种的需求，所以必须进一步扩大繁殖良种。

(一) 种子田

1. 种子田的选择

种子田要求土壤肥沃，地力均匀，排灌方便，可集中连片种植。

2. 种子田面积

根据原种数量和大田用种数量确定种子田的面积。计算公式为：种子田面积（公顷）＝〔大田面积（公顷）－播种量（千克/公顷）〕/预计种子产量（千克/公顷）。

(二) 大田用良种繁殖方法

大田用良种繁殖时，可根据需要建立一级种子田和二级种子田。

1. 一级种子田生产小麦良种

在良种场或特约种子基地，将原种精量稀播，加宽株行距或采取单粒点播的方法，扩大单株生长空间，提高单株生产力，建立良种生产田，进行良种繁殖生产。具体生产程序见图 2-3。

2. 二级种子田生产小麦良种

在生产中需要大批良种时，可以利用一级种子田生产的种子，建立二级种子田，进一步

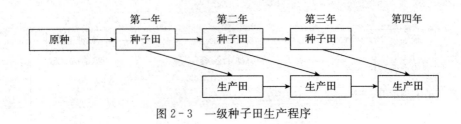

图 2-3 一级种子田生产程序

扩大良种繁殖的数量，满足生产的需要。具体生产程序见图 2-4。

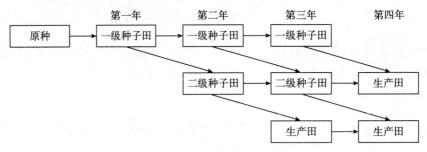

图 2-4 二级种子田生产程序

（三）小麦良种生产过程中应注意的问题

1. 基地选择

在适宜的生态区域建立基地。

2. 精细管理

精选种子，种子处理，精细整地，及时中耕、施肥、排涝和防治病虫害。

3. 严格去杂去劣

在苗期、抽穗期、成熟期进行选择。

4. 做好种子收获、保管工作

严防机械混杂，进行单收、单运、单打、单晒、单藏。

5. 做好种子检验

检验方法参照《农作物种子检验规程》（GB/T 3543.1）。

四、小麦杂交种种子生产

（一）两系法小麦杂交种种子生产技术

1. 不育系的繁殖

选择适宜的制种基地，确定适宜的播种期，严格去杂防杂。

2. 制杂交种

（1）选择适宜的制种基地。

（2）调节花期，花期较晚的亲本早播种，或者父本分两期播种。

（3）父母本行比为 1∶（1~5）。

（4）安全隔离 100 米。

（5）整个生育期随时去杂，原则是及时、干净、彻底。

（6）人工辅助授粉，用长竹竿和绳索赶花粉，每天 2～3 次。

（二）化学杀雄法制种技术

1. 原理

雌雄配子对各种化学药剂有不同的反应，雌蕊较雄蕊的抗药性强，利用浓度和用量适当的药物喷洒母本穗部，可以杀伤雄蕊而对雌蕊无害。

2. 优点

不需要培育不育系和恢复系；选配自由，易获得强优势组合；能确保稳产、高产；种子生产程序简单。

3. 杀雄剂应具备的特点

对大多数小麦能致完全或近于完全的雄性不育；在植株发育的较长时间内能致小麦雄性不育；对植株无害；不影响雌蕊育性；与环境及品种不发生剂量互作；不污染环境；对人畜无害；成本低，施用方便。

4. 化学杀雄制种技术

花期相遇、父母本行比、人工辅助授粉、去杂保纯等技术基本上与两系法相同，但要注意拔除杀雄不彻底的植株和分蘖穗。关键是化学杀雄剂的使用，不仅要选择最佳喷药时期，同时还要考虑不同品种对药剂的敏感性，以提高杂种纯度。

5. 效果较好的化学杀雄剂

如津奥啉、苯哒嗪丙酯等。

五、南阳地区小麦种子生产技术规程

（一）选地

小麦种子生产应选择土地平整、土层深厚、土壤通透性好、松紧度适宜的黏壤土或壤土地。麦田不宜重茬，应合理轮作，前茬以大豆、玉米为好。

（二）耕作整地

整地应采取深耕和深松相结合，3 年深松 1 次，整地前如遇土壤墒情差，应先浇水 1 次。整地要达到深、透、细、平。对耕作整地较晚、墒情较差、土壤过分疏松的地块，播种前要镇压，使土壤达到齐、松、平、墒、净、碎，且上虚下实。

（三）施肥要点

播前结合耕地每 667 米² 施入优质农家肥 3 000～4 000 千克。推广重施底氮（肥）技术，氮肥 1 次底施，70％底施＋30％拔节期追施能实现产量品质同步提高。一般每 667 米² 产量为 400～500 千克，每 667 米² 施纯氮 14 千克、磷 6 千克、钾 5 千克；每 667 米² 产量在 400 千克以下时，每 667 米² 施纯氮 12 千克、磷 5 千克、钾 4 千克。

（四）选种及种子处理

1. 选用优良品种

种子质量应符合国家规定的标准：纯度不低于 99％，净度不低于 98％，发芽率不低于 85％，水分不高于 13％。适宜当地推广的优质小麦品种，在播种前要进行精选，除去秕籽、烂籽、破籽、病籽。

2. 种子处理

小麦种子要进行包衣处理或药剂拌种。种植在地下害虫和吸浆虫危害区，应使用甲基异柳磷或辛硫磷乳油拌种；对锈病、白粉病、腥黑穗病等发生区，应选用粉锈宁拌种。

（五）浇足底水

有浇水条件的，在播种前7～10天要浇足底墒水。

（六）适期播种

1. 播期

9月20日至10月7日秋分前后为播种适期，可提前或推后5～7天。

2. 播量

在适宜播期内每667米²用种量为7.5～10千克，每提前1天播种，播量应减少0.5千克，每推后1天播种，播量应增加0.5千克，但最大不宜超过15千克。

3. 播种原则

先播山坡地，后播平川地；先播背阴地，后播向阳地；先播旱地，后播水地。

4. 播种方式

小麦播种应选用机播。对扩浇地、晚播回茬地、肥旱地可采用全生育期地膜覆盖的方式。

5. 播深

播深为4～5厘米，播种时应深浅一致。

6. 播种后镇压

镇压可以增强土壤与种子的紧密接触程度，使种子容易吸收土壤水分，提高出苗率和整齐度，增强小麦抗旱能力。

（七）田间管理

1. 出苗期—返青期管理

主攻目标：在全苗、匀苗的基础上，促弱控旺、培育壮苗。针对不同的苗情，采取不同的管理措施。主茎叶龄6叶1心，单株分蘖3～5个，次生根6～10条，每667米²群体70万～80万的为壮苗，一般应暂缓管理；苗小、根短少，每667米²群体在60万以下的为弱苗。应先查明原因，采取相应措施；每667米²群体在80万以上的及播量偏大形成的徒长苗为旺苗，应深锄断根或碾压控旺。

（1）查苗，补苗。对行间缺苗超过25厘米的地块，用同一品种催芽进行补种。

（2）播种时墒情不足的地块，有浇水条件的，在小麦三叶期轻浇1次水，促进小麦分蘖。

（3）遇雨或浇水后及时中耕。对土壤悬虚的麦田，越冬初期镇压。

（4）浇好越冬水。有水利条件的，在昼消夜冻时，浇好小麦的越冬水，以利小麦安全越冬。

（5）小麦进入越冬期后，要对所有麦田进行重镇压。

（6）早春追肥。旱地麦田要利用追浆水进行追肥，在每年农历正月十五前后，用耧深施追肥，一般每667米²追施尿素7.5～10千克。

（7）小麦返青期要对所有麦田进行耙糖，对旺长的小麦田要进行重镇压。

（8）搞好红蜘蛛、蚜虫的防治工作，达到防治指标的田块每667米²可选用48%毒死蜱乳油80毫升或哒螨灵可湿性粉剂10～20克兑水40～50升喷雾防治。

（9）小麦返青期—起身期，每667米²用10%苯磺隆可湿性粉剂6～8克兑水30升或72% 2,4-滴丁酯乳油70克兑水30升喷雾。

2. 起身期—开花始期管理

（1）起身期管理。普遍中耕松土、锄草，对旺长麦田要深中耕，一般深耕 10 厘米左右。干旱年份有浇水条件的地块，浇 1 次春水。生长旺、群体大（每 667 米² 总茎数达 100 万以上）、发育早的麦田，用石磙镇压 2～3 次。

（2）拔节期管理。墒情差的地块，有浇水条件的要饱浇拔节水。结合浇水，每 667 米² 追施 5～7.5 千克尿素。及时中耕锄草，减少水分蒸发。一旦发生冻害，立即补肥浇水促进小蘖赶大蘖，提高分蘖成穗率减轻冻害损失。

（3）孕穗期—扬花期管理。对所有旱地，每 667 米² 用 1 千克尿素和 0.15 千克磷酸二氢钾，兑水 50～100 升，进行叶面喷施，喷施时间为 9：00 前和 17：00 后。同时要搞好病虫防治，当条锈病叶率达 1％～5％时，选用 30％三唑酮可湿性粉剂每 667 米² 45 克兑水 50 升，可兼治白粉病。当百株蚜虫量达 800～1 000 头时，每 667 米² 用吡虫啉 15～20 克兑水 50～60 升喷雾防治。

3. 开花授粉期—成熟期管理

（1）有水利条件的浇好灌浆水，也可起到预防干热风的作用。

（2）开展叶面一喷三防。每 667 米² 用 1～2 千克尿素和 0.15～0.3 千克的磷酸二氢钾与防治病虫的药剂配合，兑水 50～100 升进行叶面喷施，可以防干热、防倒伏、防虫害。小麦收获前 20 天不喷。

（八）去杂去劣

1. 去杂时期

（1）拔节期。去除田间不同种性的植株，此时期小麦的冬、春性容易识别，便于整体拔除。一般在 4 月 10 日左右。

（2）抽穗期。小麦一般有 1％～3％的天然异交率，此时期品种性状表现突出。一般在 5 月 5～15 日，去杂越早越有利，对产量的影响越小，还可以减少天然异交比率。

（3）灌浆期。此时期去杂是对前两个时期去杂的有效补充，尽量做到彻底完全去杂。一般在 5 月 25 日以前，对去杂不彻底的进行清查。

2. 去除对象

去除种子田间（地头、地边）的异品种作物，如大麦、燕麦、节节麦及恶性杂草等，还有不符合本品种性状的杂株、变异株。

3. 去杂要求

各个基地必须组织去杂专业队进行去杂，并设去杂管理专员负责组织和检查，保证去杂效果。去杂开始前必须对去杂专业队成员进行培训。

（九）收获

小麦的适宜收获期是蜡熟末期至完熟期。具体时间应根据各基地的天气、种子成熟程度及实际情况确定。收前注意了解种子的水分情况。

1. 仓库的准备

5 月底至 6 月初，繁种基地组织方准备好专门用于贮藏小麦种子所需的仓库。仓库管理应符合"三防五无"的要求，即防盗、防火、防潮，无偷盗、无火患、无差错、无霉变、无虫鼠。还要有通风设施。

2. 所需物品及工具

需要配备收割机、速测水分仪、周转袋、磅秤、运输车等。

3. 做好收割计划

繁种基地组织方设专员负责小麦种子田间收割工作，做到统一组织、专机收割。

4. 收割前检查

收割管理专员于收割前组织对繁种区域逐块检查。核对和验收平面图、繁种农户花名册、面积，检查种子田隔离情况、去杂情况、是否有检疫性病害，发现问题立即整改。

5. 收割机管理

收割前要根据基地面积确定使用收割机台数，保证统一及时收割。收割管理专员要对收割机的清机（割台、粮仓、输粮系统）情况进行检查，清机合格后方可开始收割，杜绝机械混杂。

6. 关注天气情况

及时收集天气资料，根据天气情况安排收割与晾晒等工作。

（十）入库

1. 收购入库前的信息确认

收购管理专员仔细核对交种农户的所有信息记录、去杂收割情况、预估产量等基础资料，确认无疑后，方可进行质量检验。

2. 检验项目

种子纯度、水分，大麦、燕麦及其他杂质。

3. 袋装种子检查

收购管理专员对运送至指定地点的小麦种子质量进行逐袋检验。包括种子车外部和上层种子，打样倒袋过程中抽检袋中部和底部。

4. 散装种子检查

随机抽取多个样品，对种子外观、成分及水分等指标进行检查。

5. 审核入库

收购管理专员根据检查情况，再次核对交种数量与估产数量是否吻合，有差异时，应立即追查原因，并及时纠正。审核合格方可入库。

第二节　玉米种子生产技术

一、玉米栽培品种及杂交种分类

（一）玉米栽培品种

玉米栽培品种可分为常规品种和杂交种。目前我国玉米生产中，除部分山区使用常规品种或个别特用玉米品种仍在使用外，已很少使用常规品种。

（二）玉米杂交种类型

生产用的杂交种指直接用于生产杂交玉米一代的种子，主要包括单交种、三交种、双交种及顶交种。

单交种是指用两个自交系杂交产生的杂交种，目前生产上应用的玉米杂交种多数为单交种。单交种有正交和反交两种，如农大108，黄C×178产生的种子为正交，178×黄C产生的种子为反交。改良单交种是指姊妹种同自交系杂交产生的种子。

三交种是指 1 个单交种和 1 个自交系杂交产生的杂交种，即（A×B）×C。目前生产上一般不再使用三交种。

两个单交种杂交产生的杂交种称为双交种。双交种生产需要 4 个自交系先生产两个亲本杂交种，然后再生产双交种，即（A×B）×（D×C）。

顶交种是指 1 个品种和 1 个自交系或 1 个单交种杂交产生的杂交种。成顶 1 号就是用 B 自交系作母本，金皇后品种作父本杂交育成的。

（三）玉米亲本种子

亲本种子是指用于生产杂交种的父母本种子。包括育种家种子、自交系原种、自交系良种、亲本姊妹种、亲本单交种等。

自交系原种是指由育种家种子直接繁殖出来的或按照原种生产程序生产，并且经过检验达到原种标准的自交系种子。

自交系良种是指由自交系原种按照自交系良种生产技术规程生产的符合良种标准的自交系种子。

亲本姊妹种，是指两个亲缘关系相近的姊妹系间的杂交种，是配制改良单交种的亲本种子。

二、玉米自交系种子生产

（一）由育种家种子直接繁殖

根据配制杂交种所需亲本自交系的数量，第一年在育种家种子繁殖田仔细观察，选择性状优良、典型一致的一定数量的单株，进行套袋自交，收获后进行严格穗选，将入选穗晒干后混合脱粒保存。第二年在隔离条件好、产量高的田块，种植前一年入选的种子。生长期间内进行严格去杂去劣。收获后进行穗选，晒干后混合脱粒即为自交系原种。

（二）二圃制生产自交系原种

1. 选株自交

在自交系原种圃内选择符合典型性状的单株，用半透明的硫酸纸袋套袋自交。花丝未露出前先套雌穗，待花丝外露 3.3 厘米左右，当天下午套好雄穗，第二天上午露水干后开始授粉，一般来说应一次授粉，个别自交系雌雄不协调可二次授粉。收获期按穗单收，彻底干燥，整穗单存，作为穗行圃用种。

2. 穗行圃

将前一年决选的单穗在隔离区内种成穗行圃，每个自交系不少于 50 个穗行，每行种 40 株。生育期严格进行选择。只要穗行内有 1 个杂株或非典型性植株则全部淘汰，在散粉前彻底拔除。同时收获后室内考种。

3. 原种圃

将前一年穗行圃收获的种子在隔离区种植成原种圃，在生长期间分别于出苗期、开花期、收获期进行严格去杂去劣，杂株在散粉前全部拔除。雌穗抽出花丝占 5% 以后，杂株率累计不超过 0.01%；收获后对果穗进行纯度检查，严格分选，分选后杂株率不超过 0.01%，方可脱粒，这样所产生的种子即为原种。

三、玉米杂交种生产

目前，玉米种子的生产主要以杂交制种为主。一是通过各种措施保证所生产玉米种子的质量，二是要提高制种产量。

（一）种子产量形成及其影响因素

1. 玉米的"源""库""流"在产量形成中的作用

玉米的"源"是指群体光合作用的潜力，通常以单位叶面积的光合速率为指标。玉米的"库"是指利用光合产物的能力，通常以成熟期间单位面积上籽粒多少和籽粒重的乘积来衡量。玉米的"流"是将光合产物运输给籽粒库的转运系统。"源"足、"库"大、"流"畅是玉米高产的基本条件。

2. 种子的产量构成因素

玉米种子的产量由单位面积的母本穗数、平均穗粒和平均粒重组成，即单位面积产量＝单位面积母本有效穗数×平均穗粒数×平均粒重。

（1）穗数。单位面积的母本穗数是主要构成因素，也是栽培上最容易调控的因子。穗数一般通过两条途径实现，一是增加母本种植密度和行比，二是增加单株穗数。单株成穗数越多，平均每穗粒数、粒重越低；单株成穗数越少，平均穗粒重越高。目前生产上主要依靠增加种植密度和母本行数，即增加母本株穗数来增加单位面积穗数。但也不是越密越好，每个品种都有其最适密度，超过最适密度同样造成减产。母本增加，意味着父本株数的减少，父本过少，易造成花粉不足而导致减产。穗数与种植密度关系密切，在一定范围内，随着种植密度的增加，穗数也增加，但由于品种的耐密性不同，表现形式也不一样。一般空秆率是随着密度的增加而增加，而双穗率却是随密度的增加而减少，因此穗数并不随密度按等比规律增加。

（2）穗粒数。玉米粒数与雌穗小花数、受精率及成粒率有关。在孕穗阶段，雌穗小花分化最快，小花总数在一定范围内变化不大，有相对的稳定性，受群体密度影响也较小，但小花退化率会随群体密度增加而升高。小花败育主要发生在雌穗吐丝和籽粒形成前后，与营养条件有密切的关系。紧凑型品种成粒率高于平展型，在较高密度下紧凑型品种成粒率降低少，而开展型品种降低多。紧凑大穗型母本的株数和穗粒数调节余地比其他类型大，稳产性好。

（3）粒重。玉米粒重的高低取决于籽粒库容量（籽粒体积）的大小、灌浆速度的快慢和灌浆时间的长短。库容量大，灌浆速率快，灌浆期长，粒重高。籽粒体积的大小与胚乳细胞数目和大小有关。灌浆阶段时期的长短，特别是有效灌浆期的长短，能够有效地增加粒重。

总之，单位面积母本有效穗数、穗粒数和粒重是制种产量构成的 3 个因素，籽粒产量是三者的函数，增加其中任何 1 个或同时增加 2~3 个因素，都可以增加制种产量。但在生产实践中，三者又是矛盾的，增大某一因素值，另一因素往往会降低。要获取高产，就必须协调三者之间的关系，使之处于最佳组合状态，其中母本有效穗数和穗粒数是决定高产的主导因素。

（二）种子高产技术措施

玉米杂交制种产量高低，主要受 3 个因素的制约：一是不同类型的杂交种，制种产量差异很大，如双交种、三交种的制种产量显然比单交种制种产量高。同一类型杂交种不同亲本组合的杂交种之间，制种产量同样存在较大差异。二是影响母本结实率高低的因素，如花期是否相遇良好、父本散粉状况、花粉量的多少、花粉生活力强弱、散粉和授粉期天气状况、辅助授粉水平的高低等都会影响制种的产量。三是栽培方法、土壤特性以及生长期天气状况等方面的差异，也会导致制种产量相差悬殊。因此，为了提高制种产量，必须了解亲本的特性，合理调节父母本花期和种植方式，提高田间管理水平。

1. 选用自身高产的母本和适宜的父本

母本产量性状的优劣直接关系到杂交种子的产量水平。在母本具有高产性状的基础上，还需要父本能够稳定地向母本供应充足的花粉，才能保证最后杂交种子的高产。所以在选用父母本时，除了要注意双亲配合力为 F_1 代创造杂种优势外，还应选用能确保制种高产的母本和相应父本。

（1）父母本的选择。制种母本要求配合力强，性状适于密植，如株型紧凑、叶片上冲，或者是虽然叶片平展，但植株较矮、株型清秀、叶片分布均匀合适、结穗率高、空秆率低、穗长；果穗吐丝顺畅，快而集中，花丝生活力强，接受花粉能力好，结实性好；穗粒行数多，穗粒数多，籽粒灌浆快，粒重大，粒数和粒重达到合理的平衡；穗轴要细，脱水快，出籽率高；抗病性、抗虫性、抗倒伏性、抗旱性、抗寒性要强，以保证在高产基础上制种的安全稳定性。父本的植株应略高于母本植株，以便于散粉；上端 3 片叶不宜过长，以短小为好，不应有包穗现象；花粉量充足，散粉期适当较长，花粉生活力强。

（2）姊妹系的利用。亲本自交系经过多代自交，产量较低，抗性和生活力也较弱，使得制种产量偏低，成本较高，可利用改良姊妹系制种的方式来克服上述缺点。改良姊妹系制种就是利用亲本姊妹系进行杂交，然后再作为亲本之一配制生产用种。例如，单交种 A×B，它的改良单交种有 (A×A′)×B、A×(B×B′)、(A×A′)×(B×B′) 这 3 种方式，A′和 B′分别是 A 和 B 的姊妹系。如果选育自交系时没有留下姊妹系，可以采用回交的方法选育改良的姊妹系，或者从本自交系群体中选择变异株，再经分离选育得到。

利用姊妹系制种的原理有 2 点：一是利用姊妹系之间相似的配合力和同质性，保持原有单交种的杂种优势水平和整齐度；二是利用姊妹系之间遗传上的微弱差异，获得姊妹系间一定程度的优势，使植株（尤其是母本）的生长势和籽粒产量有所提高。

2. 选地、整地和施用基肥

（1）选地。首先，应选择适宜杂交组合制种的生态类型地域。其次，在安全隔离的前提下，社会因素如种植结构、产业结构、交通条件等同样不容忽视。最后，生产条件是决定制种产量高低的关键因素之一，土壤质地以沙壤土较好，肥力水平中等以上，有较好的灌溉和排水设施，做到旱涝保收。

（2）整地。深耕细整是创造良好土壤条件的重要措施，翻耕的深度应根据玉米根系生长特点、土壤性质、肥料及劳力等条件因地制宜合理确定。春播区以秋季早期深翻为好，并在早春进行耙地、镇压和耢地。整地务必达到土壤细碎、地面平整、不留残茬。夏播制种受前作收获期、制种组合生育期和当地自然条件的制约，耕深以 20 厘米左右为宜，土层深厚、肥料充足及壤土可适当深些，土层浅、肥料不足及沙土宜浅些。

（3）施用基肥。玉米对肥料三要素的吸收量因品种、地区和栽培条件而不同。综合各地肥效的试验，玉米以氮的需要量较大，钾次之，磷较少。每生产 100 千克籽粒需吸收氮 2.66 千克，氮、磷、钾比例约为 2.37∶1∶2.09。施用基肥最好在深耕的基础上进行，可以增加土壤养分、改善土壤结构、促进微生物活动、提高土壤肥力、促进根系发育。但夏、秋玉米生育前期处于高温条件下，肥料分解速度快，基肥施用过多易流失并造成苗期徒长，后期追肥，应注意适当用量。基肥应迟效与速效肥料配合施用，氮肥与磷、钾肥配合施用。由于各地具体条件不同，施用基肥应根据实际情况，灵活掌握。看土施肥，深施匀施，集中施（穴施或沟施）；肥土少施，瘦土多施；精肥少施，粗肥多施；向阳地升温快应施迟效肥料，背阴地升温慢应多施速效性肥料；黏土多施焦泥灰，沙土多施泥肥、厩肥。

3. 播种规格

（1）父母本行比。玉米杂交制种时，父母本要按一定的行比相间种植，播行要端直，严防错行、并行和漏播，各行都要种到田头，并作相应标志。父母本行比的确定，应在保证父本有足够花粉使母本雌穗能正常结实的前提下，适当增加母本行数，以提高制种产量。目前，以父母本行比为1∶4的形式居多，有的则更高。为了从调整亲本比例上，挖掘制种产量的潜力，也可采用3∶0或4∶0高密度制种方法。具体做法是：母本、父本仍按一定行比播种，如4∶0制种法，母本∶父本的行比为4∶1（4套1），等父本行植株全部散粉后，立即将父本割除，父本行成为通风透光道，改善母本光照条件，促进种子早熟，增加粒重，同时又可避免机械混杂，保证种子纯度和质量。此外，连片同组合制种田面积大，制种田内父本花粉绝对量大，互补性强，则父本比例可适当减小，母本可以相应增加。制种组合是错期播种，如父本早播，植株高于母本，可适当增加母本行比；如父本晚播且时间较长，容易受母本的抑制，则应缩小母本行比。总之，要在保证父本花粉满足供应的条件下，尽可能加大母本的行比，以增加制种产量。

（2）确定合理的密度。一般自交系生长势较弱，株型比较矮小，可适当增加密度，从而提高产量，降低种子成本。确定密度的原则应该是增加株数对穗数、穗粒数、粒重的负面影响相对较小，处于相对平衡状态，才能获得高产。通常，单交制种每公顷不少于5万株，矮秆、抗倒、紧凑型亲本则可适当加大密度。同一个亲本，夏、秋播则比春播密度大。肥水条件差，且是平作裸种，密度要小；肥料充足、供应平衡、有良好灌溉条件、地膜覆盖以及采用3∶0或4∶0高密度宽窄行制种方法可以提高密度。

（3）调节播期。制种区父母本花期能否相遇，是制种成败的关键。如父母本的开花期相同或母本吐丝期比父本散粉期早2～3天时，父、母本可同期播种。若母本开花期过早或比父本晚，就必须调节播种期，一般要求母本吐丝盛期和父本散粉初期相遇，才能保证授粉结实良好。实行错期播种，应充分考虑亲本生育期早晚、生长季节、气候、土壤、墒情等条件的影响。在可能的情况下，可以将一个亲本经过催芽后同期播种。

（4）提高播种质量。播种必须分清父、母本行，不得重播、漏播，行向要正直不交叉。行距多为35～50厘米，采用宽窄行种植，宽行可根据行宽确定株数。播种深度一般为3～4厘米，甜玉米种子出苗能力差，应适当浅播。每穴播2～3粒种子，播后用潮细土盖种。如有缺苗，父本行可移栽或补种原父本的种子，母本行不要移栽或补种。为了提高成苗率和出苗整齐度，培育壮苗，春播制种田可采用地膜覆盖栽培；夏、秋播制种田则可采取育苗移栽的方法，充分利用生长季节，提高制种产量和质量。

4. 花期预测和调节

（1）花期预测。虽然根据各方面条件合理地确定和调节了父母本播期，但播种后还可能因某些意外因素的干扰，如干旱、高低温、病虫害、追肥不当以及施用农药、除草剂、植物生物调节剂等，使父本或母本的生育进程发生异常变化，造成父母本花期错开，甚至不能相遇。为此应在生育期间采取不同措施进行观察，以预测花期是否相遇，为确定调节措施提供依据。花期预测的方法有叶片检查法、剥叶检查法、叶脉预测法和镜检雄幼穗法。

叶片检查法是在制种田中选有代表性的 3～5 点，父、母本植株各 10 或 20 株，从第 5 片叶起，每长出 5 片叶用红漆标记 1 次，定点、定株检查父、母本分别长出的叶片数。父、母本总叶片数相同的组合，可以观察出现的叶片数，父本已出现的叶片数比母本少 1～2 片为花期相遇良好的标志。父、母本总叶片数不同的组合，计算未抽出叶片数，母本未抽出叶片数比父本少 1～2 片，表明花期相遇良好。

剥叶检查法是在双亲拔节后，选有代表性的植株，剥出未长出的叶片，根据未出叶片数来预测双亲是否花期相遇。如果母本未长出的叶片数比父本未长出叶片数少 1～2 片，则双亲相遇良好。如果双亲未长出叶片数相等或母本比父本多，说明母本晚、父本早，花期不易相遇。

叶脉预测法是对叶龄预测的补充，是利用玉米植株各叶片上的侧脉数与叶龄数呈一定的关系。叶龄等于该叶片两侧脉相加之和除以 2，再减去 2。在父母本总叶片数相同时，父本长出的叶片数比母本少 1～2 片，表明父母本花期能相遇。如果在测定叶龄时出现小数，用本法继续测定相邻的下一片叶，进行核对。由于穗位以上的叶片会出现二级叶脉，有时较难把握，可以先确定下面叶片的叶龄后，再往上数。此外，父、母本总叶片数不同的组合，必须事先知道双亲各自的总叶片数，才能准确判断双亲生育进程的快慢，确定花期是否能相遇。

镜检雄幼穗法是在双亲拔节后（幼穗生长锥开始伸长）的不同时期，选择有代表性的父、母本植株，分别剥去未长出来的全部叶片，然后用放大镜观察雄穗原始体的分化时期。母本的雄穗发育早于父本 1 个时期，则花期相遇良好。如果父本雄穗发育早于母本或与母本发育时期相同，则花期不遇。也可按父母本雄穗幼穗大小的比例关系来衡量，在小穗分化期以前，母本幼穗大于父本幼穗；小穗分化期以后，母本幼穗大于父本 1 倍左右；雌雄蕊分化期以后，母本幼穗大于父本 2 倍左右，花期即可相遇。如相差过大，则需进行调节。这种方法可与剥叶检查法结合起来使用，先观察未长出叶片数，再观察雄穗分化进程，两者对照，结果会更准确。

（2）花期不遇的调节措施。经过花期预测，如发现父母本花期不协调，应及时采取措施进行调节。最好是明确造成花期出现偏差的原因，以便从根本上扭转。根据发现时期的早晚，分清是父本早还是母本早，按具体对象采取相应措施。

苗期比较容易出现问题。高低温、干旱、雨水过多等因素均能导致两亲本的生育进程发生偏差。如果父本偏早，可留大、中、小苗，同时对母本采取偏追肥、勤管理等措施；母本偏早，可对父本偏施肥进行调控，平衡其生育进程。

中期指拔节期至大喇叭口期。此阶段主要采取水、肥和植物生长调节剂来促偏晚的亲本，或用断根法来控偏早的亲本。在促偏晚亲本时，可用速效性氮肥进行土壤追肥，然后浇水。同时结合叶面喷施磷酸二氢钾 200 倍液，也可以选用尿素，每公顷使用 1 500 升溶液，最好连续喷 2～3 次，能使散粉或吐丝期提前 2～3 天，也可以喷施植物生长调节剂，或植物生长调节剂与磷酸二氢钾配合使用。应用植物生长调节剂时应注意严格按照其介绍的浓度配制溶液，如赤霉素每公顷用量一般为 15～20 克，加水 300～400 升进行叶面喷施。对发育偏早需要控制的亲本，可以采取切断部分根系的办法抑制其生长。具体做法是：在大喇叭口期，用铁锹在距离主茎7～10厘米周围，垂直向下切约15厘米深，断掉部分根，撤锹时还要垂直向上拔起，以防伤根过多。断根的多少依父母本生育进程的差距而定，差距大则多断根，差距小则少断根。一般断根后可使发育快的亲本延迟4～6天吐丝或抽雄。断根时间不宜过早或过晚，尤其是抽雄时再断根，因穗分化已经完成，起不到控制的效果，同时应注意在肥水上加以控制，以加大抑制生长的效果。对发育早的父本，可以在抽雄前的各个时期进行割叶，割除中下部已展开的叶片，留心叶，可使父本推迟3～5天抽雄。

后期指抽雄前后至散粉、吐丝期。这个阶段比较复杂，而且时间紧迫，大多要采取断然措施或采取多种措施相配合，以加强促控效果。如在抽雄前发现某一亲本发育滞后，用磷酸二氢钾或植物生长调节剂进行叶面喷施，可起到提前1～2天抽雄的作用。在将要抽雄时，如发现母本花期晚于父本，可采取母本超前带叶去雄，一般能使母本雌穗早吐丝1～3天，同时结合母本雌穗剪苞叶，也能促使母本雌穗早吐丝1～2天。剪苞叶时间以及剪苞叶的长短应根据父本散粉与母本吐丝相差天数决定。如发现母本早于父本，在抽雄前可采取对父本叶面喷肥的办法。在父本将要散粉时，将母本花丝剪短，留3厘米左右。如散粉晚，花丝又伸长，还可再剪1次。剪花丝的时间以16:00以后进行为好。在经过调节后，仍然花期不遇或相遇不好，则需借外源同父本的花粉进行人工辅助授粉。

5. 人工辅助授粉

玉米自交系花粉量小而且散粉较为集中，而且目前生产上母本行比例加大，花粉往往不足，为了提高花粉利用率，必须进行人工辅助授粉，以提高母本结实率。在父本花粉量非常充足、母本比例不大、父母本花期相遇良好、母本吐丝非常整齐但持续时间不长的条件下，一般采取用细棍拨动父本茎秆果穗上部或用手摇动植株，使花粉散落下来。这种方法省工、效率高，但花粉利用率很低，而且易受自然条件制约，无风或空气湿度过大均会缩小散粉距离，一般以微风最好。每天在露水干后，气温不是很高的9:00—11:00进行。在父本花粉量不足、父母本花期相遇不好、母本吐丝持续时间过长、母本比例大时，则需采取人工采集花粉集中给母本花丝授粉的方法。采集花粉应以晴天、露水干后，8:00—10:00进行。盛粉器不能用金属器皿，以厚纸盒较好。花粉采集后避光保存，随采随用，筛去花粉和黏结块后，放入授粉器内。授粉器一般采用内径2.5厘米左右、长20厘米左右的竹筒、纸筒或塑料管，一端用二层尼龙网或纱布封口，再用一根长约8厘米，内径等于授粉管外径的筒管套于内筒之外，网纱口一端留出3.5厘米左右的短筒管，形成授粉器罩。然后将花粉装入内管中，将封口一端对准花丝摇动，使花粉散落在花丝上；也可以用较软的塑料瓶，将瓶盖用针刺出几圈小孔（约20个），将已装入花粉的瓶盖拧紧，瓶倒置，盖孔对准母本花丝，用手挤压瓶身，花粉即可喷出。授粉应逐株逐行进行，不要遗漏。一般颜色鲜艳、似有水反光状为未授粉新吐出的花丝，应该授粉；如颜色发暗或呈萎蔫状、发黄变褐，则已受精，不必再授粉。如母本吐丝早，花丝过长，应剪短后再授粉。同一雌穗一般要授粉2次以上，每次隔2～3天，以保证全部花丝均能接受花粉。连续大风、阴雨天气，可从田间抽取雄穗插在盛水的容器中，离体培养取粉。

6. 田间管理

根据玉米各生育阶段特点，加强田间管理，是夺取玉米制种高产的重要环节。田间管理总的要求是："促苗、控秆、攻穗"。施肥应掌握"基肥足、苗肥早、穗肥重、粒肥补"的原则，做到"前轻、中重、后补"，并通过其他管理措施，使玉米前期清秀矮壮不落黄，中期叶色浓绿，茎秆粗壮有力，后期穗大粒饱满，青秆黄熟不早衰，才能获得制种高产。

（1）间苗、定苗、补苗。间苗一般在3～4叶时进行，并同时定苗。在苗期病虫害较多的地区，定苗可在5～6叶时进行，但不能过迟。间定苗时应注意选留典型株，母本应选留生长势和整齐度一致的壮苗，父本可留大、中、小苗，以延长散粉期，但中、小苗比例应小些。父本如有缺苗，可以带土移苗补栽。

（2）中耕除草。玉米是中耕作物，一般需中耕2～3次，做到"头遍深，促发根；二遍浅，不伤根"。头遍在出苗或移栽7天后进行，最后一次在施穗肥时进行，并结合培土。

（3）施肥。苗肥要早施，一般在移栽或直播出苗后7天左右，结合第一次深中耕，追施苗肥1次。以速效肥为主，对生育期长的亲本和土质差、基肥不足的田块，第一次追肥后7～10天，还可看苗生长情况再追肥1次，用量可少些。苗肥约占总施肥量的25％。穗肥应重施，以速效性氮肥为主，施用量占总追肥量的50％，施用时间因品种、土壤湿度、肥料种类而不同，一般在母本大喇叭口期进行。早熟品种比中、晚熟品种早施，天旱地燥比多雨地潮的早施，未腐熟的有机肥料要早施，速效性肥料可稍迟，有缺肥现象的也要提早施用。追肥时应结合培土以提高肥效、促进生根、防止倒伏、减轻草害。粒肥要巧施，根据具体情况掌握早施、轻施，以速效性氮肥为主，施用量不可过多、过迟，以免造成贪青迟熟。

（4）灌溉和排水。玉米在苗期应进行抗旱锻炼，促进根系发育。拔节期到籽粒灌浆期需水量较大，切不可脱水。制种期间遇伏旱情况，应根据旱情和玉米需水规律进行合理灌溉。如拔节孕穗期雨水较多，应注意排水，天晴后进行浅中耕。

（5）病虫害防治。苗期的害虫主要为地下害虫，如地老虎、蛴螬、蝼蛄等，可用50％敌敌畏1份加适量水后拌细沙土100份，每公顷用毒土300～375千克，顺垄撒施在幼苗根附近；或者用90％敌百虫0.5千克拌菜籽饼5千克，每公顷用75千克，傍晚撒在玉米行间。夏、秋制种田还应防治玉米青虫。穗期防治的重点是玉米螟，大喇叭口期用3％的克百威颗粒剂，每公顷4.50千克，拌细沙土75～90千克，撒于心叶中；或用90％晶体敌百虫1 500倍液灌心叶，每升药液灌注60～100株。抽雄后，可用乐果、敌百虫每公顷各0.75千克加水，每隔5～6天喷1次，共喷2～3次。另外，穗期要注意茎腐病、褐斑病、纹枯病、锈病和青枯病等的检查和防治。玉米大、小叶斑病是生长后期的主要病害，全国各地发生较为普遍。在发病初期，必须立即进行防治，每隔7天连续2～3次用50％多菌灵可湿性粉剂500倍液或90％代森锰锌1 000倍液进行叶面喷雾。此外，花粒期还要加强青枯病、黑粉病、黑穗病等的防治。花粒期虫害以玉米螟、棉铃虫、蚜虫等为主，应及时防治，以免影响制种产量。

7. 玉米异地加代繁育制种技术

为了解决某些年份北方玉米杂交种子量的不足，可利用我国南方自然条件加代繁育杂交种和自交系。

（1）选地隔离。海南的陵水、三亚、崖城到黄流一带是适宜冬季玉米繁种的黄金地段。虽然旱田、水田都可以作南繁地块，但旱田一般不如水田肥沃。选用水田时，应注意排水条件，以便雨天及时排水。同时应注意地块的隔离，特别要注意采用时间隔离。

（2）播种期。在海南、广西等地种植加代种时，以10月中旬至11月中旬播种为宜。如果因故不能在此期间播种，可推迟到12月下旬至翌年1月上旬播种，收获的种子仍可赶上北方夏播。尽可能不在 11 月下旬至 12 月上旬播种，避免苗期或开花授粉期遇到低温影响。

（3）田间管理。南繁制种时，由于前期气温高，玉米发育较快，如不及时管理，易形成"小老苗"，导致制种工作失败。因此，出苗后应抓紧早管、勤管，一促到底，促苗早发、快长。

（4）防治虫害和鼠害。冬季，在海南省进行亲本系繁殖和杂交制种时，虫害极为严重，如地老虎、蝼蛄、蚂蚁等，如不注意防治，常造成严重缺苗。此外，玉米螟、黏虫、斜纹夜蛾、造桥虫等也常常进行危害，应及时防治，减少损失。海南省鼠害严重，必须注意防鼠、灭鼠。

（5）注意花期。海南日照短、气温高，玉米生育期缩短，所以在南繁制种时更要注意花期预测和调控。

四、种子质量控制

玉米杂种优势的表现与种子质量密切相关，在重视制种产量的同时，更应把保证种子质量放在首位。种子质量包括品种品质和播种品质 2 个方面，优质的种子应当是品种纯度高、清洁、干净、充实、饱满、生活力强、水分较低、不带病虫及杂草的种子。

决定种子质量的因素除了采收后加工、干燥、贮藏以及生产过程中气候等因素的影响外，亲本质量的好坏是前提条件，而制种过程中的各个生产环节，如隔离条件、去雄去杂是否彻底、母本营养水平的高低、病虫害危害程度、收获干燥是否及时等都会直接影响到制种的成败和种子的质量。

严格遵循种子亲本繁育和杂交制种技术操作规程，建立种子生产档案，是保证种子安全生产、提高种子质量、降低生产成本的关键。

第三节　水稻种子生产技术

一、常规水稻（纯系）种子生产

经审定合格的新品种，必须加速繁殖并保持纯度，使新品种在种子数量和质量上能满足生产的需要。

（一）常规稻三圃制原种生产

1. 单株选择

单株选择在原种圃、株系圃内当选株系、纯度高的大田或保存的低世代种子田中进行，有条件的在专设的选种圃中进行。

抽穗期进行初选，做好标记，在成熟期逐株复选。当选单株的"三性""四型""五色""一期"必须符合原品种特征特性，禁止在边行或缺株周围进行选株。选择数量依下一年株行圃面积而定。一般每公顷株行圃需决选约 3 000 个单株或 12 000 个穗行。田间当选单株连根拔起，每 10 株扎 1 捆，挂牌注明品种名称。收获后及时干燥，然后进行室内逐株考种，先目测剔除不合格单株，然后依据株高、株穗数、穗粒数、结实率、千粒重、单株粒重进行考种，并分别计算各性状的平均数。当选单株的株高应在平均数±1 厘米范围内，穗粒重不低于平均数，然后按单株粒重择优选留。当选单株分别编号、装袋、复晒、收藏。

2. 株行圃

将上年当选的各单株种子，按编号分区种植，建立株行圃，对后代进行鉴定。

（1）建立秧田。每个单株播 1 个小区（对照种子用上年原种分区播种）。种子需经药剂处理，所有单株种子（包括对照种子）的浸种、催芽、播种，均需分别在同一天完成。播种后进行塌谷，小区间做成小埂，防止混杂。秧田应观察记载播种期、叶形、叶色、抗逆性。

（2）建立本田。首先进行田间设计，绘制田间种植图。拔秧移栽时，1 个单株的秧苗扎 1 个标牌，随秧运到大田，按田间设计图栽插。上年的每个单株栽 1 个小区，单本栽插，按编号顺序排列，并插牌标记，各小区需在同一天栽插。小区长方形，长宽比为 3∶1，各小区面积、栽插密度需一致，确保相同的营养面积。小区间应留走道，每隔 9 个株行设 1 个对照行区。株行圃四周设保护行（不少于 3 行），并采取隔离措施。空间隔离距离不低于 20 米，时间隔离时，扬花期要错开 15 天以上。

田间管理的各项技术措施需一致，并在同一天完成。观察记载应有固定专人负责，随时做好淘汰标记，在收获前进行田间综合评定，当选株行区必须具备本品种的典型性状，株行间一致性和综合丰产性较好，植株和穗型整齐度好，穗数不低于对照，齐穗期与成熟期的株高与对照相比，均在 ±1 厘米范围内。当选株行确定后，将保护行、对照小区及淘汰株行区先行收割。对当选株行区逐一复核无误后，分区收割。如采用二圃制，则混合收割。确选各株行要单脱、单晒、单藏，挂上标签，严防混杂和鼠、虫等危害及霉变。

3. 株系圃

将上年当选的各株行种子分区种植，建立株系圃。各株系区的面积、栽插密度相同，并单本栽插，每隔 9 个株系区设 1 个对照区。其他要求、田间观察记载项目和评选方法同株行圃。当选株系应具备本品种的典型性、株系间的一致性，整齐度高、丰产性好。然后将各当选株系混合收割、脱粒、收贮。

4. 原种圃

将上年混收的株系（株行）圃种子扩大繁殖，建立原种圃。原种圃要集中连片，隔离要求同株行圃。种子播前进行药剂处理，单本栽插，稀播壮秧，增施有机肥料，合理施用氮、磷、钾肥，促进秆壮粒饱。及时防治病、虫、草害，在各生育阶段严格拔除病、劣、杂株，并携出田外。

（二）常规稻良种生产

1. 水稻良种生产程序

由育种单位或种子部门提供原种，有计划地扩大繁殖原种各代种子，以迅速生产出大量良种供大田使用。

（1）一级种子田在原种繁殖田中选择典型单株，混合脱粒，作为第二年种子田用种，余下的去杂去劣，作为第二年大田生产用种。

（2）二级种子田在一级种子田中选株、混合脱粒，供下一年度一级种子田用种，其余的去杂去劣，作为二级种子田用种。二级种子田经去杂去劣，供大田生产用种。在需种数量较大，一级种子田不能满足需要时，才采用二级种子田。

水稻繁殖系数在单本栽插的条件下为 250～300。二级种子田面积占大田面积的 2%～3%，一级种子田约占二级种子田的 0.4%。

2. 建立种子田

建立种子田是水稻防杂保纯的有效措施。种子田应选择在阳光充足、土壤肥沃、土质均匀、排灌条件好、耕作管理方便的田块。同一品种的种子田应成片种植，相邻田块种植同一品种。在与其他品种相邻种植时，田边 2 米范围内的稻谷不得作为种子使用。采用二级种子田繁殖程序的，一级种子田设在二级种子田中间，以防止品种间天然杂交。

3. 加强田间管理

播前采用晒种、拌药或包衣等种子处理措施。注意提高播种质量，做到稀播（每 667 米^{2}播 12～15 千克）、匀播，培育多蘖壮秧。种子田单本栽插，加强田间管理，合理施用氮肥，增施磷、钾肥，特别注意要去杂和防治病虫害，以提高种子质量，扩大繁殖系数。

4. 坚持严格去杂

去杂工作的重点是在抽穗期，根据原品种的主要特征特性，选出生长整齐、植株健壮，具有该品种典型性状、丰产性和抗病性均优良的单株，挂上纸牌或其他标记。成熟期再根据转色、空壳率、抗性等进行复选，淘汰不良单株。然后将入选单株混合收获、脱粒，干燥后妥善贮藏，留作下年度种子田或一级种子田用种。选择株数视所需种子量而定，一般供 667 米^2 种子田繁殖约需要 60 株。

二、杂交水稻亲本原种繁殖

杂种稻的种子生产包括 2 个环节：一是亲本繁殖，二是杂种一代种子生产。亲本种子的纯度直接影响杂种一代种子的纯度，因此必须对亲本进行原种生产。目前，生产上使用的杂交水稻有三系杂交稻和两系杂交稻，以三系为主。三系杂交水稻亲本繁殖包括雄性不育系、雄性不育保持系和雄性不育恢复系的原种生产。

（一）生产方法

生产上常采用改良混合选择法，即单株选择（选种圃）、株行比较（株行圃）、株系鉴定（株系圃）、当选株系混合繁殖（原种圃），简称为一选三圃法。

（二）基地选择

在适宜亲本性状充分表现的稻作生态区域，选择隔离条件优越、无检疫性病虫害、土壤肥力中等偏上、地力均匀一致、排灌方便的田块。

（三）选择原则

以田间选择为主，室内考种为辅，综合评定选择，保持与原品种特性完全一致。

（四）隔离

不育系与异品种宜采用自然隔离。如为时间隔离，始穗期应错开 25 天以上；如为空间隔离，应距离 700 米以上，恢复系、保持系的三圃与异品种距离不少于 20 米。对于柱头外露率高的保持系，从单株选择到原种圃，都要严格隔离。并且周围（500 米以内）不宜种植粳、糯品种。

（五）保持系原种繁殖

1. 建立选种圃（单株选择）

（1）种子来源为育种家种子或原种。

（2）田间设计。面积 300 米^2 以上，单株稀植匀播，定株标记叶龄，根据亲本的特性选用适宜的栽培技术。

（3）观察记载项目。当选单株应符合原品种的典型性状：株型、叶型、穗型、粒型、生育期和主茎总叶片数；分蘖性、叶色和叶鞘色；结实率；花药大小、花丝长短和开花散粉习性。

（4）选择方法。全生育期分5次进行：分蘖期选择以叶鞘色、叶型及分蘖数为主，初选300～500株，予以标记；孕穗期选择以剑叶形态、叶色和叶片长宽为主；抽穗期选择以单株间和单株内的抽穗整齐度一致性为主，同时对穗型、颖壳色、稃尖颜色和柱头颜色进行选择，选留200～300株；成熟期选择以株型、粒型、粒色、芒的有无及长短、结实率、成熟度和病虫危害程度为主，定选200株；对定选的200株进行考种，统计株高、有效穗、穗总粒数、实粒、病粒等，综合评选出100株。将当选的单株单收、单脱、编号登记、单晒、单贮。

2. 株行圃

（1）种子来源为上季当选的单株。

（2）田间设计。各单株取约100粒种，同时播种育秧，播种面积一致。本田分单株（1粒谷苗）插植，每个单株成株行，按编号顺序排列，不设重复，逢10个株行设1个对照，对照为同品种原种或育种家种子，株行间和区间留路，株行间距36厘米，区间间距45厘米。

（3）观察记载和选择方法。按照《农作物品种区域试验技术规范　水稻》（NY/T 1300）观察记载要求，进行观察记载。每株行同位定点观察10株，标记叶龄。观察记载项目和选择方法同保持系原种生产中的选种圃。

（4）收获贮藏。当选株行种子单收、单脱、单晒、单储、编号登记。

3. 株系圃

（1）种子来源为上季当选的株行种子。

（2）田间设计。按株行编号顺序排列，每个株行种子单株（1粒谷苗）栽插成株系，插等量面积，逢10个株系设1个对照，对照为同品种原种或育种家种子。同时种植适当数量的对应不育系原种，作测保用。

（3）观察记载和选择方法。每株行同位定点观察10株，标记叶龄；秧苗期观察整齐度和秧苗素质；分蘖期观察叶鞘颜色、分蘖力强弱；抽穗开花期观察抽穗整齐度、剑叶长宽、稃尖颜色、颖壳色、花药大小、开花散粉情况以及花丝长度、柱头颜色。成熟期看株高整齐度，籽粒形状和颜色、芒长短、结实和饱满度等；成熟后对初选的株行和对照进行考种，考查株高、穗长、穗粒数、结实率、千粒重。每个株系同位定点10～20株观察记载叶龄，各生育阶段观察记载群体表现型和田间杂株，凡出现有异型株的株系，淘汰全系。

（4）测保鉴定。抽穗开花期在当选株系中选取3～5株与对应不育系原种测交，收获不育系结实的种子作测保鉴定（鉴定不育度和隔离自交结实率）。

（5）综合评选。通过田间观测和室内考种，综合评选优良株系，当选率50%。当选株系种子单收单贮，待测保鉴定淘汰保持力不达标（指测交不育系的花粉败育率未达不育系鉴定或审定标准和隔离自交结实率高于0.1%）的株行后，再混合成为株系种。

4. 原种圃

（1）种子来源为上季当选的混合株系种子。

（2）田间设计。单株（1粒谷苗）分区栽插，留操作行，精细栽培管理。

（3）定原种。按《农作物种子检验规程》（GB/T 3543）进行鉴定和检测，达到《粮食作物种子》（GB 4404.1）原种标准的种子定为原种。

（六）不育系原种繁殖

1. 选种圃（单株选择）

（1）种子来源。三系不育系种子使用育种家种子或原种，保持系为使用三系保持系原种生产方法所生产的株系种或原种。

（2）田间设计。保持系与不育系按播插期播种育秧，相间种植，行比为 2∶4，保持系栽单株，不育系稀植，保持系与不育系间距为 25 厘米，两行保持系间距 14 厘米，精细栽培管理，不割叶、不剥苞（异交特性好的不育系不喷施赤霉素），花期赶粉。

（3）观察记载和选择方法。以不育系原有的不育性、异交特性、异交率和包颈度为选择依据，其他观察记载性状和选择方法与对应保持系相同。

（4）育性检验。始穗期对初选合格单株逐株镜检，选留花粉败育率达到不育系鉴定或审定标准以上或者无染色花粉的单株。对定选的 200 株进行考种，统计株高、有效穗、穗总粒数、实粒、病粒等，综合评选出 150 株。综合评选时，株行圃当选率为 30%～50%。

（5）种子收贮。当选不育系单株种子单收、单脱、单晒、单贮、登记编号。

2. 株行圃

（1）种子来源。不育系使用上季当选的不育系单株种子，保持系使用与不育系成对侧交的保持系单株种子或株系种或原种。

（2）田间设计。保持系与不育系按播差期分株行等量播种育秧、单株种植，行比为 2∶（4～6），保持系与不育系间距为 25 厘米左右，两行保持系间距为 14 厘米左右，区间留路约 45 厘米，顺序排列，不设置重复和对照，精细栽培管理，不割叶、不剥苞（异交特性好的不育系不喷施赤霉素），花期赶粉。

（3）观察记载及选择方法与保持系相同。

（4）育性选择及育性检验。育性检验采取目测与镜检相结合的方法，在抽穗期每株行镜检 20% 的单株，并逐株目测花药形态和颜色，及时拔除明显散粉的单株，出现异型株的全株行立即割除。

（5）株行决选。在定点观察、育性鉴定和镜检等项目的基础上，选典型性、一致性、异交结实率高的株行。

（6）收获。授粉结束后，立即割除保持系。成熟后，当选株行种子分别单收、单脱、编号登记、单晒、单贮。单收同异体配套单繁的保持系株行种子。

3. 株系圃

（1）种子来源。不育系使用上季当选的不育系株行种子，保持系应使用同世代配套单繁的株行种子或株系种或原种。

（2）田间设计。设繁殖区和性状鉴定区：繁殖区保持系与不育系按播差期分株行等量播种育秧、单株种植，行比为 2∶（6～8），不育系按株行编号顺序排列，保持系与不育间距为 25 厘米左右，两行保持系间距 14 厘米左右，区间留路约 40 厘米，不设置重复和对照，精细栽培管理，花期赶粉；性状鉴定区只种植不育系，分株系插等量面积（200～300 株），逢 10 株设对照，对照为同不育系原种，不喷施赤霉素。每株系另种植 20～50 个单株自然隔离区（或盆栽隔离）。

（3）观察记载项目。按照《农作物品种区域试验技术规范　水稻》（NY/T 1300）观察记载要求，分株系五点取样 20 株镜检花粉。记载繁殖区和性状鉴定区的田间纯度，调查记载杂株率，在繁殖区及时拔除明显散粉的单株，发现有变异株的株系，全株系立即割除。

（4）异交结实考查与测产。各株系在同等栽培条件下，取样 5 株统计异交结实率，并测产比较鉴定其优劣。

（5）育性鉴定。育性检验采取目测与镜检相结合的方法，在抽穗期每株行镜检 20%的单株，并逐株目测花药形态和颜色，及时拔除明显散粉的单株，出现异型株，全株行立即割除。

（6）株行决选。在定点观察、育性鉴定和镜检等项目的基础上，选典型性、一致性、异交结实率高的株行。考查种植在自然隔离区（或盆栽隔离）植株的自交结实。

（7）选择方法。根据观察记载、目测、镜检、隔离自交结实率、田间测产情况，综合评选优系，当选率 50%。

（8）收割。授粉结束后，立即割除保持系，成熟时先割除田间淘汰的株系，再混收当选株系种子，即为株系种。

4. 原种圃

（1）种子来源。不育系使用上季当选的株系种子，保持系使用株系种或原种。

（2）田间种植。要严格隔离，保持系与不育系播种量为 1：2，按播差期分别播种育秧、单株种植，行比为 2：8，保持系与不育间距为 25 厘米左右，两行保持系间距 14 厘米左右，精细栽培管理，花期赶粉，严格除杂。

（3）定原种。授粉结束后立即割除保持系，根据《农作物种子检验规程》（GB/T 3543）进行鉴定和检测，达到《粮食作物种子》（GB 4404.1）原种标准的种子定为原种。

（七）恢复系原种繁殖

（1）种子来源为育种家种子或原种。

（2）三圃的设置、种植方法同三系保持系原种生产。

（3）测优鉴定。抽穗期在当选株行进行 3～5 个单株与所配组合的不育系原种套袋杂交，收获不育系结实的杂交种子，再整季种植鉴定杂种优势，综合评选出典型性好、恢复度不低于对照、恢复株率 100%的株系，株行当选率 30%～50%，株系当选率 50%～70%。

（4）株行、株系圃观察记载项目、标准、方法同三系保持系原种生产。

（5）定原种。当选株系混合为株系种，根据需要繁殖原种。根据《农作物种子检验规程》（GB/T 3543）进行鉴定和检测，达到《粮食作物种子》（GB 4404.1）原种标准的种子定为原种。

三、三系杂交水稻（F₁）种子生产

（一）制种基地选择

选择隔离条件好、无检疫性病虫害、阳光充足、排灌方便、地力中上、集中连片的田块为制种田。秋季制种不选早稻田作秧田。

（二）严格隔离

杂交稻制种时常用的隔离方法有：空间隔离、时间隔离、父本隔离、屏障隔离。

制种田最好自然隔离，制种田周围要求 50 米内，除父本外，不能种植其他任何水稻品种，在风力较大的平原地区需隔离 100 米。制种田处于上风位时，隔离距离 200 米以上；制种田处于下风位时，隔离距离 500 米以上。

采用时间隔离时，要保证与制种田周围其他水稻品种的抽穗扬花期错开 20 天以上。在繁殖田周围种植同一保持系，在制种田周围种植同一恢复系，这样不仅可以起到隔离作用，而且可以扩大父本花粉的来源，有利于提高异交结实率。

（三）种子处理和规格播种

1. 种子处理

播前要对亲本种子抢晴天翻晒 1～2 天，增加种子的活力，然后筛选种子，除去混杂于种子中的秕谷、发芽谷粒、泥块、病粒等。浸种前用 50% 多菌灵 500 倍液 50% 硫菌灵 1 000 倍液或 20% 高氯精 300 倍液进行种子消毒，药液一定要浸没种子，浸种消毒时间 12～24 小时，然后用清水洗净药液后再进行浸种。生产上常用多起多落浸种法、日浸夜露法和间歇浸种催芽法来进行浸种催芽，当芽长到半粒谷长，根长到一粒谷长时，就可抢晴播种。

2. 推算好"三期"，合理安排父、母本播种期，确保花期相遇

（1）选择最佳抽穗扬花期。适宜的气象条件和生产环境是提高水稻制种产量的前提条件，根据水稻的生长习性，杂交水稻制种要注意把抽穗扬花期安排在气温和湿度适宜、雨水较少的季节。制种时需综合考虑所制品种父、母本的特性和当地的气候条件，合理推算出父、母本的适当播种期，确保父、母本抽穗扬花关键期在最适宜的气候条件下相遇，达到提高制种产量的目的。理想的花期相遇是双亲"头花不空、盛花相逢、尾花不丢"，其关键是盛花期相遇。生产上依据最佳抽穗扬花期来推算出父、母本播种期，使父、母本盛花期相遇在最佳的生长季节。

（2）算准父母本播种差期。同一父、母本在同一地区、同一季节和大致相同的栽培管理条件下，水稻从播种到始穗的天数、有效积温、主茎叶片数都是相对稳定的。根据这一原理，制种上常用时差法、温差法和叶差法来确定父母本播种差期。

时差法即生育期推算法，就是用父本从播种到始穗的天数减去母本从播种到始穗的天数，推算出父、母本的播始差期，来合理安排父、母本的播种期。这种方法的优点是比较简单容易掌握，但只适宜年际之间气温变化小的地区和季节制种。

叶差法就是用父本从播种到始穗的叶龄减去母本从播种到始穗的叶龄之差，来确定该组合父、母本的播种叶龄（片）差，作为推算父、母本播种期的依据。应用这种方法，关键是要准确观察父本的叶龄，要有专人定点定株定时观察记载，准确计算出叶龄平均数。叶差法对同一组合在同一地域、同一季节、基本相同的栽培条件下，不同年份制种较为准确。

温差法是用父母本播种到始穗的有效积温差来确定父母本播差期的方法，全称为有效积温差推算法。有效积温的计算方法，就是把父、母本从播种到始穗每天大于 12 ℃和小于 27 ℃的温度全部加起来，累计算出父、母本从播种到始穗的有效积温，进而推算出它们之间的有效积温差。应用此方法，虽然可以避免由于年度间温度变化所引起的误差，但还是避免不了秧田期因栽培管理不同所造成秧苗生长快慢的误差。

以上 3 种方法，如果单独使用某一种算法来安排父、母本的播种差期，都有不足的地方。因此，各地在制种过程中，都要将 3 种方法综合起来考虑，以确定播差期。大多数地方的经验是：以生育期为基础，积温作参考，叶龄差为依据，结合父、母本特性来确定其播差

期。春制由于气温不稳定，大多用叶差法，参考积温差和生育期；夏制和秋制由于气温比较稳定，大多采用时差法，参考叶龄和积温差。在实际操作的时候，还要考虑到父本播种的时间、当年气温变化、水肥条件以及秧苗素质等再稍做调整。

（3）适时插秧期。在安排好最佳抽穗扬花期和播种差期的基础上，根据不同组合父母本的特性安排适龄的插秧期。适龄秧适期栽插，不仅能使秧苗在本田有足够的营养生长期，长出一定数量的根系和分蘖叶片，还为下一阶段的幼穗发育、抽穗结实等生殖生长奠定基础。若超过这个范围，秧苗容易出现老化现象甚至产生早穗。生产上常依据秧苗播种到插秧所需要的天数和叶龄来判断适龄插秧期。

3. 准备秧田

秧田要选择土质好、肥力中上等、背风向阳、排灌方便、远离村庄、禽畜不易危害的田块。秧田要做到田平、沟直、泥融。四周开好围沟，如果是春制，还要准备好农膜拱架等。秧田要多施有机肥，在播种前 10～15 天，每公顷施猪牛粪或人粪尿 15 000～18 000 千克作基肥；播种前一天，每公顷再施 600～750 千克磷肥、357 千克钾肥、150 千克碳酸氢铵作面肥。

4. 播种

（1）播种日期。根据抽穗扬花期确定母本的播种日期，根据播差期确定父本的播种日期。父本一般分二期，若以叶差为主要依据，一、二期父本的叶差一般可安排 1.8～2.2 叶；若以日差为主要依据，一、二期父本的日差可安排 7 天左右。

（2）播种量。秧田播种量的多少，对秧苗素质影响极大。稀播匀播能提高秧苗素质，培育出多蘖壮秧。具体每公顷秧田的播种量可用公式计算：秧田播种量（千克/公顷）＝（50－秧龄天数）×7.5。

如秧龄为 30 天，每公顷秧田播种量则为 150 千克。播种要落谷均匀，疏密一致，播后压种、盖好，以种子不见天为度。

（四）加强秧田管理，培育适龄、多蘖、健壮秧苗

俗话说"秧好一半谷"，培育适龄多蘖壮秧是制种获得高产的基础。

1. 壮秧的标准

（1）秧苗基部扁薄粗壮分蘖多。母本秧龄 20～23 天，有 5～6 片叶，秧苗要是三叉苗，带 2～3 个分蘖；父本秧龄 32～37 天，一、二、三期父本分别要有 10、9、8 片叶，相应要带 4～8 个蘖。

（2）根系发达白根多。秧苗移栽前长出的那些黄褐色的老根，一般插到大田后会很快死去，只有那些白色粗壮的新根，带到大田里才能继续生长，新根、白根越多，移栽后返青越快，分裂越快。父、母本秧苗在移栽时，每粒谷苗白根应在 20 条左右。

（3）秧苗均匀整齐，生长健壮，叶色浓绿，叶片清秀、肥厚而挺立，没有病虫害。

2. 加强秧田管理，培育适龄多蘖壮秧的措施

在 3 叶期前，保持沟中有水，厢面湿润不裂口，以利增气，促使扎根直苗。3 叶期后，以湿为主，促分裂。必要时，适当烤田，以防秧苗徒长，移栽前 5～7 天灌水上厢面，上水后不能再断水，以免增加拔秧困难。在施肥方面，父本 1 叶 1 心期施断奶肥，每公顷用尿素 60 千克左右；2 叶 1 心期施攻蘖肥，每公顷用尿素 60～90 千克；3 叶 1 心施壮蘖肥，每公顷用尿素 37～45 千克；5～6 叶开始露田炼苗、促稳长，保持叶片直立不披垂，叶色青绿。

母本1叶1心期，每公顷施尿素60千克，2叶1心期，每公顷施尿素112千克。父母本移栽前3～4天要施起身肥，每公顷施尿素37～45千克，以增加返青能力，促进返青成活。秧苗期要注意防寒、防鼠、稻蓟马、稻瘟病等病虫的危害，采取优良育秧措施，适龄移植。秧苗移栽时，做到"三带"，即带蘖、带肥、带泥。

（五）本田栽培与管理

1. 适时插秧

生产上对父、母本播差期小的组合制种，父本4～6叶龄时移栽，每穴2～3粒谷秧；父、母本播差期相差20天以上的组合制种，父本可以采用2段式育秧，8叶龄时移栽到制种田。母亲移栽时期4～6叶龄时，每穴2～3粒谷秧。

2. 科学栽插、合理密植

（1）确定栽插行向。制种田行向的设计主要考虑风向及花粉传粉。生产上应充分利用风力风向对父本花粉传播的影响，来提高花粉利用率。为保证父本花粉能向母本厢中传播，栽插的方向应与开花授粉期的季风风向垂直。如季风风向为南风或北风时，制种的行向为东西向。通常以东西行向种植为好，一是光照条件好，有利于父母本生长发育，分蘖多；二是制种季节多东南风，父母本东西行向种植，与风向呈一定角度，有利于借助风力传粉，提高异交结实率。

（2）规格栽插，合理密植。有效穗数对产量高低的影响很大。尤其是不育系的有效穗数，是制种高产的基础。规格栽插，合理密植主要是科学确定父、母本适宜的行比和株行距，力求高产。

常用的父本的种植方式生产上有3种：父本单行栽插、父本小双行栽插、父本大双行栽插。

父本单行栽插（图2-5）：每厢中只栽1行父本，行比一般为1:（8～14），父、母本间距23.3～26.7厘米，父本占地宽为46.7～53.3厘米。

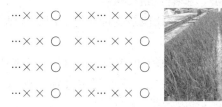

图2-5 父本单行栽插

父本小双行栽插（图2-6）：父本栽插2行，行比一般2:（10～16），父、母本间距23.3～26.7厘米，父本间距13.3～16.7厘米，父本占地宽50～60厘米。

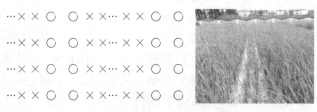

图2-6 父本小双行栽插

父本大双行栽插（图2-7）：父本栽插2行，行比2：（12~18），父、母本间距13.3~20厘米，父本间距26.7~40厘米，父本占地宽53.3~80厘米。

图2-7 父本小双行栽插

以上不论何种栽插方式，父本的株距一般为13.3~20厘米，具体栽插密度应根据恢复系的生育期长短与分蘖成穗能力而定。

母本的移栽密度要根据不育系的生育期长短与分蘖能力确定，一般分为3种移栽密度：一是生育期短或分蘖能力弱的不育系，移栽密度为13.3厘米×13.3厘米，每穴移栽3~4粒谷苗；二是生育期长或分蘖能力强的不育系，移栽密度为13.3厘米×16.7厘米，每穴移栽2粒谷苗；三是生育期中等或分蘖能力一般的不育系，移栽密度为13.3厘米×13.3厘米或13.3厘米×16.7厘米，每穴移栽2~3粒谷苗。

移栽过程中要坚持"浅、稳、匀、直、正"原则：浅，就是要栽得浅，这样才能有利低位分蘖早生快发；稳，就是要栽得稳，秧苗栽后不能倒苗、浮苗，要既浅又稳才合格；匀、直、正，就是要通过拉绳统一规范株行距，使秧苗栽得均匀、笔直、周正。

浅插就是要栽得浅，这样才能有利低位分蘖早生快发。因为早春气温和土温低，泥面升温快、通气好，浅插后容易分蘖，有利于形成大穗，提高产量。插得过深，分蘖节处于通气不良、营养条件差、温度低的深土层，返青分蘖会延迟，使秧苗不该伸长的节间不得不拉长，分蘖节为提高而形成"两段根"，这种现象不仅消耗养分多，分蘖节每提高一节，分蘖发生时间会推迟5~7天，随着分蘖期的推迟，有效分蘖减少，穗小粒少，影响产量。稳插就是要栽得稳，秧苗栽后不能倒苗，浮苗、漂苗。匀、直、正就是要通过拉绳统一规范株行距，使秧苗栽得均匀、笔直、周正。插匀要求行株距均匀一致，每穴基本苗数均匀。插直要求叶子不披在水中，根系舒展，不出现勾头秧。不插脚窝秧，否则易漂苗，妨碍发棵。不插隔夜秧，呼吸消耗体内贮藏养料，隔夜秧插后恢复生机慢，返青分蘖迟。

3. 水肥运筹与病虫害防治

施肥坚持"基肥足、面肥速、追肥早、中控后补"的施肥原则，注意平衡施用氮、磷、钾肥；灌溉做到浅水回青，薄水增加水温和泥温促分蘖，中期干湿排灌，适时晒田控炼苗，抽穗扬花期保持浅水，喷九二〇时保持深水层，后期干干湿湿，以湿为主；要适时做好纹枯病、稻瘟病、稻曲病、白叶枯病、细菌性条斑病及稻纵卷叶螟、三化螟、稻瘿蚊、卷叶虫、稻飞虱、福寿螺等病虫害综合防治。

4. 花期预测及调节

（1）调查。专人定点、定期观察父、母本的出叶速度，并做好记录，倒三叶出现后，定期剥检父、母本幼穗，及时分析掌握幼穗发育进度，预测花期相遇情况。如预计出现父、母本花期不遇，要调节花期，时期越早效果越好。

（2）调节花期。

①肥调。在幼穗分化三期前：每 667 米^2 增施氯化钾 5～10 千克，可使父本或母本提早抽穗 2～3 天；每 667 米^2 增施尿素 2.5～7.5 千克，可使父本或母本推迟抽穗 2～3 天。

②水调。根据父本或母本生长发育速度对水敏感度的差异，在父本或母本进入幼穗分化后，通过灌水或晒田，来促进或延缓父、母本生长发育进度。

③使用九二〇等调节剂。对生长发育偏慢的亲本适时采用适量九二〇等调节剂，可促其生长发育加快。

④机械损伤调节。对生长发育较快的亲本采用提蔸、踩根、割叶等措施，可以调整花期 4～5 天。采用此法要结合施肥，才能恢复生长，除非不得已时采用，一般不宜采用。

⑤拔苞拔穗。父、母本预测花期相差太大时（5～10 天），必须拔除过早的穗苞，促使后生分蘖成穗，从而推迟花期。差期相差少时，拔苞 1 次即可，反之则可拔除几次，直到花期相遇为止。拔苞前视苗情重施速效肥料，以促进后生分蘖成穗，否则会严重影响产量。

⑥花时调控。花时调控指在一天范围内调节开花时间。母本由于生理上的原因，开花比较分散，同时对穗部温度、湿度和光照等环境条件反应敏感，往往开花时间比父本迟 1～2 小时。为了促使父母本花时相遇，可采用赶露水、母本喷调花灵、父本喷冷水、喷施硼肥的措施。

赶露水即在晴天的 6:00—8:00，用竹竿轻轻推动母本株，抖落露水，以降低穗层湿度，提高穗层温度，能促使母本提前 1 小时左右开花。

母本喷调花灵后，可提前 1 小时左右开花，且使母本花时集中、增加柱头外露率、延长柱头寿命、提高异交结实率。喷施时，可结合喷九二〇一起进行，连喷 2 次。

父本喷冷水即在高温低湿的情况下，父本易出现提早开花、花时缩短，母本开花延迟、开花数量减少，造成父、母本花时严重不遇。此时可在开花期间，每天 16:00—17:00 对父本穗部每公顷喷冷水 375 千克，增加父本植株湿度，降低穗层温度，延迟父本开花时间，确保花期相遇。

硼肥能使植株生长迅速、生育期提前，对花粉萌发和花粉管的生长有重要作用。每公顷用 750～1 500 克硼砂兑 600～700 升水，在 15:00 后喷施母本，每隔 3 天喷 1 次，可使母本提早开花 20～40 分钟，提高母本异交结实率 15％左右。

5. 采取综合措施，提高异交结实率

（1）人工辅助授粉。抽穗扬花期，每天早晨用粗绳或竹竿对母本赶露水，可提早花时；10:00—14:00 期间，每隔半小时左右用粗绳或竹竿对父本进行拉花，进行人工辅助授粉，可提高异交结实率。

（2）割剑叶。始穗期割去父本剑叶的 50％、母本剑叶的 66.66％，可以有效减少田间花粉传播的障碍，增加授粉机会，提高结实率 10％左右。

（3）母本割叶喷施九二〇。可调节母本株高，提高穗粒外露率，改善授粉态势，提高异交结实率。九二〇施用时间与用量见表 2-1。

表 2-1　九二〇施用时间与用量

次数	施用时期	施药量（克）	加水量（升）
第一次	抽穗 10％～20％	3	40～50

（续）

次数	施用时期	施药量（克）	加水量（升）
第二次	隔1天	8～9	40～50
第三次	隔1天	3～4	40～50

注：表中数值供参考，应用时应根据当地气候条件和具体品种而异。

（4）借父授粉。一些试制的新组合，若制种田父、母本花期出现严重不遇，在母本抽穗扬花期间，从隔离田选择花期相遇的父本，带泥移到制种田中间，借父授粉。

（六）除杂保纯

严格去杂去劣是确保种子纯度、保证制种质量的关键。可在秧田期、分蘖期、幼穗分化期、抽穗扬花期等时期采取如下措施除杂保纯：

（1）秧田期。把叶鞘、叶片颜色、株型、叶形等差异显著的杂株除去。

（2）分蘖期。将叶色、绒毛、株型、叶形等性状有显著差异的异型株除去。

（3）幼穗分化期。将株型、叶形、叶色有显著差异的异型株除去。

（4）抽穗扬花期。①将质量性状不同、株型和抽穗期差异显著的杂株从父、母本中除去。②将花丝长、花药饱满蓬松、颜色不同、能散粉的植株从不育系里去掉，母本抽穗扬花期间，每天坚持除杂，特别是早晨母本开花前。利用不育系与杂株开颖时间差、花丝和花药的差异以及株高等性状差异，除杂效果较好。

（5）授粉结束后。将父本割除。

（6）收获前。将遗漏的杂株彻底清除，严防机械混杂。

（七）种子收获、检验、贮藏

成熟时要及时收获，农谚说"八成熟十成收，十成熟八成收"，也就是说水稻完全黄熟后，在收割过程中会造成落粒而减少收成。一般在稻穗中上部黄熟后就可收割了。收获时要清理好设施、设备、用具和仓库。收稻季节要抢晴天，抓紧收割，晒干入库，以免阴雨造成穗萌芽、霉变而影响稻谷的质量。种子包装内外要有标签，并按规定标注。质量检验要按《粮食作物种子》（GB 4404.1）执行。种子贮藏执行《农作物种子贮藏》（GB 7415）。

四、两系杂交水稻（F_1）种子生产

利用光（温）敏核不育系作母本、恢复系作父本，将它们按比例种到同一块田里，用人工辅助授粉的办法生产杂种一代的过程，叫两系制种。两系制种和三系制种母本都是靠异交结实，在制种的原理上基本相同，所以两系制种完全可以借用三系制种的技术和成功经验。

两系杂交稻由于母本为一系两用，简化了繁殖、制种程序，扩大了繁殖田、制种田和杂交稻生产田的比例，降低了杂交稻种子生产成本。在制种时安排好不育系的育性转换安全期，以满足不育系在适宜的温度、光照条件使其育性充分表达而完成授粉，直接影响制种纯度，是决定制种的成败的关键。

（一）做好产前控制

1. 选用高纯度亲本种子

选用优质高纯度亲本种子是提高杂交种质量和产量的前提，它可以避免田间因大量去杂耗工、耗时，更重要的是能防止杂株间相互串粉，危害杂种后代。在用优质亲本的同时，更

要注意对亲本的提纯复壮，防止由于反复使用同一种源而出现"杂而不优"的现象。尤其是光敏不育系的提纯和原种生产。

2. 建好生产基地

生产基地的好坏是决定种子质量和产量高低的首要条件，杂交制种主要是靠有效地提高异交率来获得产量，其与栽培条件、土壤结构和气候条件（温、光等）密切关系。理想的生产基地要求隔离条件优越、土壤性状良好、排灌系统完善、气候条件适宜、基础设施配套（晒场、仓库、烘干机、精选机等），还要有一支专业技术队伍。

3. 配套栽培技术

两系制种栽培技术与三系制种基本相同，不同的是因两系制种母本的育性是随光、温条件的不同而变化的，因此在栽培管理上要保证母本群体的一致性，主茎和分蘖穗进入育性转换的差距要小；栽培上要求适当增加栽插密度，以增加基本苗，培育整齐度高的多穗型母本群体；在母本达到预期穗数时要及时晒田，晒田程度一定要达到促根、壮秆、控制后发高位小分蘖穗的要求，以免出现后发小分蘖穗自交结实的现象。

（二）强化生产过程

1. 安排两个安全期

一是不育系育性转换安全期，要求在抽穗前 7~20 天的日平均气温不得连续 3 天低于 24 ℃，最低气温不得低于 20 ℃，确保不育系育性充分表达。二是抽穗扬花授粉安全期，它直接影响制种产量，也影响着种子纯度。抽穗扬花期要避开以下不利气候条件：连续 3 天的日平均气温≤23 ℃或≥30 ℃，连续 3 天的日平均相对湿度≤70％或≥90％，连续 3 天整日阴雨。日平均气温≥24 ℃、≤30 ℃的日期至少需要 40 天，育性转换期 20 天，抽穗扬花授粉期 15 天，不同年份可能会波动 5 天。

实际操作时根据当地历年气象资料以及组合生育期长短确定播种期，以确保不育系育性转换期和抽穗扬花授粉期的安全。

2. 合理安排播差

在确定制种最佳抽穗扬花期的前提下，以叶差为主，时差和积温做参考，根据父、母本历年从播种至始穗的天数之差，定出父、母本相应的播种期及母本与第一期父本播种相差的天数。花期有问题的田块及时采取增施氮、钾肥和灌水、晒田等措施进行科学调节，确保花期相遇良好。

3. 严格去杂保纯

两系制种除生物学混杂、机械混杂外，还有自身混杂的问题，即光（温）敏核不育系的自身混杂（同一株上产生杂交种和不育系种子）。除采用三系制种所采用的一些防杂保纯措施外，要特别注意掌握好光（温）敏核不育系的育性稳定期，使其育性充分表达，防止因育性差异出现变异株。另外，在栽培管理上要注意防止一些小苗、小蘖迟抽穗出现自交结实。成熟后应及时收获，防止不育系植株再长出分蘖，出现抽穗自交结实。

生产上两系制种母本除杂难度相对较三系大，必须认真、细致地采取一切手段，在始穗期、花期、乳熟期这些去杂的黄金时期加以清除。

4. 及时收获，严把加工关

种子成熟后，要及时收割，先割父本，父本离田拾净后方可收割制种稻。做好收割机械、运输机械、运输工具、用具和晒场的清理工作，严防机械混杂。1 个晒场只允许堆放 1

个品种，防闷堆、雨淋、霉变，科学晒种，防止灼伤、曝晒。新种入库前，预先取样检测水分、发芽率，合格后方可精选入库，入库的种子必须是发芽率在 80% 以上，净度在 98% 以上，水分在 13% 以下。

第四节　大豆种子生产技术

一、大豆原种生产

大豆是自花授粉作物，天然杂交率很低，品种的遗传性较稳定，但是大豆栽培繁殖措施不当，也会引起品种混杂退化，使一些优良品种品质下降，给大豆生产带来一定的损失，因此在生产中，大豆种子需要提纯复壮。

大豆原种包括原种一代和原种二代。原种的生产可采用育种家种子直接繁殖，也可采用二圃或三圃的方法。原种二代由原种一代直接生产。

（一）三圃法生产原种一代

三圃即株行圃、株系圃、原种圃。为了避免种子混杂，保持优良种性，原种生产田周围不得种植其他品种的大豆。

1. 单株选择

（1）单株来源。单株在株行圃、株系圃或原种圃中选择，如无株行圃或原种圃时可建立单株选择圃，或在纯度较高的种子田中选择。

（2）选择时期为花期和成熟期。

（3）选择标准和方法。要根据本品种特征特性，选择典型性强、生长健壮、丰产性好的单株。花期根据花色、叶形、病害情况选单株，并给予标记；成熟期根据株高、成熟度、茸毛色、结荚习性、株型、荚型、荚熟色等，从花期入选的单株中选拔。选拔时要避开地头、地边和缺苗断垄处。

（4）选择数量。选择数量应根据原种需要量来定，一般每个品种在每公顷株行圃需决选单株 6 000～7 500 株。

（5）室内考种及复选。首先要根据植株的全株荚数、粒数，选择典型性强的丰产单株，单株脱粒。然后根据籽粒大小、整齐度、光泽度、粒形、粒色、脐色、百粒重、感病情况等进行复选。决选的单株在剔除个别病虫粒后分别装袋编号保存。

2. 株行圃

（1）田间设计。各株行的长度应一致，行长 5～10 米，每隔 19 行或 49 行设 1 个对照行，对照应用同品种原种。

（2）播种。适时将上年入选的每株种子播种 1 行，密度较大田稍稀，单粒点播或二、三粒穴播留 1 株。

（3）田间鉴定。田间鉴定分三期进行：苗期根据幼苗长相、幼茎颜色；花期根据叶形、花色、叶色、茸毛色、感病性等；成熟期根据株高、成熟度、株型、结荚习性、茸毛色、荚型、荚熟色来鉴定品种的典型性和株行的整齐度。通过鉴评，淘汰不具备原品种典型性、有杂株、丰产性低、病虫害重的株行，并做明显标记和记载。对入选株行中个别病劣株要及时拔除。

（4）收获。收获前要清除淘汰株行，入选株行要按行单收、单晾晒、单脱粒、单装袋，挂好标签。

（5）决选。在室内要根据各株行籽粒颜色、脐色、粒形、大小、整齐度、病粒量和光泽度进行决选，淘汰籽粒性状不典型、不整齐和病虫粒多的株行，决选株行种子单独装袋，挂好标签，妥善保管。

3. 株系圃

（1）田间设计。株系圃面积依据上年株行圃入选行种子量而定。各株系行数和行长应一致，每隔9区或19区设1个对照区，对照用同品种的原种。

（2）播种。将上年保存的每一株行种子种1个小区，单粒点播或二、三粒穴播留1株，密度较大田稍稀。

（3）田间鉴定。田间鉴定各项同株行圃田间鉴定，若小区出现杂株时，全区应淘汰，同时要注意各株系间的一致性。

（4）收获。先将淘汰区清除后，对入选区单收、单晾晒、单脱粒、单装袋、单称重，挂好标签。

（5）决选。籽粒决选标准同株行圃籽粒决选，决选时还要将产量显著低于对照的株系淘汰。入选株系的种子混合装袋，挂好标签，妥善保存。

4. 原种圃

（1）播种。将上年株系圃决选的种子适度稀植于原种田中，播种时要将播种工具清理干净，严防机械混杂。

（2）去杂去劣。在苗期、花期、成熟期要根据品种典型性，严格拔除杂株、病株、劣株。

（3）收获。成熟时及时收获，要单收、单运、单脱粒、专场晾晒，严防混杂。

（二）二圃法生产原种一代

二圃即株行圃、原种圃。二圃法生产原种的单株选择和原种圃做法均与三圃法生产原种一代一致。除株行圃决选后将各株行种子混合保存外，其余做法同三圃法生产原种一代。

（三）用育种家种子生产原种一代

（1）种子来源。由品种育成者或育成单位提供。

（2）生产方法。由育种家种子生产原种的方法同三圃法生产原种一代中原种圃的生产。

（四）大豆原种二代的生产

原种二代的生产方法同三圃法生产原种一代中原种圃的生产。

（五）大豆原种生产田间调查项目和记载标准

播种期：播种当天的日期。

出苗期：子叶出土达50％以上的日期，即50％以上的子叶出土并离开地面的日期。

出苗情况：分良、中、不良，出苗率在90％以上为良，70％～90％为中，70％以下为不良。

开花期：开花株数达50％的日期。

成熟期：籽粒完全成熟，呈本品种固有颜色，粒形、粒色不再变化，且不能用指甲刻伤，摇动时有响声的株数达50％的日期。

典型性：根据幼苗茎色、花色、叶形、茸毛色、荚熟色、结荚习性、株高、分枝、株型、成熟期等观察记载品种典型性。

整齐度：根据植株生长的繁茂程度、株高及各性状的一致性记载，分整齐和不整齐 2 个级别。

倒伏性：目测分 4 级。"1 级"直立不倒；"2 级"植株倾斜不超过 15°；"3 级"植株倾斜在 15°～45°；"4 级"植株倾斜超过 45°。

病虫害：记载病害、虫害种类及危害程度。

花色：白、紫。

茸毛色：灰、棕。

叶形：卵圆、长圆、长。

百粒重：从样品中随机取出 100 粒完整粒称重，2 次重复，取平均值，以克表示，重复间误差不得超过 0.5 克。

粒色：白黄、黄、深黄、绿、褐、黑、双色。

脐色：白黄、黄、淡褐、褐、深褐、蓝、黑。

粒形：圆、椭圆、扁圆。

光泽：有、微、无。

虫食率：从未经粒选种子中随机取 1 000 粒（单株考种取 100 粒），挑出虫食粒，计算虫食率。

病粒率：从未经粒选的种子中随机取 1 000 粒（单株考种时取 100 粒），挑出病粒，计算病粒率。

（六）大豆原种生产田间管理技术

原种生产田应由固定的技术人员负责，并有田间观察记载。

选择地势平坦、肥力均匀、土质良好、排灌方便、不重茬、不易受周围不良环境影响和损害的地块。

各项田间管理均要根据品种的特性采用先进的栽培管理措施，提高种子繁殖系数，并应注意管理措施的一致性，同一管理措施要在同一天完成。

二、大豆大田用种良种生产

（一）大豆良种繁殖方法

1. 片选法

片选法又称去杂去劣法，是目前应用较普遍的选种留种方法。具体方法是在种子田里去杂去劣，把混杂的异品种植株和生长不良的植株都拔掉，把余下的全部收获，一般在以下 3 个时期去杂去劣：

（1）幼苗期。可结合间苗，把幼茎色、叶形不同的植株拔掉。

（2）开花期。结合拔大草，把花色、叶形、茸毛色不同的植株拔掉。

（3）成熟期。落叶后收割前要把成熟期、株高、结荚习性、荚熟色、株型不同的植株拔掉。

片选法实际是一种防杂保纯的措施。如果种子混杂率 5%～7%，采用这种方法就难达到原品种标准性状的要求。

2. 株选法

株选法也称混合选择法，在大豆成熟收获前在种子田进行株选，主要是根据本品种标准特征和性状选择若干形态一样的优良单株，选择数量根据第二年种子田决定。收获时，选收已经选好的优良单株，再在株上选荚，荚里选粒，粒中选脐，单独保存，留作种子田用种。

3. 改良混合选择法

改良混合选择法即成熟后收割前，在种子田中选择若干具有品种典型性状的优良单株，分别脱粒，单独保存，第二年分株种植，1株的种子种成1个小区，称为株行小区，生育期间选择优良株行小区。入选小区的每个小区单独脱粒保存，第二年种成株系，然后将性状相同的优良品系混合脱粒，作为种子田用种。如发现性状特殊的优良品系，进行单选单繁，还可能选出新品种。

(二) 大豆良种种子田生产技术要点

(1) 选择土壤肥沃、旱涝保收的地块，并选用两年以上未种大豆的地块作种子生产田。

(2) 增施有机肥，施肥量应高于一般大田。

(3) 适时播种，适当稀播，豆苗在田间要均匀分布，及时中耕除草，加强除虫防病工作。

(4) 认真去杂去劣。重点应放在成熟期。

(5) 收获时要单收、单运、单晒、单藏，采取严格措施防止机械混杂。

(6) 种子必须经过精选，才能出售用于生产。

三、南阳地区大豆种子生产技术规程

(一) 整地

合理耕翻整地能熟化土壤、蓄水保墒，还能消灭杂草和减轻病虫危害，是大豆苗全苗壮的基础。大豆是直根系作物，大豆根系及其根瘤在土壤结构中上虚下实，土壤容重不超过1.2克/厘米^2，含水量在20％以上时，才能良好发育。因此合理耕翻，精细整地，创造一个良好的耕层构造是十分必要的。重茬、迎茬地块、无深翻深松基础的地块，可采用伏秋翻同时深松或旋耕的方法，耕翻深度18～20厘米、翻耙结合，无大土块，耙茬深度12～15厘米，深松25厘米以上；有深翻深松基础的地块，可进行秋耙灭茬，拣净茬子，耙深12～15厘米。垄作大豆在伏秋整地的同时要起好垄，达到待播状态；春整地的玉米茬要顶浆扣垄并镇压。有深翻深松基础的玉米茬、高粱茬，早春拿净茬子并捞平茬坑，也可以采取秋季灭茬起垄镇压一次完成作业，灭茬深度10～15厘米，粉碎根茬长度5～6厘米。实施秸秆粉碎还田地块，采取秸秆覆盖或耙地处理，秸秆粉碎率98％以上，秸秆长度为5～10厘米。有条件的采用全方位深松机，深松深度40～50厘米。

(二) 种子

1. 品种选择

要根据当地的自然条件（包括气候、土壤肥力等）、生产水平等，选择生育期适宜、抗逆性强、高产的优质大豆品种。避免盲目引种，各地要根据当地的具体情况选择品种。

2. 种子精选

播前选种是提高种子质量的一项重要措施，种子质量好坏直接影响着大豆的苗齐、苗壮、苗全。"母大子肥"，粒大而整齐的种子能增产10％左右。因此，在播种前必须进行人工粒选或选种器精选种子。

3. 种子处理

一般每667米^{2}用种量为4千克左右，播前晒种1～2天，25％钼酸铵10克用热水溶解，冷却后拌种，或用大豆根瘤菌兑冷水拌种。待种子阴干后采用防虫、杀菌、含有微量元素或膜性好的种衣剂进行包衣。

(三) 播种

1. 播前晒种

播前晒种 1～2 天，促进种子后熟，增强种子的生活力和发芽率。

2. 播种期

当 5～10 厘米土层日平均地温稳定为 10 ℃以上时即可播种。

3. 播种方式和播种量

采用地膜覆盖种植是大豆增产的关键措施。选用幅宽 0.7 厘米、厚 0.005 毫米的聚乙烯超强地膜，用小型窄膜点播机铺膜播种。一般每 667 米^2 播种量 6～7 千克。

4. 种植密度

每 667 米^2 保苗 1.7 万～2.5 万株。膜上行距 40 厘米，膜间距 60 厘米，平均行距 50 厘米，株距 12.5 厘米。分枝性强、晚熟品种、高肥力地宜稀植，分枝性弱、早熟品种、低肥力地宜密植。

(四) 田间管理

1. 垄沟深施

在大豆刚拱土时进行垄沟深松。

2. 锄地与中耕

(1) 第一片复叶前，做到锄净苗根草，不伤苗，松表土。

(2) 苗高 10 厘米左右时，进行第二次中耕，做到不伤苗、不压苗、不漏草，培土不超过第一对真叶节。

(3) 第二次中耕后 10 天左右，进行第三次中耕，要做到深松多上土，培土不超过第一复叶节。

3. 叶面追肥或矮化壮秆

(1) 在大豆花荚期根据大豆具体的生长情况进行适宜追肥。如生育不足，可进行根外追肥。

(2) 大豆花期如生长过于繁茂、有倒伏倾向时，可喷施多效唑、矮壮素或缩节胺等矮化壮秆剂，促进大豆矮化、平衡生长。

4. 化学除草

(1) 播前土壤处理。在春整地后播种前 5～7 天处理，要求施药均匀，流量准确，不重不漏。喷后顺、斜各耙 1 次，施药混土复式作业，混土深度 7～10 厘米。注意春季土壤水分过高或过低时，不要进行土壤处理，以免影响播期。

(2) 如播前没有进行化学除草，可在播后苗前进行化学除草。垄作栽培，也可苗带喷药，施药量按喷洒面积计算，施药后混土 2～3 厘米。

(3) 在大豆生育前期田间杂草较多时，可在杂草基本出齐墒情较好的条件下，进行化学防除，宜早不宜迟。

5. 灌水

根据土壤墒情和大豆生长发育需水规律，因地制宜进行灌水。一般在大豆开花期、鼓粒期分别灌水 1 次。

6. 防治病虫害

防治大豆根腐病，每公顷用 2％宁南霉素 0.75～1 千克混配乐得固体叶面营养剂 0.5 千克；防治大豆灰斑病可用 70％甲基硫菌灵 1.25～1.5 千克；防治大豆霜霉病可用 72％霜脲氰 0.75～1 千克或 25％甲霜灵 1.5 千克；防治大豆菌核病可用 25％咪鲜胺 1.2～1.5 千克或40％菌核净 1 千克，兑水 200～225 升，茎叶喷雾。

防治大豆蚜虫和大豆蓟马每公顷可用 10％吡虫啉可湿性粉剂 0.45～0.6 千克或 20％啶虫脒可湿性粉剂 0.1～0.15 千克；防治红蜘蛛每公顷可用 1.8％阿维菌素 0.3 升。

（五）收获

及时收获，做到单收、单运、单脱、单晒、单贮藏，严防各环节机械混杂，确保种子质量。

第五节　棉花种子生产技术

一、棉花常规种子生产

棉花为常异花授粉植物，其遗传基础比较复杂，繁殖过程中容易发生混杂退化。棉花的原种生产主要采用三圃制或育种家种子重复繁殖原种。

棉花的三圃制原种生产技术：单株选择→株行圃→株系圃→原种圃。

（一）单株选择

1. 材料来源

对于已经开展原种生产的单位，可以在原种圃或株系圃当选的株系中进行单株选择。第一次生产原种的单位，可以从其他单位引进三圃材料，或者在生长良好、具有本品种典型性状、比较整齐一致、无枯萎病和黄萎病的种子田或大田中选择单株。

2. 选株标准

典型植株性状：株型、叶形、铃型、生育期等。

丰产性和品质：鉴定结铃和吐絮状况、纤维长度、强度等。

抗病性：入选植株应具备极强的综合抗病性，尤其不能带有检疫性病虫害。

3. 选株时期和方法

（1）田间收获和选择。单株选择主要在棉花典型性状表现最为明显的时期进行，同时结合室内考种的结果。一般分 2 次进行：一次在结铃期，主要考察铃型、株型、株式、叶形等性状；第二次在吐絮后期收获前，主要测定品质性状。

（2）选株数量。一般每株 5 个铃，每公顷株行圃需要 1 200～1 800 个单株。田间选择时，按 3 000 株/公顷选择，以备室内考种淘汰。

4. 室内考种

室内考种需考察纤维长度、强度、衣分、衣指等指标。

（二）株行圃

1. 田间种植方法

田间采取顺序排列的方法种植上一年当选的植株，每株点播 1 行，行长 10 米，行距60～70 厘米，穴距 30～40 厘米，每隔 9 行或 19 行设 1 个对照行，同时注意保护行的设置。

2. 田间的观察记载和选择

田间目测记载出苗、开花、吐絮日期和各时期的主要性状，进行相应的选择。

3. 收获和室内考种

对于当选株，采收中部果枝上 1~2 个节位吐絮完好的内围棉铃 20~30 个作为室内考种材料，其余及时收获，一行装一袋，内外挂牌，考察单铃重、衣分、衣指、纤维长度等指标与原品种是否相同。

(三) 株系圃

播种时将上一年决选的株行种子分别种成小区。每个小区（株系）种 2~4 行，行长 15米，间比法排列，每隔 4 个株系设 1 个对照，对照种植本品种原种。

鉴定、选择、田间观察、鉴定项目和方法同株行圃。淘汰杂株率超过 2% 的株系，株系的决选率一般为 70%。

收获入选株系混合采收、轧花，作为下一年原种圃用种。

(四) 原种圃

播种入选株系混合轧花的种子，采用单粒等距稀植点播或育苗移栽的方法，进行高倍繁殖。始花前和收花前，认真进行去杂。收获时，霜前花和霜后花分摘，以霜前花留种。生产中退化较轻或刚推广的棉花品种可采用二圃制生产原种，即所选单株只经株行圃的鉴定，淘汰杂劣株行后，把所选株行的种子混合，下一年种于原种圃。

采用三圃制方法生产棉花原种，经过株行、株系 2 次鉴定，所生产的种子纯度高、质量好。但是生产周期比较长，而且费工、花费较高。所以一般应用于基础种子纯度较低、混杂退化比较严重的品种。

二、棉花杂交种子生产

我国在 1990 年前后将棉花杂交种大面积应用于生产。杂交种子生产技术有人工去雄、雄性不育、应用指示性状制种等。其中，以人工去雄和利用核雄性不育制种研究较多，利用较广。

(一) 人工去雄制种

人工去雄制种是目前国内外应用最广泛的棉花杂交制种方法，即用人工除去母本的雄蕊，然后授以父本花粉来生产杂交种。一位技术熟练工人一天可配制 0.5 千克种子，结合营养钵育苗或地膜覆盖等技术措施，可供 667 米^2 棉田用种，所产生的经济效益是制种成本的十几倍。

人工去雄授粉法杂交制种，应重点抓好 6 个环节：隔离区的选择；播种及管理；人工去雄；人工授粉；去杂去劣；种子收获与保存。

1. 隔离区的选择

为避免非父本品种花粉的传入，制种田周围必须设置隔离区。一般隔离距离应在 200 米以上，如果隔离区带有蜜源作物，要适当加大隔离距离。若能利用自然屏障作隔离，效果更好。隔离区内不得种植其他品种的棉花或高粱、玉米等高秆作物。

2. 播种及管理

（1）选地。选择地势平坦、排灌方便、土壤肥沃、无或轻枯黄萎病的地块。

（2）播种。调整父、母本的播期，当双亲生育期相近时，父本比母本早播 3~5 天；当双亲生育期差异较大时，可适当提早晚熟亲本的播种期。父、母本种植面积比通常为1：（6~9），父本集中在制种田一端播种。行距一般 80~100 厘米。

（3）栽培管理。苗期管理主攻目标是培育壮苗、促苗早发；蕾期管理主攻目标是壮棵稳长、多结大蕾；花铃期主攻目标是适当控制营养生长、充分延长结铃期；吐絮期主攻目标是保护根系吸收功能、延长叶片功能期。

3. 人工去雄

（1）去雄时间。大面积人工制种宜采用全株去雄授粉法。为了保证杂交种子的成熟度，一般有效去雄授粉日期为 7 月 5 日至 8 月 15 日，此区间外父、母本的花、蕾、铃则全部去除。在此期间，每天 14:00 至天黑前，选第二天要开的花去雄。

（2）去雄方法。采取徒手去雄的方法，当花冠呈黄绿色并显著突出苞叶时即可去雄。用手捏住花冠基部，分开苞叶，用右手大拇指指甲从花萼基部切入，并用食指、中指同时捏住花冠，向右轻轻旋剥，同时稍用力上提，把花冠连同雄蕊一起剥下，露出雌蕊，随即做上标记，以备授粉时寻找。

注意事项：①指甲不要掐入太深，以防伤及子房；②不要弄破子房白膜和剥掉苞叶；③扯花冠时用力要适度，以防拉断柱头；④去雄时要彻底干净，去掉的雄蕊要带出田外，以防散粉造成自交；⑤早上禁止去雄。

4. 人工授粉

授粉时间一般早上 8:00—12:00 时都可授粉。授粉方法有单花法、小瓶法、扎把法。

（1）单花法。摘取父本花，用父本花药在母本柱头上轻轻转两圈，使柱头上均匀地沾上花粉。一般每朵父本花可授 6～8 朵母本花。

（2）小瓶法。授粉前将父本花药收集在小瓶内，瓶盖上凿一个 3 毫米小孔，授粉时左手轻轻捏住已去雄的花蕾，右手倒拿小瓶，将瓶盖上的小孔对准柱头套入，将小瓶稍微旋转一下或用手指轻叩一下瓶子，然后拿开小瓶，授粉完毕。

（3）扎把法。将多个父本的雄蕊扎在一起，然后用其在母本柱头上涂抹。

注意事项：①在雨水或露水过大、柱头未干时不能授粉，否则花粉粒会因吸水破裂而失去生活力。如预测上午有雨，不能按时授粉，可在早上父本花未开时，摘下当天能开花的父本花朵，均匀摆放在室内，雨停后花上无水时再进行授粉；或在下雨前将预先制作好的不透水塑料软管或麦管（长 2～3 厘米，一端密封）套在柱头上，授粉前套管可防止因水冲刷柱头而影响花粉粒的黏着和萌发，授粉后套管可防止雨水将散落在柱头上的花粉冲掉。②去雄授粉工作应在 8 月 15 日前结束，不能推迟。结束的当天下午先彻底拔除父本，次日要清除母本的全部花蕾。以后每天要检查，要求见花（蕾、花和自交铃）就去，直至无花。

5. 去杂去劣

苗期根据幼苗长势、叶形、叶色等形态特征进行目测排杂；蕾期根据株型、节间长短、叶片大小、叶形叶色、有无毛等特征严格去杂；花铃期根据铃的形状、大小，再进一步去杂。

6. 种子收获与保存

为确保杂交种子的成熟度，待棉铃正常吐絮并充分脱水后分 2～3 次采收种棉。一般截至 10 月 25 日。收购时要求统一采摘，地头收购，分户取样，集中晾晒，严禁采摘"笑口棉"、僵瓣花。不同级别的棉花要分收、分晒、分轧、分藏，各项工作均由专人负责，严防发生机械混杂。

（二）雄性不育系制种

利用雄性不育系制种可以免除人工去雄，降低制种成本，提高制种效率，便于生产上大面积利用。

棉花雄性不育制种方法有利用质核互作雄性不育系的三系配套法（简称三系法）和利用核雄性不育系的一系两用法（简称两系法）。

三系法制种目前尚存在一些问题，如恢复系的育性能力低、得到的杂交种子少、不易找到强优势组合、传粉媒介不易解决等，因此目前应用较少。两系法制种即利用核不育基因控制的雄性不育系制种。我国应用最多的是洞 A 隐性核不育系及其转育衍生的不育系。在制种过程中，洞 A 一系与可育株杂交，其后代产生不育株和可育株各 50%，不育株用作不育系，可育株用作保持系，从而保持不育系与恢复系杂交配制杂交种，但在制种过程中需要拔除 50% 的可育株。目前利用洞 A 不育系配制了多个优良杂交组合，使两系法制种得到了推广。

两系法制种应抓好如下 5 个环节：

1. 隔离区的选择

同人工去雄制种法。

2. 合理种植

在开花前要拔除母本行中 50% 左右的可育株，因此母本的播种量和留苗密度应加大 1 倍，父母本行比为 1:（5~8）。为了人工辅助授粉操作方便，可采用宽窄行种植：宽行行距 80~100 厘米，窄行行距 60~70 厘米。行向最好是南北向，有利于提高制种产量。

3. 适时拔除可育株

母本中的可育株与不育株可通过花器加以识别。不育株的花一般为花药干瘪不开裂、内无花粉或花粉很少、花丝短、柱头明显高出花药，而可育株的花器正常。

从始花期开始，逐日逐株对母本行进行观察，拔除可育株，对不育株进行标记。直到把母本行中的可育株全部拔除为止。提早拔除可育株，增大不育株的营养面积，可将育性的识别鉴定工作提前到蕾期进行，即在开花前 1 周花蕾长到 1.5 厘米时剥蕾识别。不育花蕾一般是基部大、顶部尖、显得瘦长，手捏感觉顶部软而空，剥开花蕾可见柱头高、花丝短、花药中无花粉粒或只有极少量花粉粒、花药呈紫褐色。可育株的花蕾粗壮，顶部钝圆，手捏顶端感到硬，剥开花蕾可见柱头基本不高出花药或高出不明显，即可拔除。

4. 人工辅助授粉

棉花大部分花在晴朗天气的 8:00 左右开放。当露水退后，即可在父本行（恢复系）中采集花粉或摘花，给不育株的花授粉。阴凉天气，可延迟到 15:00 时授粉。授粉方法和注意事项同人工去雄制种。

5. 种子收获与保存

同人工去雄制种。

（三）两用系良种生产

两用系原种生产技术可采用二圃制的方法。在隔离条件下，将两用系种子分行种植。以拔除可育株的行作母本行、拔除不育株的行作父本行，选择农艺性状和育性典型的可育株和不育株授粉，对入选的不育株分别收花、考种和轧花。决选的单株下一年种成株行，将其中农艺性状和育性典型的株行分别进行株行内可育株和不育株的姊妹交，然后按株行收获不育株，考种后将全部入选株行不育株的种子混合在一起，即为两用系原种，供进一步繁殖"两用系"使用。

将两用系原种分行种植，以拔除可育株的行作母本行，母本与父本的行比一般为（4～6）：1，利用父本行的花粉自由授粉或人工辅助授粉，母本行收获的种子即为两用系良种种子，供制种田使用。

第六节 花生种子生产技术

一、花生原种生产

花生种子是杂交后经过系统选育而成，选育审定的种子可以连续几年保持性状稳定。但在实际种子生产过程中受环境影响，不可避免地会产生分离，失去了原有种子的特征特性或保持的原有种子的特征特性不明显。如果在同一地区连续种植多年，即使性状不产生分离，也会出现退化现象，如花生的饱满度差、荚果双仁果率低、产量降低；花生植株生长较弱，枝叶细长，抗病性、抗虫性、抗旱性耐病性差等。

花生地上开花，地下结果，荚果、子仁生长过程中受环境影响较大，荚果有单仁、双仁，不能像玉米、小麦用机械进行种子加工，必须人工手选。另外花生子仁的子叶瓣在运输过程中容易破裂，种子均带壳运输，单位体积重量低，运输成本高。为了保持花生品种的优良种性，需要进行种子生产。生产上主要有原种生产和良种生产。原种生产可采用育种家种子直接繁殖的方法，也可采用三圃或二圃的方法。

原种生产注意事项主要有：为了避免种子混杂，保持优良种性，原种生产田周围不得种植其他品种的花生。原种生产田应由固定的技术人员负责，并有田间观察记载。要选择地势平坦、肥力均匀、土质良好、排灌方便、不重茬、不迎茬、不易受周围不良环境影响和损害的地块。根据品种的特性采用先进的栽培管理措施，提高种子的繁殖系数，并应注意管理措施的一致性，同一管理措施要在同一天完成。

（一）用育种家种子生产原种

1. 播种

将育种家种子适度稀植于种田中，播种时要将播种工具清理干净，严防机械混杂。

2. 去杂去劣

在苗期、花期、成熟期根据品种典型性严格拔除杂株、病株、劣株。

3. 收获

成熟时及时收获。要单收、单脱粒、专场晾晒，严防混杂。

（二）用三圃法生产原种

三圃即株行圃、株系圃、原种圃。

1. 单株选择

单株在株行圃、株系圃或原种圃中选择，如无株行圃或原种圃时可建立单株选择圃，或在纯度较高的种子田中选择。选择在开花下针期和成熟期这2个时期进行。

（1）选择标准和方法。根据本品种特征特性，选择典型性强、生长健壮、丰产性好的单株。开花下针期根据株型、叶形、叶色、开花习性、花色选单株，并标记；成熟期根据株高、株型、成熟期、单株结果多少、荚果形、抗病性等，从花期入选的单株中筛选。筛选时要避开地头、地边和缺苗断垄处。

（2）选择数量。选择数量应根据原种需要量而定，一般每品种每 667 米^2 株行圃中选单株 300～400 株。

（3）室内考种及复选。入选植株根据植株的全株荚果数、籽仁数，选择丰产性好的典型单株，单株脱粒，进行室内考种，然后根据荚果大小、籽仁大小、整齐度、粒形、果皮颜色、百粒重、感病情况进行复选。决选的单株在剔除个别病虫粒后分别装袋编号保存。

2. 株行圃生产原种

（1）田间设计。各株行的长度应一致，行长 5～10 米，每隔 19 行或 39 行设 1 个对照行，对照行种植同一品种原种。

（2）播种。适时将上一年入选的每株种子播种 1 行，密度比大田稍稀，单粒点播或 2～3 粒穴播，留 1 株苗。

（3）田间鉴评。田间鉴评在 3 个时期进行，苗期根据幼苗长相、幼茎颜色，开花下针期根据株型、叶形、叶色、开花习性、花色，成熟期根据株高、株型、成熟期、单株结果量、荚果形、抗病性来鉴定品种的典型性和株型的整齐度。通过鉴评要淘汰不具备原品种典型性、有杂株、丰产性差、病虫害重的株行，并做明显标记和记载。对入选株行中的个别病劣株要及时拔除。

（4）收获。收获前要清除淘汰株行，入选株行要按行单收、单晾晒、单脱粒、单袋装，挂好标签。

（5）决选。在室内要根据各株行的荚果大小、籽仁大小、整齐度、粒形、果皮颜色、百粒重、感病情况进行决选。淘汰籽粒性状不典型、不整齐、病虫粒多的株行。决选株行种子单独袋装，挂好标签，妥善保管。

3. 株系圃生产原种

（1）田间设计。株系圃面积依上一年株行圃入选株行种子量而定。各株行数和行长应一致，每隔 9 区或 19 区设 1 个对照区，对照种植同一品种的原种。

（2）播种。将上一年保存的每株行种子种 1 个小区，单粒点播或 2～3 粒穴播留 1 株苗，密度比大田稍稀。

（3）田间鉴评。田间鉴评各项同株行圃，若小区出现杂株，则全小区淘汰。同时要注意和株系间的一致性。

（4）收获。先将淘汰区清除后，再对入选小区单收、单晾晒、单脱粒、单袋装，挂好标签。

（5）决选。籽粒决选时要将产量显著低于对照的株系淘汰，入选株系的种子混合装袋，挂好标签，妥善保存。

4. 原种圃生产原种

（1）播种。将上一年株系圃决选的种子适度稀植于原种田中，播种时要将播种工具清理干净，严防机械混杂。

（2）去杂去劣。在苗期、花期、成熟期要根据品种典型性，严格拔除杂株、病株、劣株。

（3）收获。成熟时及时收获，要单收、单脱粒、专场晾晒，严防混杂。

（三）二圃法生产原种

二圃即株行圃、原种圃。

二圃法生产原种的单株选择和原种圃与三圃法生产原种相同。株行圃除决选后各株行种子混合保存外，其余做法也与三圃法生产原种相同。

二、花生良种繁育田间管理

1. 生产田选择

选择地势平坦、排灌方便、土层深厚、耕作层生物活性强、结实层疏松、中等肥力以上的生茬地。每公顷施优质厩肥 75 000～90 000 千克、尿素 225～300 千克、过磷酸钙（12% P_2O_5）120～150 千克、硫酸钾（50% K_2O）300～450 千克。将全部有机肥、钾肥及大部分磷肥结合冬前或早春耕地时施于耕作层内，剩余 66.66% 氮、磷肥在起垄时全施在垄内。

2. 播前选种

花生种子在剥去种壳前，从网纹深浅疏密、荚果大小、荚果的弯腰、果嘴凹尖程度等方面对照其标准果型，剔出差异性较大的花生，剩余的花生选择晴天的中午，在泥地上连续翻晒 3～4 天，在晒的过程中注意不要压破果皮。在播种前 10 天左右开始剥壳，剥壳后根据籽仁种皮、内种皮颜色、内种皮细腻光滑度、籽粒形状等，进行花生新品种的二次选种。

3. 播种

播种时要分级播，即大粒与大粒在一起、小粒与小粒在一起。在播种一个花生品种以前，要清除机械播种箱里其他的花生种子，并且转动排种轮，将排种槽、下种器中的其他花生种子清理干净，保证播种时的花生纯度，降低物理混杂概率。

4. 田间选种

在田间生长过程中，对照花生品种的植株特点，如植株生长势、株型、株高、分枝数、叶色、结果集中程度、开花习性等进行选种。尤其是在花生的生长后期，不同花生品种的植株差异更加明显，将异型株从种子繁殖田中剔除出去。收获时要做到边收获边选种。此次的选种既要对照花生新品种的植株，又要对照荚果同时进行，选出不符合花生新品种特征特性的花生植株，连同荚果集中存放，最后作为杂果处理。

5. 收获

花生收获过早，饱满度差，会影响到产量；过晚，容易产生过熟果和芽果，影响到种子质量。花生的生育期临近时，植株地上部表现为：下部叶片基本脱落，仅剩下上部的几片复叶，叶片不再发绿，呈黄绿色，中午顺花生垄沟走，叶片容易碰落，茎也呈现黄绿色。也有个别的品种收获时，叶片是浓绿色的，如鲁花 14。植株地下部表现为：80% 的荚果处于饱满状态，即拔起 1 株花生有 80% 的果皮呈现青色，而壳内部的海绵体呈现铁褐色，此时应及时收获。

收获时将花生带植株收获，每 2 行放在一起，平铺在花生垄上，根据天气情况，在地里连晒 4～5 天。中午翻晒 2 次左右。当花生的荚果用手摇一摇有响动时，选择晴天的早晨或傍晚拉到场院，荚果朝外垛在一起，注意垛堆不要过大，避免通风差、上热。及时清理出地膜、叶子、果柄、土块等杂物，根据晒场的大小将摘下的荚果平摊。每隔 30 分钟翻晒 1 次。晚上成堆，白天摊开，连续晒 4 天左右后，成堆堆放 2 天，再摊开晾晒，争取 7 天内将荚果水分降到 10% 以下。在场院摘果和晾晒时，要与其他的品种用物品间隔开，不能和其他的花生品种混淆。

第七节　蔬菜种子生产技术

蔬菜是现代人生活中不可缺少的经济作物，由于蔬菜种类众多，本节仅就豫西南区域内种植面积较大的大白菜、萝卜、大葱的种子生产加以介绍。蔬菜种子是蔬菜遗传信息世代相传的载体，也为蔬菜发芽、出苗及植物的形态建成提供了营养和能量，因此优良的蔬菜种子是蔬菜生产健康发展的前提和基础。

一、蔬菜种子生产的概念和特点

（一）蔬菜种子生产的概念

蔬菜种子生产指根据蔬菜的生殖特性和繁殖方式，用科学的技术方法生产出符合数量和质量要求的蔬菜种子。它包括蔬菜种子繁育、种子处理、检验和包装、贮藏等环节，是直到生产出符合质量标准和能满足消费者需求的质量高、数量足、成本低的商品种子的全过程。

（二）蔬菜种子生产的特点

蔬菜种子生产是蔬菜种子工作的一个关键环节，是良种繁育的基础。蔬菜种子生产具有以下特点：

1. 生产周期长

蔬菜种子的收获时间有的只需要一年，有的则要两年，有的甚至到第三年才能采到种子。

2. 种类和品种繁多

要做到保质保量满足用种者的需要，必须做大量繁重的工作。

3. 品种更新换代快

要求及时掌握新品种的采种技术，同时要有优良的原种供应。

4. 集约化程度高、技术性强

在种子生产中除要求植株生长良好外，还要对选择、隔离、采收等采取一定的规程和技术，才能获得优质多量的种子。

5. 生产成本高、产值高。

二、蔬菜种子的形态

蔬菜种子基本上具有共同点，即每颗种子都由种皮、胚和胚乳3个主要部分所组成，外部形态特征主要包括籽粒的形状、大小和色泽等。在选购蔬菜种子时，从外部形态特征来鉴定类型和品种，是最直观的方法。饱秕、大小、气味和含水量等是判断种子质量最常用、最简单的感官指标。

1. 种子的形状

不同的蔬菜种类具有不同形状的种子，如圆球形、扁球形、椭圆形、棱柱形、卵形、心脏形、盾形、披针形、肾形、纺锤形以及不规则形等。豆科种子多呈肾形、圆球形和卵形，十字花科的种子为圆球形，葫芦科的种子为扁平的纺锤形或卵圆形，茄科的种子呈扁平的卵圆形。

2. 种子的大小

蔬菜种子的颗粒大小相差很大，常用的表示方法有 3 种：千粒重（克），1 克种子的粒数，种子的长、宽、厚。一般依种子大小分成大粒、较大粒、中粒、较小粒和小粒 5 个等级。大粒种子指平均每粒种子重量在 1 克以上的，如蚕豆、佛手瓜、大刀豆和莲子等；较大粒种子指平均每克含有 11～150 粒，如黄瓜、甜瓜、冬瓜、小籽西瓜、萝卜和菠菜等；中粒种子指平均每克种子含有 151～400 粒，如茄子、白菜、甘蓝、花椰菜、大葱、洋葱和韭菜等；较小粒种子指平均每克种子含有 401～1 000 粒，如樱桃番茄、胡萝卜等；小粒种子指平均每克种子含有 1 000 粒以上的，如芥菜、苋菜、马铃薯和芹菜等。

3. 种子的色泽

由于种皮细胞中含有不同的色素，所以不同的种子常常表现出不同的颜色。另外，种子色泽的光亮和暗淡与栽培条件、田间管理、成熟度、采种时间以及种子贮藏的年限有很大的关系，因此可以根据种皮的颜色判断合适的采种时间，根据种皮的亮暗区别种子的新陈或活力有无。一般来说，蔬菜种子较新，生活力也较强，使用价值也较高；种子越陈，生活力越弱。用感官法识别种子的新陈或生活力有无的一般规律是：凡果皮或种皮色泽新鲜、有光泽者为新种子，反之为陈种子或无生活力种子；凡胚部色泽浅、充实饱满、富有弹性者为新种子，干枯、皱缩、无弹性者为陈种子或无生活力种子；凡在种子上哈气无水汽黏附，且不表现出特殊光泽者为有生命力，反之为无生命力。豆科、十字花科、葫芦科和伞形花科等蔬菜种子含油量较高，剥开其种子发现两片子叶色泽深黄、无光泽、出现黄斑，菜农称之为"走油"，这种种子为陈种子，可能已丧失生活力。

三、大白菜种子生产

（一）大白菜的阶段发育和开花结籽特性

大白菜种子萌动后就可感受低温，在 2～10 ℃低温下，经过 10～15 天就能完成春化作用，18～20 ℃的温度和长日照条件即可抽薹开花。

大白菜种株从伸长的主茎、侧枝及短缩茎的叶腋发生许多总状花序。这些花序大多又分出一级、二级、三级分枝而形成复总状花序。花冠十字形，花瓣互生 4 枚、鲜黄色，雄蕊 6 枚，雌蕊 1 枚，异花授粉。单株花数一般在 1 000～2 000 朵，单花花期为 3～4 天，花粉生活力约 1 天。一般在开花前 2～3 天，花蕾就有接受花粉的能力，以开花后 1～2 天接受新鲜花粉结实的能力最强。最先开花的是由顶芽抽出的主花序，然后是一级侧枝和二级侧枝等逐级分枝依次开花，同 1 个花枝上的花通常是由下而上陆续开放。越早开放的花，结荚率越高，籽粒越饱满，因此种子的产量主要来源于主枝和一级、二级侧枝的中下部角果。果实为长角果，开花后 50～60 天成熟，每个果实含种子 10～30 粒，种子为球形，千粒重为2.6 克。

（二）大白菜的采种技术

1. 大白菜采种方法

（1）成株采种法。该法又称为老株采种法、母株采种法等。当年秋季播种，培育成健壮种株，当叶球成熟时按照该品种的特征特性进行严格选择，去劣去杂。秋季田间管理同生产田管理。北方收获后适当晾晒再越冬贮藏，第二年春季定植于露地采种。冬贮期间注意菜窖内的温度管理，防止冻害和后期腐烂的发生。注意淘汰受热、受冻、腐烂及根部发红的种株，特别要淘汰贮藏后期脱帮多、侧芽萌发早、裂球及衰老的种株。南方地区经种株选择后可继续栽植于大田露地越冬。定植前采种田每 667 米^2 施腐熟粪肥 5 000 千克、过硫酸钙 40 千克，深翻平整后做畦。北方地区 10 厘米地温稳定在 10 ℃以上方可定植，株行距因品种而异，早熟品种 4 厘米×50 厘米、中晚熟品种 (45～50) 厘米×50 厘米。抽薹后每 667 米^2 追施氮、磷、钾肥 15～20 千克。成株采种法种子纯度高，抗病性、一致性和结球性等性状能得到较好的保持，但种子生产占地时间长、种株经窖藏后损失量大、种子产量低、生产成本高，一般用于原种的繁殖。

（2）半成株采种法。该法比成株采种法晚 7～10 天播种，当种株达到半结球状态时采收。秋季播种时密度可增加 15%～30%，种株选择后贮藏，第二年春季定植采种，定植密度可达每 667 米^2 5 000 株。半成株采种法由于种植密度大，种子产量较成株采种法高，而且半成株比成株抗寒性强，在南方可露地越冬。但选择效果不如成株好，所以种子质量也不如成株采种法高。

（3）小株采种法。即当年播种后不形成叶球，当年即收获种子的方法。一般多在早春阳畦、小拱棚内育苗，或露地直播，盛夏时收获种子。每 667 米^2 可达 8 000～10 000 株。露地直播适宜播期在土壤完全解冻后 1 周左右，播期推迟可能会春化不足或不能春化而导致种子产量降低或采种失败。小株采种法占地时间短，种子生产成本低，但无法对叶球进行选择，故种子质量不能保证，因此只能用于生产用种的繁殖。

2. 小株采种的技术要点

（1）育苗。直播前 1 周进行准备工作，深翻、施肥、平整土地、做畦（垄）以及地膜覆盖。一般每 667 米^2 施有机肥 3～5 吨、碳酸氢铵 25～50 千克、过磷酸钙 30～50 千克、氯化钾 10～20 千克。南方地区常起垄栽培，1 垄种 1 行，垄高 10～13 厘米，垄形为平台梯形，上窄下宽，上宽 20～25 厘米。北方地区多用平畦栽培，平畦宜小不宜大，或地膜覆盖半高垄栽培，即做成 60～70 厘米宽的拱弧形垄，垄中心高 10 厘米，每垄播 2 行。

育苗可节省种子，也可保证全苗。早春在冷床、阳畦、塑料大棚和塑料小拱棚等地都可育苗，采用营养钵等护根育苗效果最好。南方多采用阳畦育苗，1～2 月播种，往北依次顺延，出苗后注意给予一定时间的低温处理，使之通过春化阶段，苗龄 50～60 天。管理同一般蔬菜育苗，尽量避免中午高温脱春化。

（2）苗期管理。大白菜耐旱力较差，春播苗期酌情浇水 1～2 次，但早春浇水不利于地温回升，因此，应把浇水和提高地温结合考虑。幼苗生长较快，应及时间苗、定苗。定苗前间苗 2 次，第 1 次在 2 片基生叶展开与子叶呈"拉十字"状态时进行，拔除过分拥挤或双株密切的苗，第 2 次间苗于 4～5 片叶期，拔除劣苗小苗，保留壮苗大苗。定苗一般在播后 25～30 天，幼苗长到 7～10 片叶时进行，且在晴天的中午和午后操作，拔除弱苗、病苗及萎蔫苗。

（3）定植。穴播时每穴定 1 苗。定苗密度依品种、土壤肥水条件而异。行株距通常为中晚熟类 (45～50) 厘米×(35～40) 厘米、早熟类型 40 厘米×35 厘米，每 667 米^2 种植 4 000～5 000 株。定植时间应选择晴天的上午进行。定植时顺水栽苗，5～7 天后浇缓苗水，然后中耕松土，提高地温，促进发根。

（4）定植后管理。定植后应轻浇水、多中耕，保持地面见干见湿，促进根系下扎和发棵。秧苗发棵后可随水追施硫酸铵（每 667 米^2 10～17 千克）等，经过 20 天左右控水、蹲苗直至抽薹。待 70%以上植株抽薹开花后，即进入开花结实期，管理上应施重肥、浇大水，

1周左右浇1次水，2周左右追1次肥。前期追肥以氮肥为主，每667米² 每次追施硫酸铵25～30千克，中后期以钾肥为主，每667米² 施20～25千克，盛花期叶面喷施0.2%磷酸二氢钾1～2次，施用0.1%硼砂2～3次效果更好。当花枝上部种子灌浆结束开始硬化时要控制浇水。开花结实期，温度升高，昆虫开始发生、活跃，主要有蚜虫、菜青虫和小菜蛾等，需及时喷药防治。当植株封垄打药操作不便时，也可趁晴天中午高温时段，撒施辛硫磷等拌成细沙土熏杀蚜虫，效果较好。植株长势茂密和风大的地区，需简单扎架，以防止倒伏减产。为了提高种子纯度，抽薹开花期进行1次全面检查，根据茎生叶和花蕾、花朵的特征，拔除杂株和变异株。

（5）种子收获。种子收获期正逢雨季到来，应适时、及时收获。极少数基部的种荚开始黄化开裂，多数中上部种荚由绿变白、种荚顶尖开始变黄是收获适期。若收获过早，种子不饱满，造成减产，过迟则易造成种荚开裂、种子散落。最好在清晨有露水时割收，收获后及时晾晒、脱粒。大白菜种子极易发芽、霉烂，不可堆放。每667米² 采种量75～100千克，高产时可达150千克。

3. 大白菜杂种一代制种技术

大白菜无论是利用自交系，还是自交不亲和系或雄性不育系来配制一代杂种，都必须严格地掌握相应的制种技术，才能生产出高质量的杂种种子。大白菜杂交制种时，应注意以下几点：

（1）选好自然隔离区。大白菜不同品种之间容易杂交，而且与染色体组相同的小白菜、芜菁、油菜、乌塌菜等蔬菜作物也容易发生杂交，因此，选好隔离区十分重要。大白菜制种安全隔离区在2000米以上，在此范围内绝对不能种植易杂交的作物。

（2）保证双亲合理配比。在利用自交不亲和系或自交系做父母本正反交差异不显著时，父、母本种植量最好的配比是1∶1，边行采用父、母本单株间隔种植，收获时种子可以混收。如果是1个自交不亲和系作母本与另1个自交系作父本配制一代杂种，母本行与父本行可按（2～4）∶1的比例种植，花期结束后及时拔除父本株，只收母本行上的种子。在利用雄性不育系进行制种时，不育系与父本自交系的行比应为4∶1或5∶1，具体行比可视行距大小及传粉昆虫数量而定。

（3）调整花期。为保证制种时双亲花期相遇，在繁殖和选育杂交亲本时应记载其冬性强弱的特性。如果冬性弱，对低温要求不严，容易通过春化，开花就早，可适当晚播；反之，冬性强，则开花就晚，可适当早播。但由于气候等原因，双亲花期仍可能出现偏差，所以必要时可对抽薹过早的亲本进行重摘心，通过摘心延迟花期，促使下部侧枝萌发，从而起到调整花期的作用。

（4）利用蜜蜂授粉。利用自交不亲和系或自交系制种，双亲需相互授粉；利用雄性不育系制种，需要将父本的花粉及时授给母本。实践证明，利用蜜蜂授粉，可显著提高F₁的杂交率和种子产量。一般每667米² 放置1个蜂箱。为保护昆虫传粉，采种田花期不能使用杀虫剂，虫害防治应在开花前完成。

四、萝卜种子生产

（一）萝卜的阶段发育和开花结籽特性

萝卜为二年生作物，通常是第一年营养生长形成肉质直根，翌年进行生殖生长抽生花薹，开花结籽。但如果当年播种后不形成肥大的肉质根，通过春化阶段后也能开花结籽，在

1 年内完成 1 个生活周期。因此，萝卜也可采用小株采种法繁育种子。在低温条件下，萌动的种子、植株以及肉质根都能通过春化阶段，之后在长日照条件下通过光照阶段。多数萝卜品种在 1～10 ℃范围内经 20～40 天均能通过春化。

萝卜是天然异交植物，虫媒花，总状花序，花冠由白色到淡紫色。一般白萝卜花多为白色，青萝卜多为紫色，红萝卜多为粉红色或白色。主枝的花由下而上开放，每株有 1 500～3 000 朵花，每朵花开 6 天，全花期 30～35 天。花后 50～60 天种子成熟，每个荚果含种子 3～10 粒。果实为角果，成熟时不裂开。种子成熟期比白菜晚半个月左右。

（二）萝卜的采种技术

1. 萝卜采种方法

（1）成株采种技术。成株采种也称为大株或老株采种，适合于秋冬萝卜原种生产。秋季播种可比商品种推迟 10～15 天播种，立冬后收获。收获时选留具有本品种典型特性的种根，根据当地气候条件窖藏、阳畦假植或定植后直接越冬，经窖藏和假植的种植在第二年春季不受冻的情况下应尽早定植，抽薹开花采种。由于可以对品种性状进行充分选择，去杂去劣，因此，生产的种子纯度高、种性好。缺点是种株占地时间长，种子繁殖系数低，生产成本高。

采种栽培一般比商品菜晚播，具体播种时间应该以收获时肉质达到商品成熟为准。在华北地区秋冬萝卜可于 7 月下旬至 8 月上旬播种。萝卜喜肥，需氮、钾肥量较大。肉质根形成期需水量增加，应加大灌水量。在肉质根成熟后，选择具有该品种典型特性、肉质根大而直、叶簇小、表皮光滑、色泽好、根痕小、根尾细、肉质致密、侧芽未萌动、不易糠心的植株作种株。

在南方地区，种株收获后选留的种株留 5 厘米左右的叶柄定植到采种田，露地直接越冬；在北方寒冷地区，种株需窖藏或假植栽培，翌年春天定植于露地，抽薹开花结实，进行采种。窖藏适温为 1 ℃左右，若窖内温度高于 3 ℃，应经常检查堆内温度，及时倒堆。华北地区一般在 3 月中旬定植，东北地区在 3 月底至 4 月初定植。采种田要有良好的隔离条件，以防生物学混杂，一般的隔离距离在 1 000 米以上。定植株行距依品种类型不同而异，早熟种每 667 米^2 4 000～5 000 株，中晚熟品种每 667 米^2 2 500～3 000 株，将种株全部埋入土中，培土踏实，覆土不浅于 10 厘米，以防冻保墒，也可避免浇水时土壤下陷，种根外露，引起冻害，或地下积水过多，引起种根腐烂。

定植后根据土壤墒情确定浇水量，切忌大水漫灌，影响地温回升，不利于种株发根。末花期后应控制浇水，防止贪青恋长。在种株抽薹后为了防止种株倒伏，可每株插 1 个竹竿或搭成网状、篱架均可。

北方 7 月上中旬，南方 5 月下旬可收种。一般待种子晚熟后 1 次收获，之后晒干打落种子，将种子再晒 1 天后包装贮藏。

（2）半成株采种技术。该法比成株采种晚播 15～30 天，避开了前期高温多雨天气，种株生长期间病虫害少，生活力较强，定植密度可适当加大 1 倍，冬前肉质根未充分肥大。生产成本较成株采种低，种子产量高。但由于种株肉质根生长期较短，收获时未充分膨大，品种性状未得到充分表现，选择效果不及成株采种，故此种方法适合生产良种。

（3）小株采种技术。北方可采用早春保护地播种育苗或土壤解冻后露地直播。利用早春的低温能使萌动的种子及幼苗通过春化的特性，使种株通过春化阶段，在春季长日照下通过光照阶段，随气温升高抽薹开花结实。小株采种优点是生育期短、易于管理、适于密植、种子产量高、成本低，但因产品器官未充分生长，不能有效地进行选择，如连续使用易导致种性下降，故只适合于生产用种制种。

2. 萝卜杂种一代制种技术

（1）亲本的繁殖。亲本在雄性不育系采原种圃、保持系原种圃、父本系原种圃和雄性不育系繁育圃中繁殖。

雄性不育系原种圃种植成对选择圃中获得的雄性不育系和保持系原原种，经严格选择后将优良种株冬贮，翌春将它们定植于采种网室或隔离2 000米以上的采种田，不育系与保持系按照（4～5）：1比例栽植。授粉结束后及时拔除保持系全部的植株，剩余植株上收获的种子，即为雄性不育系原种。

保持系原种圃种植成对选择圃中获得的保持系原原种，经严格选择后，淘汰经济性状较差的单株。入选的种株经冬季贮藏后，翌春定植于采种纱罩内或隔离距离2 000米以上的自然隔离区内。采种纱罩内的种株可采取蜜蜂授粉、人工花期辅助授粉或人工蕾期授粉等方法，自然隔离区内的种株可通过蜜蜂或自然授粉，收获的种子即为保持系原种。

父本系原种圃种植父本系，一般多采用半成株采种法，冬前严格去杂去劣。翌春将父本系种株定植于隔离区内，花期自然授粉获得的种子即为父本系原种。

雄性不育系繁育圃多用半成株法采法，按（2～3）：1的比例种植由雄性不育系原种圃和保持系原种圃所收的原种，冬前剔除杂株，分别妥善贮藏。翌年春天将不育系和保持系种株按（4～5）：1比例栽植，采种田隔离半径不低于2 000米。盛花过后，将保持系植株全部拔除，所收获的种子全是不育系种子。

（2）一代杂种的制种。杂种种子的生产通常采用半成株或小株采种法。半成株采种在隔离区栽植雄性不育系为母本、自交系为父本时，不育系与父本系的种植比例一般为3：1，若是冬贮后春季定植种株时，可按（4～5）：1定植。

小株采种可在阳畦育苗。华北地区可在1月上、中旬播种，播种比例为雄性不育系和父本系（3～4）：1。幼苗长到6～8片叶时定植，不育系与父本系按（4～5）：1定植于露地。如果发现花期不遇可掐薹抑制早开花的亲本，再次制种时应适当早播。在授粉结束后要及时拔除父本系植株，在不育系上收获的种子即为生产用的一代杂种。

五、大葱种子生产

（一）大葱的阶段发育和开花结籽特性

大葱为二年生耐寒性蔬菜，由营养生长过渡到生殖生长需要经过低温春化，在长日照条件下才能完成阶段发育。大葱为绿体春化型，一般幼苗直径在1厘米以上，才能感受低温完成春化阶段。在2～5℃的低温下60天左右才能抽薹开花，形成种子。

大葱花为伞形花序，呈圆球状。每个花球上着生200～400朵小花。大葱花为两性花，白色，花瓣6片，雄蕊6枚、3长3短，共12轮，花药矩圆形，黄色，向内开裂。花中央有雌蕊1枚、子房3室，每室生种子2个，柱头分为三裂，开花前雌蕊短于花丝，开花后雌蕊长于花丝。

大葱由花序出现至开花需19～27天，单花由总苞中伸出至开花需3～4天。大葱单花开放时间，即由第1个花药伸出花被至花谢也需3～4天。开花时内外两轮雄蕊依次伸长和散粉。在 6 枚花药全部裂开，花丝开始凋萎后，雌蕊柱头才加长并伸出花被。

大葱为虫媒花，主要传粉媒介为蜜蜂，空气干燥时，成熟的花粉可随风漂移数米至几十米，但也有一定自交率，因此种子生产中应注意不同品种间的隔离，防止品种混杂。大葱花授粉后 35 天左右种子成熟，后期的花因温度较高，成熟速度较快，需 20～30 天。采种以中期花为主，因为早期花易受霜冻影响，不易受精，晚期又易遇干热风或连续阴雨天影响。种子寿命很短，在一般贮藏条件下仅 1～2 年。种子千粒重一般为 2.73 克。

（二）大葱的采种技术

1. 原种生产

原种种子生产多采用成株采种法，具体方法如下：

（1）育苗。大葱以秋播为主，对播期要求比较严格。幼苗适宜标准为冬前长出 3 片真叶。春播宜早不宜晚，只要土壤解冻即可播种，播种量春播 1～1.5 千克，秋播 2～3 千克，所播种子应用当年新籽。苗床应选肥沃疏松的土壤，每 667 米^2 施有机肥 5 000 千克。由于其生育期较长，一般需进行移栽育苗。

出苗后，由于幼苗根系弱，应保持土壤水分充足、地表不板结。对秋播苗来说，冬前应控制水肥，防止秧苗过大徒长。土壤封冻前浇冻水，保证幼苗安全越冬。早春返青后，及时浇返青水、追肥，促进幼苗生长。随着气温升高幼苗生长加快，要增加灌水次数及灌水量，结合浇水追肥 2～3 次。定植前 10～15 天停止浇水，进行幼苗锻炼。定植前 1～2 天浇 1 次小水润畦，便于起苗。春播苗出齐后浇水，3 片真叶前控制浇水，促进发根，3 片真叶后浇水追肥促进葱苗迅速生长。

原种对纯度要求非常严格，因此在苗期就应淘汰弱苗、病苗、杂苗。

（2）定植。定植前整好地，施好肥。按 50～60 厘米行距开好定植沟，深 20～30 厘米，宽 15 厘米，沟内施肥后刨松，而后定植，定植深度以不埋葱心为宜，过深不发苗，过浅影响葱白长度降低种葱质量。秋播大葱可于小满至芒种定植。定植过早不发棵，过晚天气炎热不缓苗。春播大葱一般在 6～7 月定植。

（3）田间管理。种葱定植后正处高温多雨季节，植株生长缓慢，管理重点是促根。天不过旱不浇水，雨后排水防涝，以免引起烂根死苗，加强中耕保墒促进根系发育。

立秋以后，气温降低，种葱开始进入旺盛生长阶段，此时多施有机肥，适当配合一些速效氮肥，一般每隔 15 天浇水施肥 1 次。浇水应掌握早晚浇、轻浇的原则。白露至秋分期间，要掌握勤浇水原则，经常保持土壤湿润，以满足葱白形成需要。霜降前后，应逐渐减少灌水，收获前 7～8 天停止浇水，以提高耐贮性。

为防止倒伏和软化假茎，当种葱开始进入旺盛生长后，结合追肥和中耕进行培土，培土高度和次数依据不同品种而定，不能埋没功能叶的叶身基部。

（4）选种。原种是用来繁殖生产用种的，因此，选种工作必须十分严格。对于冬用大葱选种，应于收前和贮藏过程中进行。选留形状整齐健壮，具有本品种特征、假茎肥厚、坚实、叶短壮紧密，不分杈，无病虫害植株留种。

种株收获后将其放在向阳通风处晾晒 4～5 天后，进一步精选。选留的种株每 10～20 棵捆成 1 捆，放干燥阴凉处，根部朝下整齐地埋在土沟中，到春季栽培。在此期间应经常检查，淘汰感染病害和假茎松软不耐贮存的种葱。

（5）采种。采种地块除选择浇灌方便、土质肥沃田块外，还要与不同品种隔离 1 000 米以上，防止混杂。

春天土壤解冻后即可栽植，栽植过晚种株养分损耗大，种子产量与饱满度受影响。栽植前10天左右从贮藏沟中取出种株，淘汰腐烂种株，选择具本品种特征特性的优良种株，从距茎基部20～25厘米处切掉上部假茎以利抽薹，放在向阳处晾晒，当心叶长5厘米时，选择晴天开沟种植。每667米^{2}栽2万～2.2万株。抽薹前墒情好一般不浇水，抽薹后再浇。抽薹后到花期正是花薹发育时期，应控制浇水，以利于花薹强壮。花蕾膨大期进行培土，防止倒伏。始花期至灌浆期，一般6～7天浇1次水，并随水追肥。每667米^{2}追施碳酸氢铵30千克、过磷酸钙20千克，根外追肥应多施磷酸二氢钾，有利于种子成熟时质量和产量的提高。抽薹后花球逐渐增重，如有大风应注意支架以防花薹折断，造成减产。

(6) 种子采收。5月下旬大葱种子逐渐成熟。成熟的顺序是花球上部的种子成熟早，花球四周成熟晚。花球上部与下部种子成熟期可相差7～10天，因此应分期采收。就1个单株而言，只要花球上有80%以上的种子已成熟即可采收，采收的种子放在通风干燥背阴处晾干，促进后熟。如放在烈日下暴晒，会降低种子发芽率及生命力。

晾晒几天后，轻轻揉搓花球，使种子脱落，这部分种子饱满，应单收贮藏，作为一级原种，其余搓下来的种子饱满度差，一般不作原种，可作生产用种。每667米^{2}可采种60～70千克。

2. 常规品种的采种技术

为了加速大葱良种繁殖周期、保持种性、提高产量、降低成本，可采用半成株法繁殖生产用种。

半成株采种法于6～7月用当年采收的原种播种育苗，9月定植。定植时除去杂苗、弱苗，施足底肥。每667米^{2}栽3.5万～4.5万株，行距40～50厘米，株距3～4厘米。定植地块要与其他大葱品种繁种田隔离1 000米以上，防止串花杂交。冬前培土，适时浇好冻水。浇返青水前追肥1次，抽薹期控制浇水，以后管理同成株采种法。半成株采种需肥量较大，追肥2次，每次每667米^{2}施尿素15～20千克。

第三章

种 子 的 加 工

　　种子作为一种最基本、不可替代、具有生命力的农业生产资料，在农业生产中具有重要的作用。种子加工就是指对种子从收获到播种前采取的各种技术处理，改变种子的物理特性，改进和提高种子品质，获得具有高净度、高发芽率、高纯度和高活力的商品种子的过程。具体来说就是对收获的种子进行清选、分级、干燥、精选、包衣、计量包装等处理，便于后期的种子销售与贮藏，是提高和保证种子质量的主要措施。在现代农业生产中，随着我国各种农作物，特别是主要农作物（小麦、水稻、玉米、棉花、大豆）精量、半精量现代精密播种机械的引进推广和普及应用。种植者为了降低成本、提高播种质量和效益，要求对商品种子进行精细化分级、精选，在满足高芽率、高纯度的情况下实现1粒1苗，单粒化播种。

　　在我国现代农业生产中，随着农业劳动力人口的减少、劳动成本的增加和农业生产经营集约化、规模化、机械化程度的提高，农业生产者对农作物优良种子的需求越来越高，这就要求种子生产加工企业适应市场需求，重视种子加工在农业生产的突出作用，加快种子加工技术和机械设备的科研推广力度，努力实现种子加工的现代化。

　　农作物种子经过清选、分级、干燥、处理、包衣和种子计量包装等现代化技术环节加工后应具有以下几个方面的显著优点：

　　（1）加工后的种子质量明显提高，与粗加工种子相比，净度可提高2％～3％，发芽率提高5％～10％，减少播种量，降低了农业生产成本。另外，加工后的种子出苗整齐、苗多苗壮、分蘖多、成穗多，一般可以增产5％～10％，可显著提高农作物单位面积产量。

　　（2）种子按不同的用途及销售市场，经加工成为不同等级的种子，并实行标准化包装销售，提高了种子的商品性，可以有效防止假冒伪劣种子的流通与销售。

　　（3）种子加工处理后，籽粒饱满、大小均匀，作物生长整齐、成熟期一致，有利于机械化播种和收获，提高劳动效率。同时种子经过加工，去掉大部分含病虫害的籽粒并包衣，使药剂缓慢释放，既减少化肥农药施用量，又使农药由开放式施用转向隐蔽式用药，既防虫防病又利于环境保护。

　　（4）加工过的种子洁净干燥，增加了种子贮藏的稳定性，延长了种子的贮藏期，保证了种子的正常流通。

第一节　种子的清选和分级

　　未经清选的种子堆成分相当复杂，其中不仅含有各种不同大小、不同饱满度和完整度的本品种种子，还含有相当多的混杂物。而各类种子或各种混合物各具固有的物理特性，如形状、大小、比重及表面结构等。种子的清选和分级就是根据收获后的种子群体的物理特性以及种子和混合物之间的差异性，运用机械操作（运输、振动、鼓风等）将种子与种子、大于或小于种子的草籽、秸秆、颖壳、土石块等杂质分离开。其主要目的是除去种子中掺杂的秸秆、枯叶、玉米芯、灰尘、杂草种子、泥沙、石块等杂物，为进一步加工打下基础。由于对清选后的种子质量要求不高，目前国内的一些加工生产线并没有配备相应的预清选设备，但从生产线的自动化程度、生产效率、烘干种子时节约能耗的角度来看，配备预清选设备是必要的。

一、清选分级原理

（一）根据种子形状大小进行分选

根据农作物种子的长短和大小不同（图3-1），用不同形状和规格的筛孔，把种子与其他杂物分离开，也可以据此对本品种子进行分级。

1. 按长度进行分选

按长度分离是用窝眼式滚筒筛选机（图3-2）来进行的。窝眼筒筛内壁上带有圆形窝眼，筒内置有盛种槽。工作时，将待清选的种子置入筒内，使窝眼筒做旋转运动，落于窝眼中的短种粒（或短小夹物）被旋转的窝眼滚筒带到较高位置，接着靠种子本身的重力落于盛种槽内。长种粒（或长夹物）进不到窝眼内，由窝眼筒壁的摩擦力向上带动，其上升高度较低，落不到盛种槽内，达到长、短种子分开的效果。

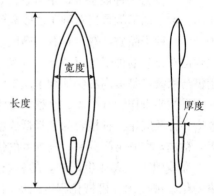

图 3-1 种子的尺寸（多年生黑麦草）
（引自国际种子检验协会，1969）

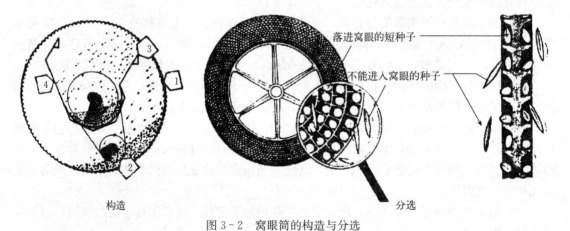

构造

分选

图 3-2 窝眼筒的构造与分选
（引自麻浩，2007）
1. 种子落入窝眼筒壁 2. 收集调节 3. 分选调节 4. 输送

2. 按宽度进行分选

按宽度分离是用圆孔筛筛选机（图3-3）进行的。凡种粒宽度大于孔径者不能通过（图3-4）。当种粒长度大于筛孔直径2倍时，如果筛子只做水平运动，种粒不易竖直通过筛孔，需要带有垂直振动。

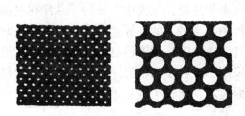

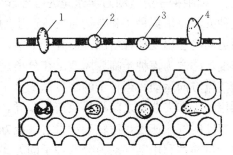

图 3-3　圆孔筛

（引自颜启传，2001）

图 3-4　圆孔筛清选种子的工作原理

（引自麻浩等，2007）

1～3. 种子宽度小于筛孔直径，能通过筛孔；

4. 种子宽度大于筛孔直径，不能通过筛孔

3. 按厚度进行分选

按厚度分离是用长孔筛筛选机（图 3-5）进行的。筛孔的宽度应大于种子的厚度而小于种子的宽度，筛孔的长度应大于种子的长度，分离时只有厚度适宜的种粒可以通过筛孔，原理如图 3-6 所示。

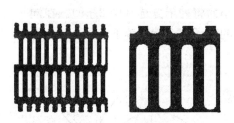

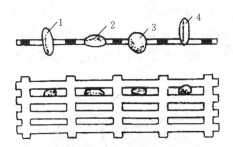

图 3-5　长孔筛

（引自颜启传，2001）

图 3-6　长孔筛清选种子的工作原理

（引自麻浩等，2007）

1～3. 种子厚度小于筛孔直径，能通过筛孔；

4. 种子厚度大于筛孔直径，不能通过筛孔

生产上种子加工企业可根据加工的农作物种子形状大小不同，单独利用各种规格的筛选机进行除杂和除尘如三角孔筛和金属丝网筛（图 3-7）等。也可在固定作业的种子精选机上，加装各种规格的分级筛，精确地按种子宽度、厚度和长度分成不同等级。

三角形孔筛

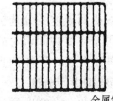

金属丝网筛

图 3-7　种子清选筛孔类型

（引自颜启传，2001）

（二）利用种子空气动力学原理进行分选

这种方法是依据种子和杂物对气流产生的阻力大小进行分离。种子和混杂物受到气流的作用而运动时会出现 3 种情况：即种子下落、吹走和悬浮在气流中。使种子悬浮在气流中的气流速度，称之为该种子临界风速。在分离过程中，当种子的临界速度小于气流速度时，种子跟随气流方向运动；当种子的临界速度大于气流速度时，种子靠自重落下。种子气流清选就是利用种子和夹杂物之间临界风速的差异，采用小于种子的临界速度而大于种子中轻杂物的临界速度的气流速度，使轻杂物沿着气流方向运动，而种子则靠重力落下，从而达到分离的目的。目前，利用空气动力分选种子的方式主要如下：

1. 垂直气流分选

一般配合筛子进行，其工作原理如图 3-8 所示，当种子沿筛面下滑时，受到气流作用，轻种子和轻杂物的临界速度小于气流速度，便随气流一起做上升运动，到气道上端，断面扩大，气流速度变小，轻种子和轻杂物落入沉积室中，质量较大的种子则沿筛面下滑，从而起到分选作用。

2. 平行气流分选

目前农村使用的风车就属于此类。它一般只能用于清理轻杂物，不能起到种子分级作用。

3. 倾斜气流分选

根据种子本身的重力和所受气流压力的大小而将种子分选（图 3-9）。在同一气流压力作用下，轻种子和轻杂物会被吹得远些，而重的种子则会就近落下。

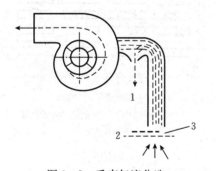

图 3-8　垂直气流分选
（引自颜启传，2001）
1. 轻杂质；2. 筛网；3. 谷粒

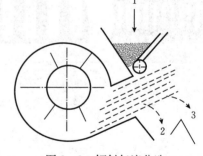

图 3-9　倾斜气流分选
（引自颜启传，2001）
1. 喂料斗；2. 谷粒；3. 轻杂质

4. 将种子抛扔进行分选

目前使用的带式扬场机属于这类分选机械。当种子从喂料斗中下落到传动带上时，种子借助惯性向前抛出，轻种子或受力面积大的杂物所受气流阻力较大，落在近处，反之则落在远处。这种分选也只能初步分级，不能达到精选的目的。

（三）根据种子表面结构进行分选

如果种子混杂物中的某些成分难以依尺寸大小或气流作用分离，可以利用它们表面的粗糙程度进行分离。采用这种方法，一般可以剔除杂草种子和谷类作物中的野燕麦。例如，清除豆类种子中的菟丝子和老鹳草，可以把种子倾倒在一张向上移动的布上，随着布的向上转动，粗糙种子被带向上，而光滑的种子向倾斜方向滚落到底部（图3-10）。形状不同的种子，可在不同性质的斜面上加以分离。斜面角度的大小与各类种子的自流角度有关，若需要分离的物质自流角有显著差异时，很容易分离。

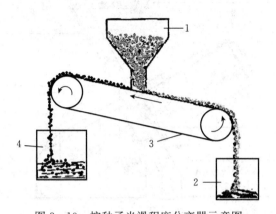

图3-10 按种子光滑程度分离器示意图

1. 种子漏斗；2. 圆的或光滑种子；3. 粗帆布或塑料布；4. 扁平的或粗糙的种子

（四）根据种子的密度（比重）进行分选

种子的比重因作物种类、饱满度、含水量以及受病虫害程度的不同而有差异，比重差异越大，其分离效果越显著。

1. 应用液体比重法进行分选

利用种子在液体中的浮力不同进行分离，当种子的比重大于液体的比重时，种子就下沉，反之则浮起。这样，即可将轻、重不同的种子分开。一般用的液体可以是水、盐水、黄泥水等，这是静止液体的分离法。此外还可利用流动液体分离，种子在流动液体中，是根据种子下降速度与液体流速的关系来决定种子流动得近还是远。种子比重大的流动得近，小的则远，当液体流速快时种子也被流送得远，流速过快会影响分离效果。

用此法分离出来的种子，若不立即用来播种，则应洗净、干燥，否则容易引起发热霉变。

2. 重力筛选

工作原理是重力筛气流的作用下，轻种子或轻杂质瞬时处于悬浮状态，做不规则运动，而重种子则随筛子的摆动做有规则运动，借此规律可将轻重不同的种子分离。

（五）利用种子表面特性进行分选

此技术依据种子表面粗糙程度、种子色泽、种子弹性特征进行分选。如依据种子表面色泽，利用当前先进的电光变色分离仪扫描要分离的种子表面，产生反射光，当反射光不同于事先在背景上选择好的标准光色时，即产生信号，这样种子就从混合群体中被排斥落入另一个管道。这类分离法多半用于豆类作物中因病害而变色的种子和其他异色种子，结构见图3-11。

此外利用不同种子的弹力和表面形状的差异生产制造的螺旋分选机（图3-12）可将大豆种子中混入的水稻和麦类种子或饱满大豆种子中混入的压伤压扁粒进行分选。由于大豆饱满，种子弹力大，跳跃能力较强，弹跳得较远，而混入的水稻、麦类和压伤压扁种粒弹力较短，跳跃距离也短。当混合物沿着弹力螺旋分选器滑道向下流动时，饱满大豆种子跳跃到外

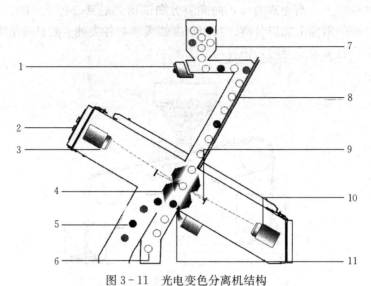

图 3-11　光电变色分离机结构

（图片来源：合肥泰禾光电科技股份有限公司）

1. 振动喂料器；2. 电源开关；3. 前置相机；4. 前置灯；5. 副料出口；6. 成品出口；7. 进料斗；

8. 料槽；9. 背光板；10. 后置相机；11. 吹嘴系统

面滑道，进入弹力大种子的盛接盘，而水稻、麦类或压伤压扁种子跳入内滑道，滑入弹力小种子盛接盘，这样使混合种子得以分选（图 3-13）。

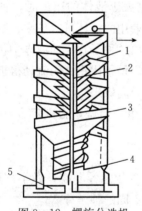

图 3-12　螺旋分选机

（引自颜启传等，2001）

1. 螺旋槽；2. 轴；3. 挡槽；

4. 球形种子出口；5. 非球形种子出口

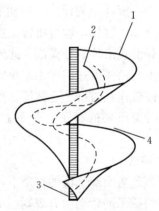

图 3-13　螺旋分选机原理

（引自颜启传等，2001）

1. 螺旋槽；2. 轴；

3. 非球形种子出口；4. 球形种子出口

（六）根据种皮特性进行分选

利用特殊的类似窝眼筒的滚筒，筒内代替窝眼的是锋利尖锐的钢针，甜豌豆种皮损伤皱褶的种子在滚筒旋转过程中被钢针戳住，种子挂在针上。当挂有种子的钢针随滚筒旋转上升到一定高度后，由于本身的重力或被刷子刷落，种子落入输送槽中，被推运器送出从而达到分离的效果，也可以用于清除带虫眼的豌豆种子。

（七）根据种子负电性进行分选

一般种子不带负电，当种子劣变后，种子负电性增加，因此，负电性高的种子活力低，而不带负电或带负电低的种子则活力高，现已据此设计出种子静电分离器。

二、清选与分级方法

（一）筛选

筛选可选优去劣。根据种子形状、大小、长短及厚度选择筛孔大小合适的筛子进行种子分级，筛除细粒、秕粒及杂物，选取充实饱满的种子，提高种子质量。一般常用的是网筛式清选机或重力离心式清选机。

（二）风选

根据物料空气动力学特性的不同和种子尺寸特性，采用不同的风选机进行分离。一般带病种子不能充分成熟甚至不能成熟，比健康的种子轻。空气筛是将空气流和筛子组合在一起的种子风选装置（图3-14），这是目前使用最广泛清选机。

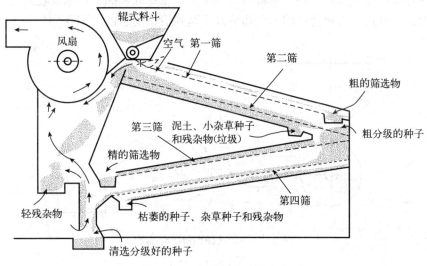

图3-14 空气筛种子清选机

（引自麻浩等，2007）

（三）水选

水选是利用液体比重将轻、重不同的种子和病原物分开，充实饱满的种子下沉底部，轻粒和病原物上浮至液体表面，中等重量种子悬浮在中部。常用的液体有清水、胶泥水、盐水和硫酸铵水等，根据作物种类和品种配置适宜的溶液比重。

三、清选分级的加工工艺流程

（一）预先准备

主要是对成熟收获后的某些种子进行预处理，包括脱粒（主要指玉米及大部分蔬菜）、预清、脱芒（水稻、大麦和燕麦）、脱绒（棉花）。种子的预清，主要是利用粗选机进行，是否需要预清，应根据不同作物、不同批量种子质量情况而定，如玉米种子加工中的剥皮、选穗，通过人工剔除病穗、虫蛀穗、未成熟穗、异形穗、未剥净穗，可显著提高种子的质量。还有种子中的夹杂物对种子流动有显著影响的秸秆、玉米芯、皮屑、灰尘、颖壳等，就需预清，反之则不用预清。

（二）基本清选

基本清选为一切种子加工中必要的工序。其目的是清除比清选种子的宽度或厚度过大过小的杂质和重量更轻的物质。粗加工是采用风筛清选机进行，主要根据种子大小和密度进行分离，有的也根据种子形状进行分离。

四、清选分级设备类型

（一）扇车

利用风扇叶轮产生的横向气流进行清选的一种简易机具。农村中使用非常普遍。

（二）扬场机

利用种子及杂质以一定的倾斜角向上抛出后，其运动轨迹和落点的不同而实现分离的机器，常用的有带式和风扇式 2 种。重籽粒因惯性大、抛得远，病虫害粒及轻杂质因惯性小而空气阻力大、抛得近，从而使种粒与杂物分开，达到清选的目的（图 3-15）。

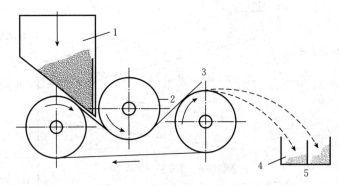

图 3-15　带式扬场机工作流程

（引自颜启传，2001）

1. 喂料斗；2. 滚筒；3. 皮带；4. 轻的种子；5. 重的种子

（三）分选机

分选机是利用种子物料相对于气流运动时，气流的阻力和物料重量的作用进行分选的机械。气流速度的均匀性难掌握，物料在气流场中的翻转又使阻力变化而降低分选精度，因此，这类机具大都用于初清选。

（四）筛选机

筛选机工作原理主要是根据种子的宽度和厚度进行分选。常用的基本工作部件有纺织筛和冲孔筛面 2 种，常用的筛选设备有振动筛、高速振动筛、平面回转筛、筒筛和溜筛。

（五）风筛清选机

风筛清选机是气流与筛片共同作用的清选机，它有 1 层或多层筛架，装有筛孔形状和尺寸不同的筛片，长孔筛按厚度的差异、圆孔筛按宽度的差异清除杂质，从而对种子分级。

（六）窝眼式清选机

窝眼式清选机是工作面上均布凹穴（窝眼）的一种按长度去杂或分选的机具。按结构的不同分有窝眼筒和窝眼盘2种形式。前者是内部表面带窝眼的滚筒，一般以30～50转/分的速度旋转；后者是一组以一定间隔安装有水平转轴上的圆盘，盘的2平面上均有窝眼。

（七）比重清选机

比重清选机是利用种子比重偏析原理，根据种子重力大小进行分选的机械（图3-16）。一般用于已经过风筛选、大小基本一致的种子，再按种子密度或比重大小进行分选。根据风机的布置位置有吹气正压式和吸气负压式2种，前者结构简单且能定向吹风，后者能吸走尘埃。工作中利用种子群体在流态化过程中会产生颗粒与密度偏析现象的原理，通过调整风压、振幅等技术参数，在风力作用下，物料呈现悬浮状态，同时振动摩擦力使悬浮的物料产生分层，使物料间相互置换产生分层，在比重台的振动作用下，比重大的向下部沉降，比重小的向上部漂移，等进入落料区后，可按要求将比重不同的物料从不同的部位排出，以达到精选的目的。

图3-16　5XZ-3B型比重清选机
（图片来源：河北丰源农业机械有限公司）

（八）摩擦式清选机

摩擦式清选机是利用种子摩擦系数和形状的不同而清选的机械。主要有回转式、对辊式、螺旋式、圆盘式等类型。回转带式有纵向和横向2种，能把种子分成两级。对辊式摩擦清选机是成对相对转动倾斜安装的平行辊，辊间不留间隙，放入辊间的种子沿辊面倾斜下滑时，表面粗糙度高的种子由辊面向两侧带出，其他光滑种子滑到底部。

（九）电力清选机

电力清选机是利用种子电导性、电介质渗透性和极化程度等差异进行分选的机械，目前，发展最快的是介电式清选机。

（十）光电色选机

光电色选机是根据种子颜色差异或亮度不同清选种子的机械，可提高种子纯度并去掉冻伤、虫蛀及霉变的种子。种子颜色深浅、颗粒大小和作用的时间会影响光电池的信号强弱，从而来分离种子。如合肥泰禾光电科技股份有限公司生产的6SXZ-441DC型种子色选机（图3-17），该机主要由喂料系统、光电监测系统、信号处理系统、分离系统、人机界面系统组成。在一定的光照条件下，根据物体对特定波长的光的反射与透射率的差异将不同物体分开。被选种子通过原粮提升机从顶部的喂料斗进入机器，通过供料装置（振动器）的振动，将被选物料沿供料分配槽下落，通过米道上端，顺米道加速下滑进入分选室内的观察口，并从图像处理传感器 CCD 和背景装置间穿过，在光源的作用下，CCD 接受来自被选种子的合成光信号，使系统产生输出信号，并放大处理后传输至 FPGA＋ARM 运算处理系统，然后由控制系统发出指令驱动喷射电磁阀动作，将其中异色颗粒吹至出料斗的副料腔内流走，而好的被选物料继续下落至接料斗的成品腔内流出，从而达到被选物料精选的目的。

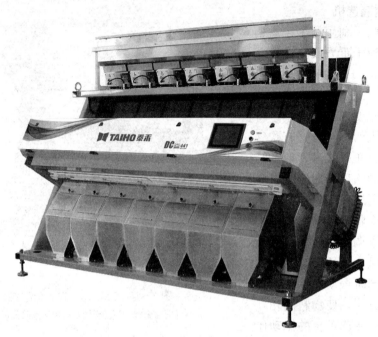

图 3-17　6SXZ-441DC 型种子色选机

（图片来源：合肥泰禾光电科技股份有限公司）

第二节　种子干燥

一、种子干燥的目的和意义

种子成熟收获后，一般含水量较高，高达 25％～45％，如果不经晾晒或干燥而入库存放，这么高水分的种子呼吸强度相当大，放出的热量和水分多，种子易发热霉变，还会导致仓库害虫活动繁殖危害种子，贮藏安全性变差，使种子在短期内失去利用价值。同时，高水分种子贮藏期间会很快耗尽种子堆中的氧气，因厌氧呼吸产生酒精致使种子受到毒害。另外，我国玉米种子生产主区甘肃、新疆、内蒙古、辽宁等华北、东北地区因气候原因，霜冻来得早，收获后的高水分种子容易遇到零下低温受冻害而死亡。因此，种子收获后，在不具备自然干燥条件的地区，必须及时采用人工机械干燥，将其水分降低到可以安全包装和安全贮藏的量，保持种子旺盛的生命力和活力，提高种子质量，使种子能安全经过从收获到播种的贮藏阶段。种子干燥是保证种子质量的一项关键措施。

二、种子干燥的基本原理

种子是一种有生命的有机体，又是一团凝胶，具有吸湿和解吸的特性。当空气中的蒸汽压超过种子所含水分的蒸汽压时，种子就开始从空气中吸收水分，直到种子的蒸汽压与该条件下空气相对湿度所产生的蒸汽压达到平衡时，种子水分才不再增加，此时种子所含水分的量称为"平衡水分"。反之，当空气相对湿度低于种子平衡水分时，种子就向空气中释放水分，直到种子水分与该条件下的空气相对湿度达到新的平衡时，种子水分才不再降低。

由此可见，在一定相对湿度和温度条件下，种子平衡水分是种子解吸还是吸湿的分界线。种子干燥就是利用机械或自然天气，改变种子周围空气的温度、相对湿度和空气流动的速度，制造出周围空气与种子内部的蒸汽压差，不断打破种子原来的平衡水分，使种子内部的水分不断向外散发，最终达到符合种子销售和贮藏的安全水分。要使种子干燥，必须使种子受热，将种子中的水气化后排走，从而达到干燥的目的。这一过程需要 1 种物质与种子接触，把热量带给种子，使种子受热，并带走种子中气化出来的水分，这种物质称为干燥介质。介质在这里既是载热体，又是载湿体，起到双重作用。常用的干燥介质有空气、加热空气、煤气、烟道气和空气的混合体。

在一定温度条件下，空气相对湿度越低，种子干燥效果越好。但提高气温对增强干燥种子的能力和缩短干燥时间，比降低相对湿度效果更好。因此，在相对湿度较高的情况下，只有采用较热的空气干燥，效果才较显著。

相对湿度随着气温的上升而降低。一般情况下，气温每上升 11 ℃，相对湿度大约降低 50%。这说明在干燥种子时，提供适当的热量，也是提高干燥效果的有效措施。

空气流动速度愈快，带走的水气就愈多，同时造成的蒸汽压差也愈大，干燥效果愈明显。但是，提供种子干燥条件必须确保在不影响种子生活力的前提下进行，否则就失去了干燥的意义。

由此可知，相对湿度、温度和空气流动的速度是进行种子干燥的主要条件，也是进行种子干燥机械设备研制的主要技术指标，但每个条件之间都不是孤立的，而是相互作用的。生产实践中可根据种子类别不同，按照 3 个条件之间的作用机理，设计出相应最佳的温度、相对湿度和风速技术参数，生产出符合条件的高质量种子。

三、影响种子干燥的因素

（一）内在因素

1. 种子的生理状态

刚收获的种子含水量往往较高，其生理代谢作用比较旺盛，种子内部细胞特别是胚部细胞因呼吸作用不断释放大量的热量和水分。而且大部分种子具有后熟的特性，收获后种子并没有真正成熟，而是正处在后熟阶段，种子内部仍继续进行着物质的转化作用，即由可溶性低分子物质合成为高分子的胶体物质，同时还不断放出水分。

因此，对高含水量和具有后熟特性的种子进行干燥时，一定要考虑种子的这些生理状态，干燥过程中要采取逐步干燥的方法，生产实践中一般采用先低温、后高温或二次间隙干燥法进行干燥。如果干燥过急，采用高温快速一次干燥，反而会破坏种子内的毛细管结构，引起种子表面硬化，内部水分不能顺利蒸发，甚至还会出现体积膨胀或胚乳变软，导致种子生活力的丧失。

2. 种子的化学成分

种子的化学成分不同，其组织结构差异很大，因此干燥时也应区别对待。

（1）淀粉类种子（粉质种子）。这类种子胚乳主要由淀粉组成，组织结构较疏松，籽粒内毛细管粗大、传湿力强、蒸发水分快，因此容易干燥，可以采用较严格的干燥条件，干燥效果也较好。

（2）蛋白质类种子。这类种子肥厚的子叶中含有大量的蛋白质，其组织结构致密、毛细管较细、传湿力较弱。但这类种子的种皮组织疏松、毛细管较粗，易失水，如果干燥过快，会造成外紧内松、外干内湿，造成种皮破裂，而不利于安全贮藏。同时，高温条件（温度超过 55 ℃）干燥易使蛋白质变性而凝固，丧失种子生活力。因此在生产实践中，必须采用低温慢速的条件进行干燥。

（3）油料类种子（油质种子）。这类种子的子叶中含有大量的脂肪，高温干燥，不但种皮松脆易破，同时也易走油。因此在生产实践中，油料类种子应带荚干燥，减少翻动次数，然后再脱粒，既能防止走油，也能保持籽粒的完整。

（二）外部因素

从实现干燥设备优质、高效、低耗、安全、低环境污染的目标综合考虑，影响种子干燥的外部因素主要有以下几个方面：

1. 干燥介质的温度

干燥介质温度提高时，它传给种子的热量就增多，从而增强种子表面水分的蒸发能力，使种子内部水分转移的速度加快。此外，干燥介质温度增高，则其饱和含湿量增加，带走水分的能力也加强。因此，提高干燥介质温度不仅可以提高干燥速率、缩短干燥时间，而且还会降低单位热耗。限制干燥介质温度提高的因素是种子品质，热风温度过高，则种子温度升高，品质下降。所以，在不影响种子品质的前提下应尽量采用高的干燥介质温度。干燥温度的选择与干燥的方式有关。例如，在相同的热风温度下，顺流干燥粮温最低，逆流干燥粮温最高，而在相同的设备外形尺寸下，以混流干燥的生产率最高，且通用性较好。顺流干燥比较适合干燥高湿谷物，粮食干燥后的品质较好。

2. 热风相对湿度

热风湿度影响它的吸湿能力，当热风达到饱和时，则不再吸收水分，失去干燥作用。因此，热风湿度也会影响干燥速率。

3. 热风风量（气流速度）

种子干燥过程中，存在吸附在种子表面的浮游状气膜层，阻止种子表面水分的蒸发。所以必须用流动的空气将其逐走，使种子表面水分继续蒸发。因此，适当增加热风穿过种子层的气流速度，也能加速种子的干燥，缩短干燥时间，但热空气流速过大，会加大风机功率和热能的损耗。研究表明，当热风和种子含水率相同、热风流速在低于 0.5 米/秒时，干燥作用最为明显。热风流速从 0.3 米/秒增加到 0.5 米/秒时，干燥速度大大加快，但当流速增加到 0.7 米/秒以上时，反而不能使干燥速率加快。种子的初始水分较高时，热风流速对干燥过程的影响较显著。

4. 干燥前种子的含水率

种子水分含量的高低，影响着干燥过程的快慢。当种子含水率较低时，干燥过程所蒸发的主要是微毛细管水和吸附水，而这些水分的蒸发是比较困难的，干燥过程就慢。当种子含水率较高时，其水分主要是自由水，自由水容易蒸发，所以干燥过程快。

5. 种子层厚度

干燥室中种子层的厚薄对干燥过程有很大影响。热风流速一定时，适当的种子层厚度，就可以保证种子层中水分蒸发有足够的热量，加速种子的干燥过程。但种子层过薄，则单位热耗增加，而且可能会使种子过早出现表皮硬化，影响其品质，延长干燥过程。

6. 干燥处理工艺

制订合理的干燥工艺，是烘干机节能降耗、提高热效率及保证种子良好烘后品质的有效措施，处理工艺效果主要体现在干燥机结构形式、种子在干燥机内的流动状态和在不同干燥阶段采取的顺流、逆流、横流、混流等干燥方法上。

7. 环境的温度和湿度

环境的温度和湿度对干燥过程及能量消耗有较大影响，尤其在干燥初期。若环境温度过低或种子初期含水率过高，理想的干燥方法应是在最初的干燥阶段采用顺流干燥。

8. 种子的品种

不同品种的种子干燥特性不同，干燥参数和控制模型也不完全一样。

9. 干燥介质与种子的接触状况

接触状况主要影响种子与介质间的热交换和干燥的均匀性。

四、种子干燥的方法

种子干燥的方法可以分为自然干燥法和人工机械干燥法 2 类。

(一) 自然干燥法

自然干燥法即利用日光、风等自然条件或稍加一点人工条件，使种子的含水量降低达到或接近种子安全贮藏水分标准。一般情况下，水稻、小麦、高粱、大豆等作物种子采取自然干燥就可以达到安全水分，而玉米种子还需借助机械烘干的补充措施才能达到安全水分。

脱粒前的种子干燥可以根据良好天气在田间进行，也可以在晒场、晾晒棚、晒架、挂藏室等地方，利用日光曝晒或自然风干等办法降低种子的含水量；脱粒后的自然干燥就只能在晒场、晾晒棚、晒架、挂藏室等地方自然晾晒。

自然干燥法简单、经济、安全，一般不易丧失种子生活力，同时日光中紫外线有杀菌作用，通过晒种可以促进种子的成熟、提高发芽率。但必须备有晒场，同时易受到气候条件的限制。为使种子干燥达到预期效果，应注意以下几点：

1. 选择天气

应选择晴朗天气，气温较高，相对湿度低，干燥种子才能达到最佳效果。

2. 清场预晒

晒种当天早晨应首先清理晒场，然后预晒。场温升高后，再摊晒种子。

3. 薄摊勤翻

薄摊勤翻的目的是为了增加种子与阳光和空气的接触面积，增加干燥效果。

4. 适时入库

需要热进仓的种子，应在 15:00 收堆闷放一段时间后，趁热入库（如小麦、豌豆）。其他种子应待散热冷却后，再行入库，以免发生结露现象。

(二) 人工机械干燥法

人工机械干燥法即采用动力机械鼓风或通过热空气的作用降低种子水分。此法不受自然条件的限制，并具有干燥快、效果好、工作效率高等优点，但必须有配套的设备，并严格掌握温度和种子含水量 2 个重要环节。

1. 机械通风干燥法

新收获的较高水分种子，遇到阴雨天气或没有热空气干燥机械时，可利用送风机将外界凉冷干燥空气吹入种子堆中，把种子堆间隙的水气和呼吸热量带走，避免热量集聚，导致种子发热变质，达到种子变干和降温的目的。这是一种暂时防止潮湿种子发热变质，抑制微生物生长的干燥方法。

这种方法较为简便，只要有 1 间地面能透风的房子和 1 个鼓风机即可，但干燥性能有一定限度，当种子水分降低到一定程度时，就不能继续降低。这是因为种子与任何其他物质一样，具有一定的持水能力，当种子的持水能力与空气的吸水力达到平衡时，种子既不向空气中散发水分，也不从空气中吸收水分（表 3-1）。假设种子的含水量为 17%，这时种子含水量与相对湿度 78%、温度为 4.5 ℃的空气相平衡。如果空气相对湿度超过 78%，就不能进行干燥。此外，达到平衡的相对湿度是随种子水分的减少而变低，随温度的上升而增高。因此，水分为 15% 的种子，不可能在相对湿度高于 68%、温度为 4.5 ℃的空气中得到干燥。故在常温下（25 ℃），采用自然风干燥，使种子水分降低到 15% 左右时，可以暂停鼓风，空气相对湿度低于 77% 时再鼓风，使种子得到进一步干燥。如果相对湿度等于或超过 77%，开动鼓风机不仅起不到干燥作用，反而会使种子从空气中吸收水分。

表 3-1　不同含水量的种子在不同温度下的平衡相对湿度（%）

（引自毕辛华，1993）

温度（℃）	17%	16%	15%	14%	13%	12%
4.5	78	73	68	61	54	47
15.5	83	79	74	68	61	53
25	85	81	77	71	65	58

实践经验证明，机械通风干燥是最经济最有效的方法，也非常简便。通风干燥时，可按种子含水量的不同，分别采用表 3-2 的最低空气流速。

表 3-2　各类种子常温机械通风干燥作业的推荐工作参数

（引自毕辛华，1993）

作物	干燥前种子水分（%）	种子堆最大厚度（米）	所需的最低风量［米³/（米³·分）］	机械常温通风将种子干燥至安全水分时，空气的最大允许相对湿度（%）
水稻	25	1.2	3.24	60
	20	1.8	2.4	
	18	2.4	1.62	
	16	3	0.78	
小麦	20	1.2	2.4	60
	18	1.8	1.62	
	16	2.4	0.78	

（续）

作物	干燥前种子水分（%）	种子堆最大厚度（米）	所需的最低风量[米³/（米³·分）]	机械常温通风将种子干燥至安全水分时，空气的最大允许相对湿度（%）
高粱	25	1.2	—	60
	20	1.2	3.24	
	18	1.8	2.4	
	16	2.4	1.62	
大麦	20	1.2	2.4	60
	18	1.8	1.62	
	16	2.4	0.78	

2. 热空气干燥

热空气干燥也叫加热对流干燥，这是一种利用加热空气作为干燥介质（干燥空气）直接通过种子层，使种子水分气化跑掉，从而干燥种子的方法。在温暖潮湿的热带、亚热带地区和东北、西北高寒地区的大规模种子生产单位或需长期贮藏的蔬菜种子，需利用加热干燥方法。根据加温程度和作业快慢可分为低温慢速干燥法和高温快速干燥法。

低温慢速干燥法所用的气流温度一般仅高于大气温度8℃以下，采用较低的气流流量（一般1米³种子可采用6米³/分以下气流量）。干燥时间较长，多用于仓内干燥。

高温快速干燥法是用较高的温度和较大的气流量对种子进行干燥。可分为加热气体对静止种子层干燥和对移动的种子层干燥。

气流对静止种子层干燥是指种子静止不动，加热气体通过静止的种子层以对流方式进行干燥，用这种方法加热气体温度不宜太高，一般可高于大气温度11～25℃，最高不超过43℃。属于这种形式的干燥设备有袋式干燥机、箱式干燥机及常用的热气流烘干室等。

加热气体对移动种子层干燥是指在干燥过程中为了使种子能均匀受热，提高生产率和节约燃料，种子在干燥机中可移动连续作业。将潮湿种子不断加入干燥机，经干燥后又连续排出，所以这种方法又称为连续干燥。生产上根据加热气流流动方向与种子移动方向配合的方式，分为顺流式干燥、对流式干燥和错流式干燥3种类型。高水分稻谷、蔬菜种子多采用分批干燥，小米和小麦种子多采用连续式干燥。所用的烘干设备有滚筒式干燥机、百叶窗式干燥机、风槽式干燥机、输送带式干燥机。

采用热空气干燥法对农作物种子进行干燥时，应注意以下事项：

（1）严格控制温度。采用热空气干燥，必须在保证不影响种子生活力的前提下，适当地提高温度。在干燥机内的热空气温度一般高于种温，热空气温度愈高，种子停留在机内的时间应愈短。而且，种子在干燥机内所受的温度，应根据种子水分适当调节，当种子水分较高时，温度应低些；反之则可适当提高。研究表明，在种子干燥时，热风温度应选在40～60℃，种子的初始水分越大，选择的热风温度应该越低，如玉米种子在含水量25%时可在55℃条件下安全干燥。

（2）对高水分种子（种子水分超过17%）必须采取低温干燥法或二次间隙干燥法，不宜采用一次高温干燥。低温干燥法或二次间隙干燥法在加工中可保证种子水分缓慢散失，以免高温使种子内部有机组织遭到破坏，或因种温急剧升高，造成种子表面水分散失过快，内部水分散失过慢而出现外干内湿现象，影响发芽率。至于豆类和油料种子，进行热空气干燥时，更应控制在低的温度，否则会引起种皮开裂等现象。

（3）不能将种子直接放在加热器上烘干，而应该导入加热空气进行间接烘干，防止种子烤焦而丧失生活力。

（4）干燥后的种子要求其发芽率和发芽势不得降低。破损率增值≤0.3％，干燥不均匀度≤1％（降水≤5％时），种子外观色泽不变。

（5）烘干后的种子，要摊晾散热冷却后才能入库，以免引起"结露"现象。

3. 干燥剂干燥

将种子与干燥剂按一定比例封入密闭容器内，利用干燥剂的吸湿能力，不断吸收种子扩散出来的水分，使种子变干，直至达到平衡水分为止的干燥方法。它有干燥安全，能人为控制干燥水平的优点，适于进行少量种子的干燥。常见的干燥剂如下：

（1）氯化锂。中性盐类，固体，在冷水中溶解度大，吸湿能力强。化学稳定性好，一般不分解、不蒸发，可回收重复使用，对人体无毒害。

（2）变色硅胶。玻璃状半透明颗粒，无味、无臭、无害、无腐蚀性，不会燃烧，化学性质稳定，不溶解于水，直接接触水便成碎粒不再吸湿。一般的硅胶不能辨别其是否还有吸湿能力，使用不便，因而在普通硅胶中加入氯化锂或氯化钴成为变色硅胶。干燥的变色硅胶呈深蓝色，随着逐渐吸湿而呈粉红色，当相对湿度达到40％～50％时就会变色。

（3）生石灰。通常是固体，吸湿后分解成粉末状，失去吸湿作用。但是生石灰价廉，容易取材，吸湿能力较硅胶强，在使用时需要注意。

（4）氯化钙。通常是白色片剂或粉末，吸湿后呈疏松多孔的块状或粉末，吸湿性能基本上与氧化钙相同或稍强。

（5）五氧化二磷。白色粉末，吸湿性能极强，很快潮解，有腐蚀作用，潮解后的五氧化二磷通过干燥，蒸发其中的水分，仍可重复使用。

4. 冷冻干燥

这一方法是指种子在冰点以下的温度会冻结，在这种状况下进行升华作用除去水分达到干燥的目的。通常有2种方法：一种是常规冷冻干燥法，将种子放在涂有聚四氟乙烯的铝盒内，然后将置有种子的铝盒放在预冷到−20～−10℃的冷冻架上；另一种是快速冷冻干燥法，首先将种子放在液态氮中冷冻，再放在盘中置于−20～−10℃的架上，再将箱内压力降至40帕左右，然后将架子温度升高到25～30℃，给种子微微加热，由于压力减小，种子内部的冰通过升华作用慢慢变少。

冷冻干燥这一方法，可以使种子不通过加热就将自由水和多层束缚水选择性的除去，能使种子干燥损伤明显降低，增强了种子的耐贮性。因此，这种方法不仅适用于种质资源的保存，而且在当前已有大规模的冷冻设备用于食品冷冻干燥的情况下，也可应用这些设备进行大规模的种子干燥，对蔬菜种子干燥有很好的应用前景。

第三节　种子精选

基本清选后的种子还不能达到种子质量标准，必须进行精加工。精选是种子加工过程的核心工序，生产实践中可根据市场需求，利用风筛精选机，依据风筛精选机不同筛片尺寸和风量大小的复式组合，从种子中剔除宽度或厚度过大、过小和悬浮重量更轻的种子、杂质；利用比重精选机，按比重分级处理，从种子中剔除轻杂质、霉烂变质种子、杂草种子和重杂质，力求获得籽粒干净饱满、大小均匀、色泽一致、高发芽率、高活力的优良种子。由于是复式的加工工序，不同种类的种子对喂料速度、筛孔种类和尺寸的选择、风量大小的要求都是很严格的。

一、风筛精选机使用注意事项

1. 喂料速度的选择

种子的外形尺寸、重量和喂料速度成正比的关系，在保证最大加工速率的前提下，应以筛面均匀布满种子为宜，且种子层厚度不能超过筛框高度避免溢出。喂料速度过快，容易引起精选机出口的堵塞，还会造成部分种子的漏选。同类种子的筛程越长，精选效果越好。

2. 筛孔种类和尺寸的选择

圆孔筛和长孔筛最为常用，若要按种子的宽度进行分离，则选用圆孔筛；若按种子的厚度分离，则选用长孔筛。以玉米为例，不能以种子的长度进行分级，厚度只是用来分离圆、扁粒而不能分离大、小粒。可先用长孔筛分出圆、扁粒（一般可用宽度 5.5～6.5 毫米的筛片），然后再用圆孔筛分出大、小粒。如需加工大豆中以半粒豆杂质为主，可用长孔筛或长孔筛和圆孔筛的组合，使用效果更为理想。在筛孔尺寸选择上，应根据种子、杂质的尺寸分布、成品净度要求和获选率要求进行选择。种子尺寸越接近筛孔尺寸，其通过率越小，因此在确定筛孔尺寸时，应比被筛种子分界尺寸稍大些。

3. 风量大小的选择

在种子外形大小相当的前提下，其自身的饱满度不完全相同，悬浮重量也就不同。当种子自身重量小于气流对它的压力时，种子就会被气流带走。利用这个原理，通过调节风量的大小就可分离出较轻的种子和杂质。在加工如水稻等较轻的种子时，要适当减小除尘系统的引力，以降低损耗。

二、比重精选机使用注意事项

比重精选机的台面有三角形和矩形 2 种。三角形台面上重种子（包括重杂物）走过的路径远，在小生产率、清除重杂物为主的小粒种子精选中有较好的效果。如除去小麦种子中的石粒等。矩形台面平衡性能好，生产率高，台面上轻杂物和中间混合料走过的路径远，在大生产率和谷物种子精选中大多使用矩形台面。种子在台面上保持的时间越长，走过的距离越远，种子分离和分选效果就越好。

无论是三角形台面还是矩形台面，都要求振动平稳。风量在台面上有规律地分布，物料才能很好地布满整个台面。

第四节　种子处理和种子包衣

一、种子处理和种子包衣的意义

种子处理是指从收获到播种期间，为了提高种子质量和抗性、解除休眠、促进萌发和幼苗生长而对种子所采取的各种处理措施，包括对种子采取晒种、温汤浸种、杀菌消毒、植物生长调节剂处理、肥料浸拌种、微量元素处理、低温层积和种子包衣等强化方法。对种子处理和包衣现已成为我国种植农业生产中的一个重要步骤，它维护了我国农业的生产的正常进行，起到了为农业生产保驾护航的积极作用。生产实践证明，经过处理的种子，在农业生产中具有以下突出优点：

（1）明显提高种子活力，加速萌发与生长，增强种苗抗逆能力。

（2）能够破除种子休眠，促进萌发。

（3）可提高种子质量和种子寿命。

（4）改善种子萌发出苗条件，提供营养，提高成苗、壮苗率。

（5）抑制或治理种传或土传病虫害，防治萌发出苗过程中病、虫、杂草等的危害。

（6）节约用种量，方便播种，增强商品种子的市场竞争力。

处理后的种子出苗率高且保苗效果好，播种量相对减少，减幅约为30%，因此可以节约用种量。一些外形不规则的牧草、林木等种子经丸化处理后更适宜机械播种，便于控制播种量，种子在田间的分布也较均匀。经处理后更能发挥优良品种的潜力，提高了商品种子的市场竞争能力。

二、种子处理方法

随着现代农业技术的发展，农民科技意识的不断提高，播前对种子的处理到越来越受到重视。目前，我国对种子处理方法可分为2类，即普通种子处理和种衣剂包衣。一般种子处理是以单一目的进行种子处理的方法、种子包衣虽也类似种子处理，但它以单一目的或多种目的设计种衣剂配方，技术较为复杂。种子包衣是目前最科学、经济、有效的重点推广的种子处理方法，是增加农作物产量、提高种子科技含量的有效措施。

（一）普通种子处理方法

1. 晒种

播种之前，选择晴天晒种2～3天即可，能促进种子的后熟、增加酶的活性、提高种子发芽力，还可以杀虫灭菌，减轻病虫害发生。在水泥场上晒种时，为防烫伤种子，要注意不要摊得过薄，一般5～10厘米为宜，并要每隔2～3小时翻动1次。

2. 温汤浸种

根据种子的耐热能力常比病菌强的特点，用较高温度杀死种子表面和潜伏在种子内部的病菌，并兼有促进种子快速萌发的作用，缩短种子在大田的出苗期。但要注意进行温汤浸种时，应根据各类作物种子的生理特点，严格掌握浸种温度和时间。

3. 药剂处理

药剂处理是指用药剂浸种或拌种防治病虫。种子经过药剂处理后，可以杀死或抑制种子外部附着的病菌以及潜伏于种子内部的病菌，并保护种子及幼芽免遭土壤、仓库害虫和病菌的侵害，同时药剂还可以输导给植株地上部分，保护地上部分在一定时期内免受地上某些害虫和病菌的侵害。目前常用的药剂主要有杀虫剂和杀菌剂。药剂处理的方法主要有浸种、拌种、闷种、熏蒸、低剂量半干法、热化学法、湿拌法以及包衣和丸化等。由于不同作物的种子上所带病菌不同，因此处理时应合理选用药物，并严格掌握药剂浓度和处理时间，部分种子药剂处理方法参见表3-3。

表 3-3 药剂浸种拌种处理技术

药剂种类	处理种子	操作技术			防治对象	注意事项
		药液浓度	浸种时间	闷种时间（小时）		
石灰水	水稻	1:100	35℃浸1天 30℃浸1.5天	—	稻瘟病、稻胡麻斑病、稻恶苗病、大麦和小麦赤霉病、大麦条纹病、小麦散黑穗病	①浸种时避免阳光直射；②种子厚度不宜超过66厘米；③水层要高出种子16～18厘米，浸种期间不换水。不能搅动，让水面上形成薄膜，使种子与空气中的氧气隔绝，进行无氧灭菌；④预先用硫酸铵浸过的种子，不能再用石灰水浸种，以免降低发芽率
	大麦	1:100	25℃浸2天 20℃浸3天	—		
	小麦	1:100	15℃浸4天	—		
	水稻	1:50	3小时	—	稻瘟病、恶苗病	
		1:50	—	3		
	小麦	1:320	10分钟	—	腥黑穗病、秆黑粉病	
		1:300	—	2		
	玉米	1:350	15分钟	—	黑穗病	
	谷子	1:300	2～3小时	—	谷类黑穗病	
	豆类	1:50	5～10分钟	24	豆类真菌与细菌病害	
福尔马林	马铃薯	1:120	48～50℃浸5分钟	—	疮痂病	①种子处理前用清水浸种5～6小时，浸种处理后用清水冲洗、闷种要用塑料薄膜盖好闷后晾干；②处理过的种子不可放在太阳光下暴晒；③处理后最好当天播种，最多不超过5天；④福尔马林有毒，工作时应注意安全，操作时要戴口罩和手套；⑤配制的福尔马林溶液应置于密闭的有色玻璃瓶内，不宜放于金属容器内
	棉花	1:200	10		角斑病	
		1:90	3小时	—		
	萝卜	1:50	5～10分钟	—	蔬菜种子的真菌与细菌病害	
	芹菜	1:210	15分钟	—		
	甜菜	1:100	5分钟	—	褐斑病、蛇眼病	
	瓜类	1:100	5分钟	—	瓜类炭疽病	

4. 植物生长调节剂处理种子

一般通过休眠期的农作物种子，在一定的水分、温度和空气条件下，就可以萌发。但生产实践中，由于种种因素的干扰，往往出现种子发芽不一致现象，而植物生长调节剂正是通过激发种子内部的酶活性和某些内源激素来抵御这种干扰，促进种子发芽、生根、达到苗齐苗壮。常用的植物生长调节剂有赤霉素、生长素、腐植酸钠和三十烷醇。

5. 肥料浸拌种

常用的肥料主要有硫酸铵、过磷酸钙、骨粉等，硫酸铵拌种可促进幼苗生长，增强抗寒能力。常用的菌肥有根瘤菌、固氮菌，利用人工对根瘤菌、固氮菌进行培养，制成粉剂拌种。如大豆用根瘤菌粉剂拌种，能促进根瘤菌较快形成。用人尿浸种，应用充分发酵后的人尿浸种，但应严格控制浸种时间，一般2～4小时为宜。

6. 微量元素处理

农作物正常生长发育需要多种微量元素，而在不同地区的不同土壤中，又常常缺少这种或那种微量元素。利用微量元素浸种或拌种，不仅能补偿土壤养分的不平衡，而且使用方法简单，经济有效。目前，世界农业中广泛施用的微肥是硼、铜、锌、锰、钼。在微肥处理时应事先做好预备试验，确定好最佳浓度和时间，否则起不到应有的效果。

7. 物理因素处理

物理因素处理简单易行，包括温度处理、电场处理（低频电流、静电处理）、磁场处理（磁场直接处理、磁化水浸种）、射线处理、低温层积等。低温层积的做法是将种子放在湿润而通气良好的基质（通常用沙）里，保持一段时间低温（3～5℃），不同植物种子的层积时间差异很大。如杏种子需150天，而苹果种子只需60天，低温处理可有效地打破植物种子胚休眠。

另外，棉籽的硫酸脱绒有防治棉花苗期病害和黄萎病、枯萎病的作用，又便于播种，这是目前防止棉花种子带菌的有效方法。同时，由于处理时用清水冲洗，小籽、秕子、破籽、嫩籽及其他杂质会漂浮在水面，将其清除，可达到选种的目的。

（二）种子包衣

种子包衣是指按照一定的目的在自然种子的表面黏附一些非种子物质材料，如含有黏结剂的农药、肥料、微肥、植物生长调节剂等组合物，使其在种子外形成具有一定功能和包裹强度的保护层，以改善种子播种性能。该技术能提高种子抗逆性、抗病性，加快发芽，促进成苗。我国种子包衣技术研究起步较晚，但近年来种子包衣率明显提高。此方法是目前最科学、最经济、最有效、重点推广的种子处理方法，也是增加农作物产量、提高种子科技含量的有效措施。

种子包衣与普通种子处理相比具有以下优点：

1. 确保苗全、苗齐、苗壮

种衣剂和丸化材料是由杀虫剂、杀菌剂、微量元素、植物生长调节剂等经特殊加工工艺制成，故能有效防控作物苗期的病虫害及缺素症。

2. 省种省药、降低生产成本

包衣处理的种子必须经过精选加工，籽粒饱满，种子的商品品质和播种品质好有利于精量播种，因此可降低用种量3％左右。同时，由于包衣种子周围能形成一个"小药库"，药效持续期长，可减少30％的用药量，也减少了工序，节省了劳动时间，投入产出比一般为1∶(10～80)。

3. 利于保护环境

种衣剂和丸化材料随种子隐蔽于地下，能减少农药对环境的污染和对天敌的杀伤。

4. 利于种子市场管理

种子包衣上连精选，下接包装，是提高种子"三率"的重要环节。种子经过精选、包衣等处理后，可明显提高种子的商品形象，再经过标牌包装，有利于粮、种的区分，有利于识别真假和打假防劣，便于种子市场的净化和管理。

另外，对于籽粒小且不规则的种子，经丸化处理后，可使种子体积增大，形状、大小均匀一致，有利于机械化播种。

三、种子包衣技术

种子包衣技术可根据所用材料性质（固体或液体）的不同，分为种子丸化技术和种子包膜技术。

种子丸化技术是用特制的丸化材料（黏着剂，将杀菌剂、杀虫剂、染料、填充剂等非种子物质）通过机械处理包裹在种子表面，并加工成外表光滑，大小和形状上没有明显差异的球形单粒种子单位，形状似药丸的丸（粒）化种子（或称种子丸）。因为这种包衣方法在包衣时，加入了填充剂（如滑石粉）等惰性材料，所以种子的体积和重量都有增加，千粒重也随着增加。这种包衣方法主要适用小粒农作物种子，以利精量播种。

种子包膜技术是将种子与特制的种衣剂按一定药种比充分搅拌混合，使每粒种子表面涂上一层均匀的药膜，形成包膜种子。经包膜后，种子形状和体积基本没有发生变化，但其大小和重量的变化范围，随种衣剂类型有所变化。一般这种包衣方法适用大粒和中粒种子。

（一）种子丸化技术

1. 种子丸化材料

种子丸化材料主要包括3部分：惰性填料、活性物质、黏合剂。

惰性填料主要包括黏土、硅藻土、泥炭、云母、蛭石、珍珠岩、铝矾土、淀粉、砂、石膏、活性炭、纤维素、磷矿粉、硅石、水溶性多聚物等，这些惰性填料中有些材料不仅作为填料，同时还起到保护、供氧、改善土壤条件等作用。

活性物质主要包括杀菌剂（克菌丹、福美双等）、抗生素、杀虫剂、化肥、菌肥、植物生长调节剂等。

黏合剂主要有羧甲基纤维素（CMC）、甲基纤维素、乙基纤维素、阿拉伯树胶、聚乙烯醇（PVA）、聚乙烯醋酸纤维（盐）、石蜡、淀粉类物质、海藻酸钠、聚偏二氯乙烯（PVDC）、藻胶、琼脂、树脂、聚丙烯酰胺等。

另外，因为丸化材料本身带菌或操作过程中造成污染，必须加入防腐剂。为了区分不同品种的种子，需加入着色剂。常用染料有胭脂红、柠檬黄、靛蓝3种，它们按不同比例配制即可获得多种颜色。

2. 种子丸化的加工技术工艺

种子丸化的加工工艺是种子丸化技术中的一个重要环节，丸化质量的好坏直接影响种子的质量。被丸化种子需精选（包括脱茎、脱绒等），质量必须达到国家一级种子标准。机械加工一般选用旋转法或漂浮法。作业时，除种子和粉料由人工加入外，喷雾和鼓风由仪表自动控制。目前我国也研制生产了自行设计的丸化包衣机，如我国自行设计研制的5WH150型种子丸粒化机（图3-18）。

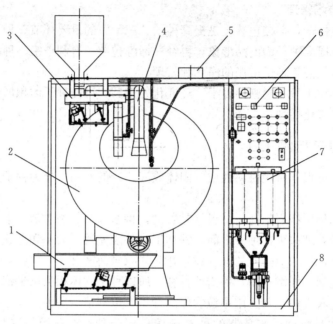

图3-18 5WH150型种子丸粒化机
（引自马志强、马继光，2009）
1. 振动出料系统；2. 回转釜系统；3. 粉状物料输送系统；4. 烘干系统；
5. 排风系统；6. 电控系统；7. 液体物料输送系统；8. 机架

5WH150型种子丸粒化机主要由回转釜系统、液体物料输送系统、粉状物料输送系统、烘干系统、排风系统、振动出料系统、机架和电控系统组成。

回转釜系统主要用于丸粒化种子，由回转釜、回转釜支撑架、减速箱和电机等组成。

液体物料输送系统由压力泵、贮液桶、电磁进水阀、中间贮液罐、电磁出水阀、喷头以及管路组成。主要用于将胶悬液、液肥和农药这3种液体物料均匀地以雾状喷洒在种子上。

粉状物料输送系统由料斗、振动给料器组成，用于输送粉状物料。

烘干系统主要由风机、加热元件和热风管组成，用于将丸粒化种子表面的水分加热而蒸发。

排风系统用于将丸粒化机内的湿热空气和粉尘排出机外。

振动出料系统将丸粒化好的种子输送到机外。

机架主要由底座、顶框架和四周框架组成，用来安装各个零部件。

使用5WH150型种子丸粒化机丸化包衣时，回转釜转动，种子被釜壁与种子之间和种子与种子之间摩擦力的带动随釜回转，转到一定高度后，在重力的作用下脱离釜壁下落，到釜的下部时又被带动，这样周而复始在回转釜内不停翻转运动。胶悬液经过压力泵处理，呈雾状均匀喷射到种子表面，当粉状物料从料斗中落下后，即被胶悬液黏附，如此不断往复，把种子逐渐包裹变大，成为丸粒。根据丸粒化工艺定时打开烘干系统对种子进行烘干，排风系统将湿热气体带走，使种子表面大体干燥。

种子丸化过程可分 4 个步骤：第一步是成核期，种子放入回转釜中匀速滚动，同时向釜内喷水雾，待种子表面潮湿后，加入少量粉料，在滚动过程中粉料均匀地包在种子外面，重复上述操作，形成以种子为核心的小球，杀虫剂、杀菌剂一般在此阶段加入；第二步是丸粒加大期，釜内改喷雾状黏合剂，同时投入粉料、化肥及植物生长调节剂等混合物，喷黏合剂和加粉料要做到少量多次，直至达到接近要求的种子粒径；第三步是滚圆期，此期仍向罐内喷雾状黏合剂，同时投入较前 2 个时期更细的粉料，吹热风并延长滚动时间，以增加丸粒外壳的圆度和紧实度，待大部分丸粒达到要求后，停机取出种子过筛，除去过大或过小的丸粒种子、种渣；第四步是撞光染色期，将过筛后的种子放回滚动罐中，加入滑石剂和染色剂，不断滚动，使种子外壳有较高的硬度、光滑度，并用不同颜色加以区分。

（二）种子包膜技术

1. 种衣剂

种衣剂是用成膜剂等配套助剂制成的乳糊状新剂型。种衣剂借助成膜剂黏着在种子上，很快固化成均匀的薄膜，不易脱落。

国际上种衣剂有 4 大类：物理型、化学型（药肥型）、生物型（激素型）和特异型（逸氧、吸水功能等）。国外多为单一剂型，如美国 FMC 公司的克百威 35ST 为单一杀虫剂型，友利来路公司的卫福 200 为单一杀菌剂型。目前我国已研制了复合种衣剂、生物型种衣剂 20 多个剂型，可应用于玉米、小麦、棉花、花生、水稻、大豆等多种作物，有 9 个剂型已大量投产。

种衣剂的主要成分包括：活性组合（农药、肥料、植物生长调节剂）、胶体分散剂（聚醋酸乙烯酯与聚乙烯醇的聚合物等）、成膜剂（PVAC、PVRN 等）、渗透剂（异辛基琥珀酸磺酸钠等）、悬浮剂（苯乙基酚聚氧乙基醚等）、稳定剂（硫酸等）、防腐剂、填料、警戒色等。

2. 种子包膜的加工技术工艺

种子包膜的关键是种子包衣机的质量。包膜工艺并不复杂，种子经过精选分级后，种衣剂在包衣机内通过喷嘴或甩盘，形成雾状后喷洒在种子上，再用搅拌轴或滚筒进行搅拌，使种子外表附有一层均匀的药膜，包膜后的种子外表形状变化不大。包膜时，种子与种衣剂必须要保持一定的比例，如玉米的药种比为 1∶50，而大豆则为 1∶80 效果较好。图 3-19 为我国自行研制的 5BY-500B-J 型种子包衣机。

种子包膜机具体的工艺流程：①种子从喂料口进入包衣机；②甩盘使种子幕状分布下落；③包衣药剂通过剂量泵进入甩盘；④甩盘使药剂均匀雾化并与下落的种子充分接触，然后一起进入滚筒；⑤滚筒搅拌器工作使药剂均匀包在种粒上。⑥搅拌过程中可通过电加热方式对包衣种子进行干燥处理并出料。

种子包衣时，器具要能保证良好的密闭性，保证混拌包衣的均匀性和较高的经济性。在包衣作业开始前应做好机具、药剂和种子的准备，保证机具处于良好状态。根据不同种子配置好不同类型的种衣剂，凡进行包衣的种子必须是经过精选加工后的种子，种子含水量在安全贮藏水分之内，确认种子的净度、发芽率、含水量都符合要求，才可进行包衣作业。

四、种衣剂的类型、成分及特性

1. 种衣剂的类型

（1）农药型。这种类型的种衣剂应用的主要目的是防治种子和土壤病虫害，种衣剂中主

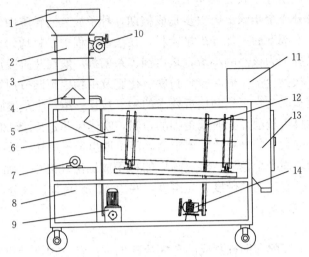

图 3-19 5BY-500B-J 型种子包衣机
(引自马志强、马继光, 2009)

1. 种子料仓; 2. 喂料辊装置; 3. 料箱; 4. 离心甩盘结构; 5. 喂料斗; 6. 液筒结构; 7. 搅拌电机;
8. 药液箱; 9. 计量泵; 10. 无级变速电机; 11. 烘干装置; 12. 皮带; 13. 出料斗; 14. 滚筒电机

要成分是农药。目前应用的多种种衣剂属于这种类型。长期大量应用,会污染土壤和造成人畜中毒,因此生产上应尽可能选用高效低毒的农药加入种衣剂中。

(2)复合型。种衣剂中的化学成分包括农药、微肥、植物生长调节剂或抗性物质等,目前大多数种衣剂都属这种类型。

(3)生物型。这是新开发的种衣剂,根据生物菌类之间的拮抗原理,筛选有益的拮抗根菌,以抵抗有害病菌的繁殖、侵害,从而达到防病的目的。从环保的角度看,开发天然、无毒、不污染土壤的生物型包衣剂是一个新的发展趋向。

(4)特异型。这种类型是根据不同作物和目的专门设计的种衣剂。如用过氧化钙包衣小麦种子,使播种在冷湿土壤中的小麦出苗率从 30% 提高到 90%。为水稻旱育秧而设计的高吸水种衣剂、高吸水树脂抗旱剂、直播稻专用的种衣剂等均属于此类型。

2. 种衣剂配方成分

目前,我国使用的种衣剂成分主要有 2 类:

(1)有效活性成分。该成分是对种子和作物生长发育起作用的主要成分,主要有杀菌剂(主要用于杀死种子上和土壤中的病菌,保护幼苗健康生长)、微肥(主要用于促进种子发芽和幼苗植株发育)、植物生长调节剂(主要用于促进幼苗发根和生长)、抗逆剂(防冷冻、农药和除草剂的伤害)等。

(2)非活性成分。种衣剂除有效活性成分外,还需要有其他配用助剂,以保持种衣剂的理化特性,这些助剂包括包膜种子用的成膜剂(PVAC、PVRN 等)、悬浮剂(苯乙基酚聚氧乙基醚等)、抗冻剂、防腐剂、酸度调整剂、胶体保护剂、渗透剂(异辛基琥珀酸磺酸钠等)、黏度稳定剂、扩散剂和警戒色染料等,以及丸化种子用黏着剂、填充剂和染料等化学药品。

3. 理化特性

(1)粒径。种衣剂外观为糊状或乳糊状,具有流动性,产品粒径标准为:≤2 微米的粒子在 92％以上，≤4 微米的粒子在 95％以上。

（2）黏度。黏度是种衣剂的重要物理特性，与包衣均匀度和牢度有关。不同植物种子包衣所要求的黏度不同，如棉种包衣要求黏度较高。

（3）酸碱度。pH 影响产品的贮藏性，更重要的是影响种子发芽，一般要求 pH 在3.8～7.2范围内，即微酸性至中性，使之贮存稳定、药效好。

（4）成膜性。良好的种衣成膜性是种衣剂的关键特性，与包衣质量和种衣光滑度有关。合格产品包衣的种子，在聚丙烯编织袋中成膜时间为 20 分钟左右，种子间互不粘连、不结块。

（5）牢度。种衣牢度是种衣成膜性好坏的质量指标，包衣种子在振荡器上模拟振荡（1 000 转/分），要求种衣脱落率不超过包衣剂药剂干重的 0.4％～0.7％。

（6）贮存稳定性。种衣剂在冬季不结冻，夏季不分解。经过贮存后虽有分层和沉淀，但使用前振荡摇匀后，成膜性仍不变，含量变化不大，一般可贮存 2 年。

（7）缓释性。种衣能透气透水，有再湿性，但在土壤中遇水只能溶胀而几乎不溶于水，一般持效期接近 2 个月。

4. 目前生产上主要种衣剂型号

（1）卫福。美国有利来路化学公司发明的低毒、广谱性 400 克/升拌种杀菌剂，爱利思达生物化学品（上海）有限公司生产，有效成分为 200 克/升萎锈灵、200 克/升福美双。卫福是世界上第一个用于种子处理的胶悬剂产品，用于棉花、小麦、玉米、瓜菜等作物病害防治，已在 50 多个国家 30 多种作物上登记使用，对棉花烂种、苗期立枯病、根腐病、茎腐病、炭疽病、猝倒病等防效极佳，对玉米丝黑穗病、瘤黑粉病，小麦腥黑穗病、黑胚病，大豆根腐病同样具有很好的防效，尤其对烂种防效极佳。此外，卫福 200FF 还是作物生长促进剂，会使包衣后的种子出苗率高、出苗快而整齐、根系发达、幼苗粗壮、抗逆性强。

（2）锐胜。农药登记证号 PD20060002，有效成分为 70％噻虫嗪，先正达生产。锐胜属于第二代烟碱类内吸传导性杀虫剂，兼胃毒和触杀作用，登记用于棉花苗期蚜虫、马铃薯蚜虫、人参金针虫、油菜黄条跳甲、玉米灰飞虱等作物虫害防治。

（3）满适金。农药登记证号 PD20070345，是先正达生产的咯菌·精甲霜低毒杀菌悬浮种衣剂，有效成分为咯菌腈 25 克/升、精甲霜灵 10 克/升，适用于小麦、玉米、棉花、花生、水稻等作物，用于防治小麦全蚀病、纹枯病、黑穗病、赤霉病，玉米茎基腐病，棉花猝倒病、立枯病，水稻烂苗病、恶苗病，花生枯萎病、根腐病等。

（4）福·克。农药登记证号 PD20091666，由杀菌剂、杀虫剂混配而成的 20％悬浮种衣剂，天津科润北方种衣剂有限公司生产。有效成分为克百威 10％、福美双 10％，登记用于包衣防治玉米地下害虫蓟马、黏虫、蚜虫、玉米螟。

（5）苯甲·嘧菌酯。又名阿米妙收，农药登记号 PD20110357，有效成分为 200 克/升嘧菌酯、125 克/升苯醚甲环唑，为内吸性悬浮剂杀菌剂，登记作物为水稻、西瓜、香蕉等作物，具有保护、治疗活性。用于防治西瓜炭疽病、蔓枯病，香蕉叶斑病，水稻稻瘟病、纹枯病。

（6）顶苗新。农药登记证号 PD20120231，为 4.23％新型微乳剂，是由美国科聚亚公司研制的一种全新种子处理杀菌剂，其有效成分为 2.35％种菌唑、1.88％甲霜灵，具有系统内吸传导和触杀保护性，可杀死作物种子内外的病原菌，阻止病原菌的侵染并对种子提供全面的系统保护。对多种常见种传和土传真菌性病害均有较好效果，种菌唑是最安全的三唑类杀菌剂，对各种单子叶和双子叶作物种子、出苗和生长都十分安全，适用于多种主要作物包衣浸种，如玉米、棉花、小麦、大麦、花生等。我国已在玉米上取得登记，用于玉米茎基腐病、丝黑穗病防治，2016年又在水稻上取得登记，登记范围为水稻的恶苗病、立枯病。

（7）高巧。农药登记证号PD20121181，有效成分为60%吡虫啉悬浮种衣剂，拜耳公司生产。高巧是氯烟碱类杀虫剂，内吸性较强，活性较高，同时具备胃毒和触杀作用，适用于花生、玉米、小麦、水稻马铃薯等作物。用于防治蚜虫、蓟马、灰飞虱、蛴螬、金针虫等害虫，另外还有促进根系和植株生长健壮，增强作物抗逆能力的效果。

（8）立克秀。农药登记证号PD20141909，内吸性三唑类杀菌性剂，拜耳公司生产。有效成分为60克/升的戊唑醇悬浮种衣剂，可应用于小麦、玉米等作物的种子处理，适用于小麦、大麦、燕麦、黑麦、玉米、高粱、花生、香蕉、葡萄、茶等种传和土传病害防治。国内登记用于小麦散黑穗病（每100千克种子30～45毫升，种子包衣），小麦纹枯病（每100千克种子50～66.6毫升，种子包衣），玉米丝黑穗病（每100千克种子100～200毫升，种子包衣）

（9）适乐时。农药登记号PD20150099，新型非内吸性苯基吡咯类杀菌剂，先正达南通作物保护有限公司生产。有效成分为25克/升咯菌腈，登记用于小麦根腐病、花生根腐病、大豆根腐病、玉米茎基腐病、水稻恶苗病、棉花立枯病、小麦腥黑穗病、马铃薯黑痣病、西瓜枯萎病、向日葵菌核病防治。

（10）亮盾。农药登记号PD20150641，62.5克/升的精甲·咯菌腈悬浮种衣剂，先正达南通作物保护有限公司生产。有效成分为精甲霜灵37.5克/升、咯菌腈25克/升。登记用于大豆根腐病、水稻恶苗病防治，也可防治花生根腐病，防治由高等真菌（如镰刀菌、立枯丝核菌）引起的苗期病害以及由低等真菌（如腐霉菌、疫霉菌）引起的多种土传和种传病害。按推荐剂量使用，对种子及幼苗安全。

（11）福亮。农药登记号PD20152283，40%种子处理悬浮剂，先正达生产。有效成分为20%噻虫嗪、20%溴氰虫酰胺，登记用于玉米，防治蓟马、地老虎和蛴螬。福亮是国内登记的首个可以同时防治多种刺吸式和咀嚼式口器害虫的种子处理剂，对刺吸式口器害虫和咀嚼式口器鞘翅目害虫具有优秀的防效，同时有卓越的壮苗效果。

（12）酷拉斯。农药登记证号PD20161551，27%的悬浮种衣剂，先正达生产。有效成分为22.6%噻虫嗪、2.2%咯菌腈、2.2%苯醚甲环唑。可有效防治小麦纹枯病、根腐病、茎基腐病、全蚀病、黑穗（粉）病等种传、土传病害，减少小麦后期枯白穗发生，还能高效防治小麦蚜虫和金针虫等地下害虫。

第五节　种子计量包装

一、种子包装的意义和要求

对经过清选干燥和精选分级等加工后的种子，加以合理包装可防止种子混杂、病虫害感染、吸湿回潮和减缓种子劣变，提高种子商品性，保持种子旺盛活力，保证安全贮藏运输同时便于销售。做好种子包装工作，要求包装的种子质量必须符合 GB 4404.1、GB 4404.2、GB 4406、GB 4407.1、GB 4407.2、GB 16715.1、GB 16715.2、GB 16715.3、GB 16715.4、GB 16715.5 等国家标准，种子包装上标注的内容应符合《农作物种子标签管理办法》，种子包装材料及计量应符合《农作物种子定量包装行业标准》。销售包装用材料应符合美观、实用、不易破损，便于加工、印刷，能够回收、再生或自然降解的要求。运输包装用材料应符合材质轻、强度高、抗冲击、耐捆扎、防潮、防霉、防滑的要求。在包装容器内确保种子在贮藏和运输过程中不变质，保持原有质量和活力，包装容器应符合外形美观、商品性好、便于运输、装卸、贮运空间小、堆码稳定牢靠的要求，必须具有防湿、清洁、无毒、不宜破裂、重量轻等特点，按不同要求确定包装数量。包装种子贮藏条件在低湿干燥气候地区要求较低，在潮湿温暖地区，则要求严格。包装容器外面应加印或粘贴标签纸，以引起农民的兴趣，便于良种得到充分利用和销售。

二、包装材料的种类、特性及选择

目前应用普遍的包装材料主要有麻袋、聚乙烯编织袋、多层纸袋、铁皮罐（马口铁）、聚乙烯塑料薄膜、聚乙烯铝箔复合薄膜、铝盒、纸袋、瓦楞纸箱、钙塑瓦楞箱等。

用红麻制成的麻袋，强度好，易透湿，可以重复使用，适宜大量种子的包装，但防湿、防虫和防鼠性能差。

多孔纸袋或聚乙烯编织袋，不能完全防湿，用其包装的干燥种子会慢慢地吸湿，一般用于要求通气性好的种子种类（如豆类）或数量大、需贮藏在干燥低温场所、保存期限短的批发种子的包装。

铁皮罐（马口铁）强度高，透湿率为 0，防湿、防光、防淹水、防有害烟气、防虫、防鼠性能好，并适于自动包装和封口，是最适合的种子包装容器，瓜菜类种子用得较多。

聚乙烯塑料薄膜、聚乙烯铝箔复合薄膜是用途最广的热塑性薄膜，透湿率低，是最适的防湿袋材料。一般认为，用这种袋装种子，1 年内种子含水量不会发生变化，适合玉米、棉花、杂交水稻、油菜、芝麻和部分蔬菜种子的小包装销售用。

铝箔虽有许多微孔，但水气透过率仍很低，厚的铝箔几乎不透过水气，它和铝盒、玻璃瓶一样适合少量的农作物种质资源、亲本材料的长期保存。

纸袋多用漂白亚硫酸盐纸或牛皮纸制成，其表面覆上一层洁白陶土以便印刷，普通纸袋的抗破力差，防湿、防虫、防鼠性差，在非常干燥时会干化，易破损，不能保护种子生活力。

小纸袋、聚乙烯塑料薄膜袋、铝箔复合袋、铁皮罐（马口铁）等通常用于零售种子的包装；钢皮罐、铝盒、塑料瓶、玻璃瓶和聚乙烯铝箔复合袋等容器可用于价高或少量种子长期保存或品种资源保存的包装；编织袋、麻袋、瓦楞纸箱、钙塑瓦楞箱适合作为种子运输包装容器使用。

在高温高湿的热带和亚热带地区，种子包装应尽量选择严密防湿的容器，并且将种子干燥到安全包装保存的水分，封入防湿容器以防种子生活力的丧失。

在种子单位计量精度方面，国家有关部门及相关法律已有明确的规定。实际生产中，种子以质量为计量标识单位的较多，随着我国种子加工技术的发展，市场对以粒数为计量标识单位的高纯度、高发芽率、高净度、高均匀度种子的需求越来越大，尤其是玉米大田用种，目前几乎全部以粒数为计量单位标识，这就要求我国大型种子加工企业加大投资，引进或生产全自动计量包装机及与之相适应的包装材料，加上其他加工设备的组合加工，实现整个加工流程的高效、简便、精准计量的流水线作业。目前，我国各地的种子加工量、包装材料的使用不一，应根据实际情况选用适当的计量包装机械，既能节省资金，也不会造成资源浪费。

三、包装标签

根据《中华人民共和国种子法》及农业农村部制定的《农作物种子标签和使用说明管理办法》《农作物种子标签二维码编码规则》的要求。我国种子包装上必须附有以下标签内容：种子公司名称、种子类别、品种名称、种子净含量或粒数、生产商名称、地址、收获日期、批号、产地、二维码识别、执行标准、生产及经营许可证编号或进口审批文号、品种审定编号、检疫证明编号、质量指标（纯度、净度、发芽率、水分）、使用说明（品种主要性状、品质、抗病性、丰产性、主要栽培措施、风险提示、咨询服务信息）、栽培要点、品种适宜种植区域、质量级别（适用于杂交种）、药剂毒性相关警示（适用于包衣种子）、农业转基因生物安全证书编号（适用于转基因种子）。我国种子工程和种子产业化要求挂牌包装，以加强种子质量管理。标注内容可以依种子标签的形式、用规范的汉字挂在麻袋、编织袋上或贴在金属容器、纸板箱的外面，也可直接印刷在塑料袋、铝箔复合袋及金属容器上，图文醒目，以吸引顾客选购。

《中华人民共和国种子法》第四十条明确规定：销售的种子应当加工、分级、包装。但是不能加工、包装的除外。第四十一条规定：销售的种子应当符合国家或者行业标准，附有标签和使用说明。标签和使用说明标注的内容应当与销售的种子相符。种子生产经营者对标注内容的真实性和种子质量负责。

农业农村部制定的《农作物种子标签和使用说明管理办法》中规定：在中华人民共和国境内销售的农作物种子应当附有种子标签和使用说明；种子生产经营者负责种子标签和使用说明的制作，对其标注内容的真实性和种子质量负责；县级以上人民政府农业主管部门负责农作物种子标签和使用说明的监督管理工作；县级以上人民政府农业主管部门应当加强监督检查，发现种子标签和使用说明不符合本办法规定的，按照《中华人民共和国种子法》的相关规定进行处罚。

第六节 种子加工工艺流程及加工设备简介

高效、优质的加工工序是种子加工产业得以顺利发展的重要保障，同时也与精良的种子加工设备和科学合理的生产线流程设计是紧密相关的。先进、高效的加工设备和科学合理的加工工艺流程，一方面保证了种子的加工质量，满足种植户对种子的不同市场需求；另一方面实现了种子加工的现代化、标准化、规模化、精细化，降低了加工人员的劳动强度，提高了劳动效率，保护了环境和操作人员的健康。此外，还降低了加工过程中的种子破碎率，减少了种子损耗。

一、种子加工的基本工序

根据种子的种类、种子中夹杂物的性质和类别、气候条件、加工厂的规模以及要求达到的种子质量标准等不同，种子的加工过程也各有差异，但基本的加工过程包括以下几个方面：准备、基本清选、干燥、精选和分级、种子处理、计量和包装。

（一）准备

准备工序是为基本清选做好准备和创造条件的，包括脱粒、预清、除芒和剥绒等。

（二）基本清选

基本清选是一切种子加工过程中必要的工序。其目的是清除夹杂物，如碎茎叶、颖壳、泥沙、草籽、其他作物种子等以及大于和小于所规定尺寸的种子，使其达到标准要求。基本清选一般采用风筛清选机。

（三）干燥

需要贮藏的种子，在预清或基本清选后，应进行干燥，使其含水率降低到贮藏标准，以防发热变质，影响种子质量。

（四）精选和分级

种子只经过基本清选往往达不到商品种子的质量标准，还需要再加工，比如按照种子的尺寸特性和比重等进行加工精选。为了体现优质优价或满足精量播种的需要，还要再进行种子分级等。

（五）种子处理

采用光、电、磁、声、微波等物理手段包衣和丸化等化学手段和生物方法对精选后的种子进行处理，目的是改善种子品质，增加抗病抗虫能力，利于增加产量，利于后续机械播种作业。

（六）计量和包装

计量和包装工序就是对清选分级处理后的种子，根据市场需求和临时贮藏需要，通过质量计量或数量计量进行包装。

种子加工流程中除了上述的基本工序外，还有很多辅助工序，比如进料、除尘、运输、装袋、缝袋、贴签等。

二、几种常见种子的加工工艺流程

1. 玉米种子加工工艺流程

主要工序（图3-20）如下：

（1）选穗工序。该工序主要靠人工完成。

（2）干燥工序。烘干在果穗干燥室中进行，国外玉米种子烘干多采用果穗烘干的方式，我国的烘干基本采用种粒烘干的方式。

（3）分级工序。国外玉米种子一般分为6级，国内一般分为3～4级。

（4）计量包装。国外一般采用粒计量法包装，质量只做参考，而国内则多采用质量计量法包装。

所需加工设备主要有果穗脱粒机、风筛式清选机、重力式分选机、平面分级机或圆筒筛分级机、包衣机、定量包装机等。

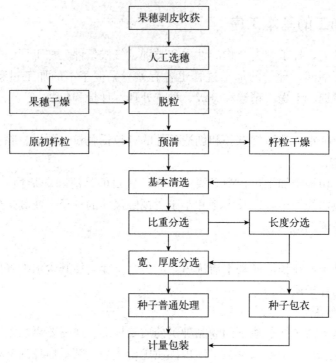

图 3 - 20　玉米种子加工工艺流程

（引自麻浩等，2007）

2. 小麦种子加工工艺流程

小麦种子一般加工工艺流程：种子收获→预清→干燥→基本清选→比重分选→普通处理→包衣→包装（图 3-21）。所需加工设备主要有风筛式清选机、重力式分选机、窝眼筒分选机、包衣机、定量包装机等，当小麦种子中混有一定数量的燕麦种子和杂草种子时，还要进行长度分选。

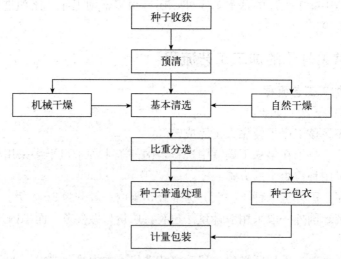

图 3 - 21　小麦加工工艺流程

（引自孙群等，2008）

3. 高粱加工工艺流程

高粱加工工艺流程如图 3-22。脱壳是高粱种子加工流程中的一个特殊工序。

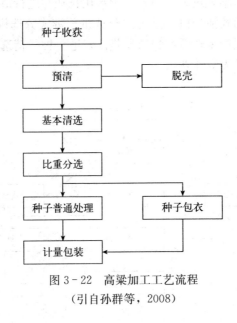

图 3-22　高粱加工工艺流程

（引自孙群等，2008）

4. 水稻种子加工工艺流程

除芒是和谷糙分离是水稻加工流程中的特殊工序（图 3-23）。所需加工设备主要有除芒机、风筛式清选机、重力式分选机、窝眼筒分选机或谷糙分离机、包衣机、定量包装机等。

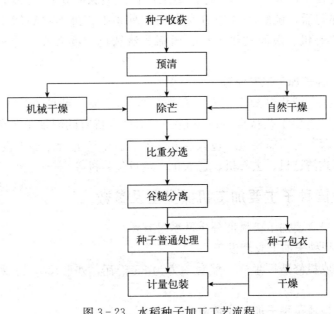

图 3-23　水稻种子加工工艺流程

（引自孙群等，2008）

5. 大豆种子加工工艺流程

大豆种子加工工艺流程如图 3-24 所示。大豆种子散落性好，静止角比较小，所以在筛面倾角调整时，应注意倾角不宜过大。另外，半粒用长孔筛进行清选的效果较为理想。生产上所需加工设备主要有风筛式清选机、重力式分选机、带式分选机或螺旋分选机、包衣机、定量包装机等。带式分选生产率较低而精选质量高，适合种子精选；螺旋式分选生产率较高而精选质量稍差，适合商品大豆作业。

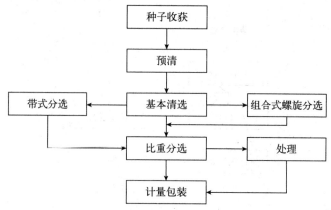

图 3-24　大豆种子加工工艺流程

（引自孙群等，2008）

6. 棉花种子加工工艺流程

棉花种子加工工艺流程见图 3-25。棉花种子脱绒方法有 2 种：一种是稀硫酸脱绒，另一种是泡沫酸脱绒。泡沫酸脱绒方法的效果比较稳定，脱绒质量高，种子损伤小，不使用离心机，投资较小，成本低，但配比要求严格。泡沫酸是在 98％的硫酸中加入起泡剂，与棉花种子拌匀后，硫酸均匀地分布在棉花种子上，进而将短绒炭化。生产上所需加工设备主要有离心机、滚筒式烘干机、风筛式清选机、重力式分选机、包衣机、定量包装机等。

7. 蔬菜（湿）种子加工工艺流程

蔬菜种子加工工艺流程（图 3-26、图 3-27）与前面几种种子加工工艺流程相比较，有些特有的工序，其主要工艺特点可以概括为：①具有特有的湿加工工艺，且工序比较复杂；②有些种类的蔬菜种子需要进行包衣或丸化处理。生产上所需加工设备主要有除芒机、离心烘干机、风筛式清选机、去石机、包衣机、定量包装机等。

三、近年我国种子主要加工机械类型及参数

国内近年来种子主要加工机械部分生产型号有：

1. ZTM-4.0 型种子加工成套设备

北京市通州区农机修造厂生产。配套动力为 35 千瓦，外形尺寸 14 米×5 米×7.5 米，生产率 3 吨/时。

2. 5XST-500 型蔬菜种子加工成套设备

黑龙江省农副产品加工机械化研究所生产。配套动力为 10.3 千瓦，外形尺寸 15 米×10

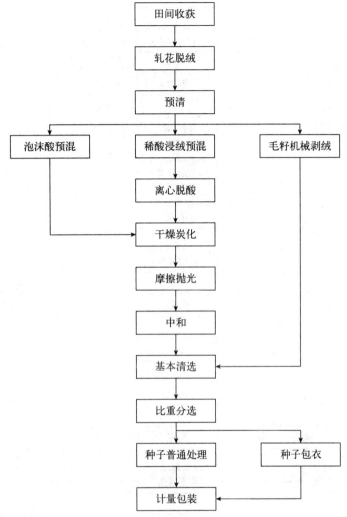

图 3 - 25 棉花种子加工工艺流程

（引自麻浩等，2007）

米×9 米，生产率 500 千克/时（白菜）。

3. MPT - 1.0 型、MPT - 2.0 型（泡沫酸）、MXT - 1.0 型、MXT - 2.0 型、MXT - 3.0 型（稀硫酸）棉籽脱绒成套设备系列

荆州市楚凌机械有限公司生产。耗能参数：百千克毛籽耗电≤3.5 千克时，百千克毛籽耗标煤≤8 千克。毛棉籽处理能力（含绒 7%～9%）为 1 000 千克/时、2 000 千克/时、3 000 千克/时。

4. 6SXZ - 68 型种子色选机

深圳市中瑞微视光电有限公司生产。配套动力为 1～1.3 千瓦，生产率 0.6～1 吨/时，选净率≥99.9%，气压 0.4～0.6 兆帕。气源消耗＜1 000 升/分，外形尺寸 950 毫米×1 510 毫米×1 428 毫米。

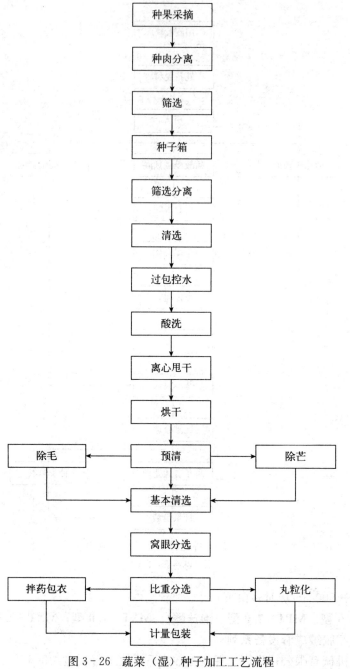

图 3-26 蔬菜（湿）种子加工工艺流程

（引自麻浩等，2007）

5. 6SXZ-189DC 种子色选机

合肥泰禾光电科技股份有限公司生产。配套动力为 2.1 千瓦，最小分辨率 0.04 毫米^2，外形尺寸 1 284 毫米×1 520 毫米×2 070 毫米。

6. 5ZX-3. 0 型重力筛选机

甘肃省酒泉种子机械厂生产。配套动力为 7.5 千瓦，外形尺寸 2 680 毫米×1 362 毫

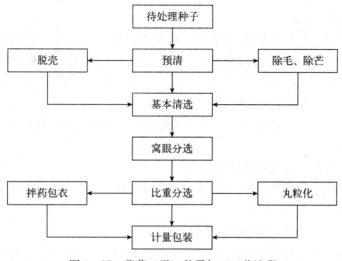

图 3 - 27 蔬菜（干）种子加工工艺流程

（引自麻浩等，2007）

米×2 220毫米，生产率3吨/时。

7. 5XS - 3. 0 型种子清选机

甘肃省酒泉种子机械厂生产。配套动力为6.97千瓦，外形尺寸2 808毫米×2 635毫米×2 533，生产率3吨/时。

8. 5XYT 系列揉搓式玉米脱粒清选机

甘肃省酒泉种子机械厂生产。配套动力为23.5千瓦，外形尺寸4 200毫米×1 900毫米×3 210毫米，生产率10吨/时。

9. 5XW - 3. 0 型窝眼筒种子清选机

黑龙江省白桦清选机械有限公司生产。配套动力为1.3千瓦，外形尺寸2 991毫米×750毫米×2 870毫米。

10. 5XF - 5 型圆筒分级筛

石家庄市绿炬种子机械厂生产。配套动力为5.5千瓦，外形尺寸：4 720毫米×1 430毫米×2 288毫米，生产率5吨/时（小麦），分级数3级。

11. 5XF - 3. 0 型风筛清选机

上海市向明种子设备厂生产。配套动力为8.6千瓦，外形尺寸2 965毫米×2 700毫米×4 080毫米，生产率3吨/时。

12. 5X - 7. 0 型风筛式种子清选机

黑龙江省农副产品加工机械化研究所生产。配套动力为6.2千瓦，外形尺寸3 360毫米×2 220毫米×3 460毫米，生产率3吨/时。

13. 5XW - 3. 0 型圆锥形窝眼筒分选机

黑龙江省农副产品加工机械化研究所生产。配套动力为1.1千瓦，外形尺寸2 670毫米×970毫米×1 970毫米。

14. 5CTN - 5. 0 型碾搓柔性除芒脱

石家庄市绿炬种子机械厂生产。动力总功率为5.5千瓦，外形尺寸1 290毫米×670毫米×1700毫米（行走状态），生产率4500～5500千克/时（小麦）。

15.5C-2水稻除芒机

黑龙江省白桦清选机械有限公司生产。配套动力为7.5千瓦，生产率1000～2500千克/时，除芒率80%～93%，破碎率≤1.5%，外形尺寸1980毫米×1240毫米×1093毫米。

16.MGCZ100×5型谷糙分离机

南京农牧机械厂生产。配套动力为1.5千瓦，外形尺寸1630毫米×1330毫米×1290毫米，生产率5吨/时。

17.6MRT-500型刷轮式棉花脱绒机

新疆机械研究院生产。配套动力为26千瓦，外形尺寸2200毫米×780毫米×2000毫米，生产率（光籽）300～400千克/时。

18.5HTZ-10A系列种子干燥机

酒泉奥凯种子机械股份有限公司生产。两台配套动力为55千瓦，外形尺寸6810毫米×4790毫米×19425毫米，生产率10吨/时。

19.5HZD-5系列连续式水稻种子干燥机

酒泉奥凯种子机械股份有限公司生产。配套动力为45千瓦，外形尺寸6800毫米×5000毫米×19500毫米，生产率5吨/时。

20.5XD-2.0型大豆带式分选机

佳木斯融华机械制造有限公司生产。配套动力为2.2千瓦，外形尺寸3812毫米×2861毫米×3751毫米，生产率2～2.5吨/时。

21.5XZ-5A型比重精选机

石家庄市绿炬种子机械厂生产。动力总功率13.75千瓦，外形尺寸3240毫米×1515毫米×1535毫米，生产率1000～5000千克/时（小麦）。

22.5XFZ-7.5BX型复式精选机（环保型）

石家庄三立谷物精选机械有限公司生产。配套动力为10.1千瓦，外形尺寸5340毫米×2160毫米×3200毫米，生产率7500千克/时（小麦）。

23.5XJC-5A型种子精选车

石家庄市科星清选机械有限公司生产。配套动力为8.47千瓦，外形尺寸4015毫米×1950毫米×3130毫米，生产率5000千克/时（小麦）。

24.5BY-5A型包衣机

石家庄市绿炬种子机械厂生产。机组配套总动力为4.3千瓦，外形尺寸1840毫米×740毫米×2390毫米，生产率5000千克/时。

25.5BY-5B种子包衣机

河北瑞雪谷物精选机械有限公司生产。机组配套总动力为2.3千瓦，外形尺寸2400毫米×800毫米×2600毫米，生产率5000千克/时。供药方式为计量泵供药。

26.VFS5000FS型电脑全自动数粒、组合称量包装机组

安徽正远包装科技有限公司生产。配套动力为3千瓦，外形尺寸1480毫米×1250毫米×1600毫米，生产率50～100包/分。

27. GMKB550 型全自动颗粒物料气动包装机

哈尔滨杰曼机电设备有限公司生产。动力总功率为 3 千瓦，外形尺寸 2 340 毫米×2 500 毫米×3 640 毫米，包装重量为 1～2.5 千克，包装速度 25～45 袋/分，包装材料为塑料。

28. DCS‐5S 型定量包装秤

河北瑞雪谷物精选机械有限公司生产。动力总功率为 2.2 千瓦，外形尺寸 2 500 毫米×1 500 毫米×3 100 毫米，包装膜宽 50～300 毫米，包装速度 800～1 200 袋/分。包装材料为塑料。

29. CK35‐6C＋CP4900 型链板式自动缝包机组

常熟市奇威包装机械有限责任公司生产。配套总动力为 0.55 千瓦，缝包效率 12 包/分。

30. DCS‐50 型计量秤

酒泉奥凯种子机械股份有限公司生产。称量范围 20～50 千克，工作电源：AC380 V（三相四线）/50 赫兹，生产率 180～300 包/时。

31. DCS‐5 型计量秤

酒泉奥凯种子机械股份有限公司生产。称量范围：1～5 千克，电机总功率 3 千瓦，生产率 10～15 包/分。

第四章

种 子 贮 藏

种子贮藏是种子工作过程中的一个重要环节。种子从田间收获后，经过一系列加工处理，最后都要经过一段时间的贮藏，直至下一季播种前。种子是活的有机体，在贮藏期间时刻进行着呼吸作用。同时，种子不仅携带着大量的微生物，而且还会受到仓库害虫、鼠、雀的危害。因此，种子贮藏的主要任务在于通过提高种子本身耐贮性和创造适宜的贮藏条件，有效地控制各种生物（种子、微生物、仓库害虫、鼠、雀等）的生命活动，削弱外界环境条件的不良影响，从而达到安全贮藏的目的。其中，防止种子生活力降低是贮藏中最主要的目标和任务。

第一节　种子贮藏的呼吸机理

贮藏中的种子堆是复合生态系统。这个系统在生物因素和非生物因素的相互作用下，产生相应的反应。生物因素包括种子、微生物、仓库害虫等，其中种子是主体，它的状态是决定贮藏状况的基本因素；非生物因素包括温度、湿度、气体等，这些自然条件是影响种子贮藏的外在因素。种子贮藏就是充分利用和创造有利因素，有效控制不利因素的干扰，切实保证种子贮藏过程的安全。

一、种子的呼吸特性

呼吸作用是种子贮藏期间最重要的生理特性，即使处于休眠状态或极度干燥的种子，也都极其缓慢地进行着呼吸作用。

呼吸作用是在酶和氧的参与下，活细胞内贮藏物质逐步被氧化分解，产生二氧化碳和水，同时释放能量的一种生物过程。

在呼吸作用过程中，被氧化的物质称为呼吸基质。种子中含有的糖、有机酸、脂肪、蛋白质、氨基酸等都可以作为呼吸基质，但最直接的呼吸基质是葡萄糖。

种子中不同部位的呼吸作用强度差异很大。种胚是种子中生命活动最活跃的部位，因而种胚的呼吸作用最强。其次是糊粉层，胚乳细胞的呼吸作用不明显。果皮、种皮细胞因在种子成熟后会死亡，所以不能进行呼吸。

种子呼吸的类型可以分为有氧呼吸和无氧呼吸 2 种，主要取决于环境条件中氧气的多少。有氧呼吸是种子在氧气的参与下，有机物质彻底氧化分解，产生二氧化碳、水以及较多的能量。无氧呼吸是在缺氧条件下，有机物质分解不彻底，形成较少的能量和酒精、乳酸或醋酸等中间产物。

事实上，从整粒种子或整个种子堆来看，这 2 种呼吸同时存在。种子在通风贮藏条件下，虽以有氧呼吸为主，但它的组织深处仍可能发生无氧呼吸。整个种堆的外围部分主要进行有氧呼吸，而种子堆内部则以无氧呼吸为主，特别是一大堆散装种子较为明显。若在长期密闭条件下，则以无氧呼吸为主。

二、影响种子呼吸作用的因素

种子呼吸强度的大小受作物本身特性及水分、温度、气体等贮藏环境的影响。

（一）种子含水量

种子呼吸强度随着种子含水量的增加而增加。种子含水量越高，呼吸作用越旺盛（表4-1），干种子的呼吸作用非常微弱，而湿种子的呼吸作用则极旺盛。呼吸强度随种子含水量提高而增大的原因在于种子内游离水分的增多，水解酶的活性加强，为贮藏状态的大分子有机质水解提供了充足的呼吸基质，同时呼吸酶的活性亦增强，因此临界水分是种子呼吸强度变化的转折点。谷物种子水分14%～15%、油料种子水分8%～10%开始，随着含水量增强，呼吸强度呈指数形式上升；反之，种子含水量低于临界水分时，呼吸强度显著下降。

表4-1 小麦种子含水量对呼吸作用的影响

种子含水量（%）	100 g 干物质 24 小时		呼吸商
	消耗氧气（毫升）	放出二氧化碳（毫升）	
14.0	0.07	0.24	3.8
16.0	0.37	0.42	1.27
17.0	1.99	2.22	1.11
17.6	6.21	5.18	0.88
19.2	8.9	8.76	0.98
21.2	17.73	13.04	0.73

（二）温度

温度也是影响种子呼吸强度的重要因素。在一定范围内（0～50 ℃），种子的呼吸作用随温度升高而增强，尤其在种子含水量增加的情况下，更为明显。低于0 ℃，呼吸作用受到抑制而极其微弱，超过50 ℃，呼吸亦迅速下降。

温度对呼吸强度有影响的原因在于酶活性随温度升高而增强，同时温度升高会使细胞黏滞性降低，从而改善了细胞内外的渗透条件，有利于水分和气体交换。反之，温度超过40 ℃之后，随着温度升高，酶与原生质受到的损害加重，呼吸作用受到抑制。不同作物种子耐热性不同，高温损伤的程度也不同。

需要指出的是，水分和温度都是影响呼吸作用的重要因素，两者相互制约。干燥的种子即使在较高温度下，其呼吸强度比潮湿种子在同样温度下低很多，同样潮湿种子在低温条件下的呼吸强度要比高温下低得多。因此，在贮藏过程中，高水分种子必须控制在适当低温内，温度条件较高时，将种子含水量控制在较低范围内，干燥和低温是种子完全贮藏和延长寿命的必要条件。

（三）气体条件

空气流通的程度影响呼吸强度和性质。不论种子含水量高低，在通风条件好时，氧气供给充分，二氧化碳容易散失，呼吸强度大，反之呼吸强度小（表4-2）。种子的含水量和温度愈高，通风对呼吸强度的影响愈大。但含水量高的种子，若处于密闭条件下贮藏，由于旺盛的呼吸，会很快把种堆内部的氧气耗尽，被迫转向无氧呼吸，使氧化不完全的有毒物质积累，导致种子死亡，水分愈高死亡愈快（表4-3）。因此，高水分种子尤其是呼吸强度大的高水分油料作物种子要特别注意通风。极其干燥的种子由于呼吸作用非常微弱，需氧量少，故在密闭条件下也能长期保持种子活力。

表4-2 通风对大豆种子呼吸强度的影响（毫克CO_2/100 克干物质·周）

温度（℃）	含水量 10%		含水量 12.5%		含水量 15%	
	通风	密闭	通风	密闭	通风	密闭
0	100	10	182	14	231	45
2～4	147	16	203	23	279	72
10～12	286	52	603	154	827	239
18～20	608	135	979	289	3 526	1 550
24	1 037	384	1 667	704	5 851	1 863

表4-3 小麦种子密闭贮藏8～9个月后对种子发芽率的影响（%）

种子贮藏方法	种子含水量	发芽率
在空气流通的环境中	11.29	83
	14.29	71
在密闭容器中	13.82	70
	16.41	1
	19	0

通风对呼吸的影响亦与温度有关。种子处在通风条件下，温度愈高，呼吸作用越旺盛，生活力下降愈快。为有效地长期保持种子生活力，除干燥、低温条件外，进行合理的密闭或通风也是必要的。

高浓度CO_2对呼吸有明显的抑制效应，因为活细胞处于麻痹状态，酶活性受到抑制。自然界有些厚壳的果实中积累有大量的CO_2，所以即使在温暖潮湿的条件下，也长时间不能发芽。

（四）不同种子的个体差异性

1. 种子的结构

种皮的透气性影响氧气吸收和二氧化碳的散失。试验表明，向日葵、豌豆等种子去皮后，二氧化碳释放量增加。此外，种胚占整个种子的比例也会影响种子的呼吸强度。据试验，在任何氧分压下，小麦和稻谷胚呼吸放出的二氧化碳均占整粒的65%～68%，玉米胚呼吸放出的二氧化碳均占整粒的93.7%。

2. 种子的质量

质量差的种子通常呼吸作用较强。一般说来，小粒、瘦瘪、破损、病虫感染和受冻的种子比大粒、饱满、完整、健康的种子呼吸强度强。这是因为小粒的粒数多，胚的比例相对增加；不饱满籽粒中胚所占比例大；破损种子外皮损伤，使微生物容易侵入，氧更易进入活细胞；冻伤粒中可溶糖含量高，因此，呼吸强度大。

3. 种子的生理状态

新收获的种子呼吸强度比陈种子强，成熟度差的种子呼吸强度更强。如玉米种子蜡熟初期呼吸强度为 739.2 毫克 CO_2/（100 克干重·24 小时），蜡熟中期为 504.7 毫克 CO_2/（100 克干重·24 小时），晚熟期降至 438.4 毫克 CO_2/（100 克干重·24 小时），收获并充分干燥后仅为 8～15 毫克 CO_2/（100 克干重·24 小时）。

4. 其他因素

许多杀虫剂、杀菌剂都能抑制酶的活性，对种子呼吸有一定抑制作用。此外，种子堆中的仓库害虫、微生物等生物因素也会影响种子的呼吸强度。

三、呼吸作用对种子贮藏的影响

呼吸是种子生命活动所必需的，但在种子贮藏过程中往往是不利因素。呼吸不仅会造成种子养分的消耗，而且会导致种子堆发热霉变，降低种子生活力。因此，在种子贮藏期间要把种子的呼吸作用控制在最低水平。

（一）消耗贮藏种子养分

呼吸是有机物质氧化的过程，种子内的贮藏物质如糖类、淀粉、脂肪和蛋白质等均可作为呼吸基质被消耗。呼吸愈强烈，物质损耗愈大。贮藏物质的消耗，会影响到种子的质量和数量。

（二）释放热量和水分

呼吸作用产生的热量和水分对种子的安全贮藏十分有害。呼吸过程形成的水分，首先以游离状态出现在种子细胞中，使种子含水量增加，继而气化扩散到种子的外部。含水量高的新收获的种子，可以因呼吸作用导致"出汗"现象。同时，呼吸作用产生的热量除极少部分用于种子的生命活动外，绝大部分散发到种子堆中。在种子处于干燥、低温的适宜贮藏条件下，释放的热量很少，对种子贮藏危害不明显。反之，在高水分、高温条件下，呼吸热则会使种子堆温度迅速升高，促成发热霉变等情况发生。

（三）产生有毒物质

在种子贮藏过程中，特别是在密闭贮藏条件下，随着氧气的不断消耗和二氧化碳的逐渐增加，种子转向无氧呼吸，除了产生热量和水分外，还会产生乙酸、乙醇、乳酸等对种子有毒害作用的物质，这些物质积累到一定程度会使种子丧失活力。

第二节　种子贮藏的生物危害及预防

一、种子微生物

种子上通常存在大量的微生物，这些生物形体小、种类多、数量大、繁殖快。贮藏期间由于种子本身的新陈代谢而释放出热量引起微生物大量生长繁殖，导致种子发热霉变。种子霉变后品质受损，出现变色、变味、生活力下降甚至丧失等现象。因此，必须了解微生物特点及对环境条件的要求，以便采取正确技术措施，防止霉变发生。

（一）种子上的主要微生物

种子微生物主要包括细菌、真菌。细菌虽能危害种子，但其生长需较高水分，因此在贮藏中危害较小。

1. 细菌

细菌属于原核生物界的单细胞生物，在种子上常见的细菌可分为两大类：一类是附生在新鲜、健康种子上的黄色草生无芽孢杆菌和荧光假单胞杆菌，它们与霉菌有拮抗作用。前者在新鲜种子上占总菌数的80%～90%，随贮藏时间延长和霉腐微生物的增多而逐渐减少以至消失。另一类是细球菌，这种菌多半是当种子变劣时迅速繁殖，与黄色草生无芽孢杆菌互为消长。在正常贮藏条件下，细菌对种子安全贮藏的影响不大。

2. 真菌

贮藏种子上发现的真菌种类很多，凡能引起种子发霉变质的真菌，通常又称为霉菌，多属于鞭毛菌亚门、接合菌亚门和半知菌亚门的不同属。这些霉菌大部分寄附在种子的外部，但也有一小部分寄生在种子皮层内和胚部。许多霉菌是属于破坏性很强的腐生菌，各种霉菌对贮藏种子的危害是不同的，其主要代表菌属为曲菌属和青菌属，其次是根霉属、毛霉属、交链孢属、镰刀菌属等。曲霉属广泛存在于各种作物的种子及粮食上，是导致贮藏种子霉变的一大类腐生性霉菌，除能引起种子霉坏变质外，有的还能产生毒素，使贮种带毒。近年来发现最具危害性的毒素是黄曲霉毒素。

（二）种子微生物的活动及控制

微生物在自然界中分布广、数量多，种子贮藏时难以将其全部消灭。因此，在选留饱满健壮的种子、清除杂质和做好仓库消毒工作的同时，必须严格控制微生物生长发育条件，以抑制其生长繁殖。影响微生物生长繁殖的条件主要有以下几个方面：

1. 水分

根据种子微生物对水分的适应性，可将其分为湿生、中生、干生3个类型。根据种子微生物生长与发育的水分和相对湿度，降低种子水分，同时控制种子堆和仓库内的相对湿度使种子保持干燥，可以控制微生物生长繁殖以达到安全贮藏的目的。只要把种子含水量降低并保持在不超过相对湿度65%的平衡水分条件下，便能抑制种子上几乎全部微生物的活动。种子含水量越接近或低于这个界限，则贮藏稳定性越高，安全贮藏的时间也越长。反之，则贮藏稳定性越差。

2. 温度

种子微生物按其生长所需的温度可分为低温性、中温性和高温性3类。一般情况下，将种子温度控制在20℃以下时，大部分侵染种子的微生物的生长速度就显著降低；温度降到10℃左右时，虽然还有少数微生物能够发育，但大多数则是缓慢的。

3. 仓房密闭和通风

种子微生物绝大多数是好气性微生物，引起贮藏种子变质的霉菌大都是强好气性微生物。缺氧的环境对其生长不利，密闭贮藏能限制这类微生物的活动，减少微生物传播感染以及隔绝外界温湿度不良变化的影响。种子微生物一般能耐低浓度氧气和高浓度二氧化碳的环境，所以一般性的密闭贮藏对霉菌的生长只能起一定程度的抑制作用，而不能完全控制霉菌的活动。此外，种子上还有厌气性微生物存在，高水分种子保管不当，往往会产生酒精味和败坏，其原因是这类湿生性微生物在缺氧条件下活动的结果，所以高水分种子不宜采用密闭贮藏。但种子堆内进行通风也只有在能够降低种子水分和种子堆湿度的情况下才有利，否则将更加促进需氧微生物的发展。因此，种子贮藏期间做到干燥、低温和密闭，对长期安全贮藏是有利的。

二、种子仓库害虫

（一）仓库害虫及其危害

据调查，我国贮粮害虫有 300 余种，常见的有赤拟谷盗、大谷盗、长角谷盗、绿豆象等十几种。按仓库害虫的危害方式可分为 3 类：①在种子内生长发育，蛀空种子，如谷蠹、米象、绿豆象、麦蛾幼虫等；②在种子外生长发育，由外向内侵食或剥食种子，如大谷盗、赤拟谷盗、长角谷盗等；③取食其他仓库害虫危害过的种子，即第二食性的仓库害虫，如锯谷盗、长角谷盗等。主要仓库害虫的生活习性与危害对象见表 4-4。

表 4-4　主要仓库害虫的习性

种类	一年生殖代数	越冬		行为	危害对象	备注
		虫态	部位			
米象	华东 4~5 代，华南 6~7 代，华中 3~5 代，东北 1~2 代	以成虫越冬为主，幼虫很少越冬	种子及黑暗潮湿的缝隙、铺垫物等；仓囤外附近的砖石、垃圾、松土、杂草、树皮等处	有假死性、背光性、集聚性。春末夏初在种堆 30 厘米的上层活动，夏秋季节气温 30 ℃以上，转向种堆下层，背阳面及通风阴冷处	稻谷、麦子、玉米、高粱、花生仁、荞麦	在 -5 ℃情况下经 4 天即死亡，50 ℃高温经 1 小时即致死，成虫寿命约 5 个月，是主要的仓库害虫之一
谷蠹	2 代	成虫	种子堆、种粒内、木板、竹器中以及仓外树皮、枯木的缝隙间	喜欢在种子堆较深处危害，表层很少，有假死性	稻谷、麦子、谷类、玉米、面粉、薯干、豆饼等，也蛀蚀竹木器、仓房、布板竹木制品及木船，成虫飞行力强	危害严重的仓库害虫，谷蠹耐寒能力较差，但抗热、抗干力较强
大谷盗	1~2 代	以成虫越冬为主，幼虫较少	在种子碎屑中越冬，部分在包装品和仓内各种木制品缝隙内越冬	成虫、幼虫危害能力均强，甚至会自相残杀，善爬，成虫、幼虫耐饥	食性复杂，危害稻谷、麦子、玉米、豆类、油料、薯干并能破坏包装及木质器材	卵及蛹抗寒力较弱
赤拟谷盗	4~5 代	成虫	群集于麻袋、围席、仓内各种缝隙内，或露天囤的砖缝等处	成虫喜欢潮湿黑暗，常群集在种堆下层、碎屑下面或包口上生活；高温季节在种堆上层活动，有假死性，能飞	食性极杂，危害稻谷、麦子、玉米、油料、薯干等，并能破坏包装及仓内木质器材	体内有臭腺，能分泌臭液，使被害种子带有腥臭气味
长角谷盗	3~6 代	成虫	干燥的碎粒、粉屑、地脚粮或仓内各种缝隙内越冬	成虫善飞，老熟幼虫能吐丝连缀碎粮粉屑做成白色薄茧	食性复杂，能危害谷类、油料作物种子及碎粒、碎屑	具有一定耐热性，夏秋高温季节在种堆上层最易发现

（续）

种类	一年生殖代数	越冬		行为	危害对象	备注
		虫态	部位			
麦蛾	4~6代	幼虫	种粒内部	成虫（蛾）善飞	麦子、稻谷、玉米、高粱，以幼虫危害，被虫咬的种子变成空粒，是重要的仓库害虫	抗热力较差，44℃下经6小时成虫幼虫均致死，麦蛾主要在种堆表面以下20厘米处产卵，可用压盖法防治
豌豆象	1代	成虫	豆粒里或仓房角落缝隙及田间隐蔽处越冬	成虫飞翔力强，有假死性	豌豆、蚕豆	越冬成虫在豌豆开花结荚时飞至田间交配，在豆荚上方产卵，孵化出的幼虫钻入豆粒内部危害
绿豆象	4~5代	幼虫	豆粒内	成虫飞翔能力强，有假死性	多种豆类	豆粒内的幼虫在翌年春天化蛹，羽化成成虫后爬出，在仓内豆粒上产卵或飞到田间豆粒上产卵
红铃虫	2~4代	幼虫	仓库的梁柱，墙壁缝隙、棉籽、棉铃及晒花工具、屋面等处	幼虫孵化后经20~70分钟即蛀入棉铃内，幼虫有背光性、自相残杀的习性，成虫羽化后躲于暗处，夜出交配产卵	棉铃、棉籽	棉花的主要虫害

（二）仓库害虫的发生特点及传播

1. 种子贮藏期害虫的发生特点

由于种子贮藏期害虫生活在相对封闭的仓库生态系统中，因此，形成了不同于其他类害虫的独特的发生特点。

（1）食性复杂。该类害虫除极少数食性专一外（如豌豆象仅食豌豆），多数种类食性复杂，可取食多科植物的种子。

（2）繁殖速率快。在相当短的时期内种群数量发生大，危害严重。主要表现在以下3个方面：①在环境适宜时，一般没有休眠现象；②繁殖力强，如大谷盗产卵期达14个月，产卵量可达1300多粒，且孵化成活率高；③生活周期短，在仓库环境中，多数害虫1年可完成多代，如麦蛾在适宜条件下，完成1代仅需33天。

（3）抗逆力强。该类害虫为适应仓库这一特殊的生态环境，形成了对干燥、高温、低温和饥饿等很强的抵抗力。

耐干力强。种子贮藏期害虫能够适应仓库这种干燥的环境而生存。一般情况下，这类害虫在种子含水量低于 8% 时，不易发生，但当种子含水量达到 14% 时，对其生长发育最适宜。对空气的相对湿度要求则较宽，一般可在 30%～95% 的相对湿度条件下生存。不同的害虫耐干力也有所差异，如地中海粉螟在几乎无水的种子中仍能生存；谷斑皮蠹能在含水量 2% 的种子中生存；而玉米象则在含水量 15%～20% 时，繁殖最快，低于 10% 或高于 40% 时，则不能生存。

耐热和耐寒力强。一般种子贮藏期害虫能忍受的最高温度为 48～52 ℃，最高发育温度为 38～45 ℃，而最适发育温度为 18～32 ℃。对高温的忍受程度因种类而异，如地中海粉螟成虫和豌豆象等，在 60 ℃时，能忍受 60 分钟；在 55 ℃时，米象成虫可忍受 20 分钟，谷象 10 分钟。大多数该类害虫被认为起源于亚热带，一般不能休眠，它们对低温缺乏抵抗力。如在 5 ℃的低温条件下，米象经 21 天死亡，玉米象和谷象分别为 100 天和 152 天死亡。在我国北方，冬季种子贮藏期害虫的死亡率很高，可利用自然低温防治害虫。但有些害虫的耐寒力很强。如谷斑皮蠹、印度谷螟等能忍受 −10～−6 ℃的低温。

耐饥力强。许多种子贮藏期害虫能长期在缺乏食物的情况下生存。如大谷盗在缺乏食物的情况下可存活 2 年；谷斑皮蠹的休眠幼虫可耐饥饿 8 年之久。

（4）分布广。种子贮藏期害虫可随国内外种子调运等贸易活动进行人为的远距离传播，加之其本身的抗逆力等特性，形成了世界性分布的特点。如谷斑皮蠹原产于印度、缅甸、马来西亚，尽管许多国家对其进行严格检疫，但至今仍传播到 60 多个国家，成为世界上重要的检疫性害虫。

2. 种子贮藏期害虫的传播途径

（1）自然传播。可在田间和仓内发生危害的害虫能够随种子的收获传入仓库，如麦蛾、绿豆象等；以成虫在仓外环境中越冬的害虫，翌年春暖后又飞回仓内，如玉米象、锯谷盗等；黏附在鸟类、鼠类、昆虫身上的螨类可从一个仓库传入另一仓库。

（2）人为传播。仓库环境中潜伏的害虫，由于未注意，没有及时消除、防治而蔓延到种子中危害；感染害虫的种子在调运及贮藏时造成传播蔓延；感染害虫的贮运用具和包装物料，在用其运输及使用时造成传播蔓延。

近年来，随着人们经济活动范围的扩大，种子贮藏期害虫的传播途径亦日趋复杂，人为传播的机会增加，因此在种子调动过程中，应特别注意对种子害虫的检疫工作。

（三）仓库害虫防治

仓库害虫防治要坚持"预防为主、综合防治"的方针，控制仓库害虫繁殖和危害。

1. 清仓消毒，保持环境卫生

这是仓库害虫防治的基本措施，要求做到"仓内六面光，仓外三不留"，即仓内四壁、地面和天花板经过剔刮虫窝、药剂消毒、嵌缝粉刷、彻底清扫后整洁光滑；仓外杂草、垃圾、瓦砾清除不留。然后在清理仓库用具的基础上进行空仓消毒。

2. 物理机械防治

物理机械防治是采用高温、低温、干燥、缺氧、机械防除等措施消灭仓库害虫，方法简单有效，但在应用上有一定局限性。

（1）低温杀虫。此方法适用于我国北方，通常在气温降至-5℃以下时即可，气温降至-15～12℃时更为有效。具体做法有2种：一是仓外摊晾，厚度5～10厘米，定期翻动；二是开仓通风降温，使种温逐渐降低。

（2）高温杀虫。一般采用日光曝晒的方法。据试验，在相对湿度39%、种温49～50℃条件下曝晒20分钟，小麦种子中仓库害虫死亡率近100%。高温杀虫主要是因为虫体蛋白质变性、酶类活性降低、水分过量蒸发、正常代谢活动遭到破坏、细胞组织和神经系统损伤等造成。

高温杀虫必须先将种子含水量降至12%以下，以免因高温影响种子发芽率。不耐高温的作物种子、未通过休眠的种子和陈种子不宜采用高温杀虫。

（3）气调防治。此方法是人为改变种子堆中的气体成分，以此抑制种子堆中害虫及微生物生长，保证种子安全的一种措施。气调防治要求严格密封和迅速脱氧，以保证和提高杀虫效果。常用的方法有真空充氮、真空充二氧化碳、自然脱氧等。

（4）机械防除。此方法是一种辅助性措施，主要包括压盖防治和机械除虫2种方法：压盖防治是根据蛾类仓库害虫羽化后集中在种子堆表面交尾、产卵的习性，在仓库害虫羽化前用麻袋、席子、棉毯等压盖在种子堆表面。压盖要求平、紧、密、实，既可防止蛾类繁殖，又可防止其他害虫侵入。机械除虫是通过筛理、过风等手段，将仓库害虫分离出来集中消灭。

（5）其他物理方法。主要有电离辐射、高频加热、低真空等，这些技术有的已推广应用，有的还处于研究开发阶段。

3. 化学防治

化学防治是利用有毒的化学药剂破坏仓库害虫正常的生理机能或造成不利于仓库害虫生育的条件，从而起到防治仓库害虫的作用。化学防治具有高效、快速、经济等优点，但要有严格的技术要求和操作规程。

（1）触杀剂。触杀剂在种子贮藏期害虫的防治中主要有2种用途：一是用于空仓、器具的消毒处理及用于防虫带；二是作为保护剂使用，拌入种子以保护种子在较长时期内免遭虫害。常有的触杀剂种类有敌百虫、敌敌畏等。

敌百虫的加工剂型主要有90%晶体敌百虫、30%敌百虫烟剂。90%晶体敌百虫800～1000倍液喷雾，可用于空仓、器材等消毒及喷布防虫带。喷雾要全面，防虫带要求30厘米宽。30%敌百虫烟剂主要用于空仓消毒，使用前先将门窗封闭，然后按3克/米³用药，密封时间不少于72小时。

敌敌畏的剂型有50%、80%乳油，20%烟剂。敌敌畏是主要的空仓杀虫剂之一，兼具触杀、胃毒和熏蒸作用。其杀虫范围广、速效、低毒、无残留。常用的施药方法有：喷雾，空仓消毒用80%乳油，加水稀释100倍，在仓内喷洒均匀，然后密闭3天以上；悬挂法，在仓库内拉绳索（高约2米），行距1.5米，将浸有敌敌畏原药的布条均匀地悬挂在绳索上，粮仓也可采用此法熏蒸。烟剂按2.3～2.5克/米³使用，方法同敌百虫。

敌虫块是由敌敌畏和塑料等作为原料制成的缓释剂型，有效成分敌敌畏占20%～24%，又称敌敌畏缓释块。使用时直接将敌虫块悬挂于仓内，一般用量按2～8克/米³使用。

目前生产上常用的种子保护剂见表4-5。使用保护剂时一定注意，一是要在种子尚未发生害虫之前使用，二是拌药一定要均匀，使药剂均匀地分布在种子中。

表4-5　种子保护剂类型及使用方法

药剂	使用范围	用药量（毫克/千克）	用药量（克/米³）	使用说明
防虫磷	种子	10～30	—	—
	空仓、加工器材防虫线	—	0.25％稀释液	50％乳油3千克药液喷100米²，防虫线30厘米宽
甲嘧硫磷	种子	10	—	防治对防虫磷有抗性的害虫
	空仓消毒	—	0.5～1	
	处理麻袋	—	4～5	
杀螟松	种子	5～10	—	抗碱性能较强
	仓库地面	—	0.7	
甲基杀死蜱	种子	7～10	—	遇碱或酸即分解种子含水量高，药效降低
杀虫畏	种子	8～10	—	
右旋反灭虫菊酯	种子	4～8	—	对拟谷盗效果差，对烟草甲、药材甲无效
粮种安	种子	2.5	—	尤其适用于农户
凯安保	种子、空仓、运具、包装物	0.5～1	—	勿与碱性物质混用

（2）熏蒸剂。熏蒸剂具有渗透性强、防效高、易于通风散失等特点。当种子已经发生虫害，其他防治措施难以奏效时，便可使用熏蒸剂。常用的熏蒸剂见表4-6。

表4-6　常用熏蒸剂的使用方法

药剂		使用范围	用药量（克/米³）				密闭时间（小时）	使用说明
			空间	种子堆	加工厂	空仓		
磷化铝	片剂	种子、空仓、加工厂	3～6	6	4～7	0.1～0.15	120～168	种子含水量要低，严防漏雨或帐幕结露，消灭一切火源
	粉剂		2～4	4	3～5	—		
二氯乙烷		种子和谷物	300～450	300～700	280～300		48	一般与四氯化碳混用（二氯乙烷3份，四氯化碳4份）

目前生产上应用最多的熏蒸剂是磷化铝，主要杀虫原理是磷化铝吸收空气中水分子而产生磷化氢毒气，从而起到杀虫作用。磷化铝的剂型主要有片剂和粉剂2种。粉剂中磷化铝含量为85％～90％，为一种浅灰绿色的固体粉末。片剂是由磷化铝原粉、氨基甲酸铵、硬脂酸镁和石蜡混合后，压制而成，磷化铝含量为58％～60％，每片重约3克，可产生磷化氢气体约1克。

磷化铝片剂中的氨基甲酸铵是一种保护剂，具有极强的吸湿能力，它可随磷化铝的吸湿分解而放出二氧化碳和氨气，这2种气体对磷化铝有稳定作用，可减缓磷化铝的分解，并能防止磷化氢燃烧。固体石蜡和硬脂酸镁为稳定剂，既能起增加药片硬度等作用，又能适度控制磷化铝的分解速度。

磷化铝的施用方法有常规施药法和低药量施药法。

常规施药方法包括种面施药、布袋深埋、帐幕熏蒸和包装种堆施药。

种面施药是根据每个施药点片剂不超过 300 克，粉剂不超过 200 克的规定，按总用药量计算出施药点的数目，在种面上均匀地设施药点。每点将药均匀地薄摊在不能燃烧的器皿（如瓦钵、瓷盘等）中，片剂不准重叠堆积，粉剂厚度不超过 0.5 厘米。施药后密闭仓库，熏蒸结束放气后，及时清除残渣。

布袋深埋是按各点施药量将药剂装入小布袋内，每袋装片剂不超过 15 片，粉剂不超过 25 克。用投药器由内向外把药包埋入种堆。每个药包应拴一条细绳，留一端在种面外，以便熏蒸放气后，按细绳标志取出药包。种子堆高在 3 米以上，可采用种面施药与埋藏施药相结合的方法。

帐幕熏蒸是用塑料薄膜或 PVC 篷布为帐幕进行磷化铝熏蒸时，要求帐幕与种堆之间留有一定的空间，以利于磷化氢气体扩散，同时还要注意帐幕内结露的水滴不能落到药剂上。

包装种堆施药是以总用药量的 50%～60% 在种堆上面施药，其余药剂施放在过道。

低药量施药法适用于塑料薄膜或 PVC 篷布严格密封的种堆，用药量比常规施药法少，一般为磷化铝 2～3 克/米^3，最低不得低于 1.5 克/米^3。具体施药方法有：①缓释熏蒸即通过物理或化学的手段，使熏蒸剂有控制地缓慢放出毒气的熏蒸方法；②间歇熏蒸即在用磷化铝熏蒸时，对密闭的种堆进行 2～3 次投药，每次投药间隔 7 天左右；③双低熏蒸即低氧或高二氧化碳与低药量相结合的方法，利用低氧或高二氧化碳促进害虫的呼吸，从而对磷化氢杀虫有增效作用的原理而设计的。

仓库或帐幕漏气时可闻到一种特殊的大蒜味，除此之外，常用检测漏气的方法是用硝酸根试纸显色法，即用 5% 的硝酸银溶液浸湿白色的滤纸条，在需要检查的地方挥动，若存在漏气，则试纸遇空气中的磷化氢即变色，由黄色变棕色直至黑色，变色愈快、色泽愈深，说明漏气越严重，应及时补封漏气处。

4. 生物防治

生物防治是指利用生物及其产物控制害虫的方法。目前，利用种子贮藏期害虫的外激素、生长调节剂、抑制剂、病原微生物、天敌昆虫以及利用种子本身的抗虫性来防治和抑制害虫的发生危害已取得了新的进展，有些技术已在实际工作中被广泛应用。

（1）外激素。现已提取并人工合成的外激素有谷蠹雄虫的聚集激素以及谷斑皮蠹、杂拟谷盗、黄粉虫、麦蛾、红铃虫、印度谷螟等数十种害虫的性外激素。这些外激素可应用于种子贮藏期害虫的调查和防治。用外激素与诱捕器相结合，可捕杀大量害虫，是有效地防治贮藏期害虫的方法之一。

（2）生长调节剂和抑制剂。目前已发现的十几种保幼激素类似物对印度谷螟、粉斑螟、谷蠹、锯谷盗、赤拟谷盗、杂拟谷盗等害虫的防治效果良好，如 ZR-515、ZR-512 等，有效剂量为 5～50 毫克/千克。生长抑制剂除虫脲（敌灭灵）对鳞翅目害虫有特效，对鞘翅目等害虫也有效，按 1～10 毫克/千克的用量拌入小麦种中能有效防治谷蠹达 1 年之久。

（3）病原微生物。可用于防治害虫的病原微生物类群主要有细菌、真菌和病毒。在种子贮藏期害虫的防治中应用较为广泛的有苏云金芽孢杆菌和颗粒体病毒。苏云金芽孢杆菌制剂主要用来防治鳞翅目幼虫，如印度谷螟、粉斑螟、粉缟螟、米黑虫、麦蛾等，对鞘翅目害虫防治效果不明显。施药方式可分种子拌药和表层施药 2 种。颗粒体病毒用于防治印度谷螟效果明显，每千克小麦种子加入 1.9 毫克颗粒体病毒粉剂（含颗粒体 3.2×10^7 个/毫克），可使小麦种中的印度谷螟幼虫全部死亡。

（4）天敌昆虫。寄生和捕食贮藏物害虫的天敌很多，如米象金小蜂、仓双环猪蜂、黄色花蜂等均能寄生或捕食多种害虫，它们在一定的条件下能有效地控制害虫发生危害。由于天敌昆虫本身存在着污染种子的问题。因此，目前尚未在生产上推广，但种子害虫的防治应重视对天敌昆虫的保护和利用。

第三节 常规贮藏

常规贮藏是目前种子贮藏的主要形式，用于大量生产用种的短期贮藏。

一、种子仓库

种子仓库是贮存种子的场所，也是种子生存的环境。仓库条件的好坏接影响到种子贮存的时间和安全。因此，建造良好的仓库是非常必要的。建造仓库前，必须做好调查研究工作，主要针对地形、地势、水文、地质、当地经济情况、交通状况等进行调查，确定库址、建库类型及库容大小。

（一）库址选择原则

建造种子仓库的地点应符合下列条件要求：

1. 地势和地形

仓库必须选择坐北朝南、地势高的地方，以防止仓库回潮。特别是在地下水位较高的地区，一定要选地下水位低的高地建仓。在易发洪水的地区，要选择不受水淹的地点或加高仓库地基建仓。

2. 地质条件

土质必须坚实可靠，有坍陷可能的地段不宜建仓。一般要求建仓的土壤坚实度达到每平方米可承担 10 吨以上的压力，否则必须加固仓库四角及全范围的基础，以免贮藏期因仓库裂陷导致种子损失。

3. 交通方便

便于运输，一般应靠近交通线、铁路、公路、水运沿线为好。

4. 应在服务地区中心建库

以减少中间的运输距离及调种的费用。

5. 具备足够的场地

以便建立水泥晒场和相应的检验室、值班室、车库等建筑，但种子仓库规格亦不宜过大，以免造成土地的浪费。

（二）建仓的要求

1. 具有防潮性能

种子具有很强的吸湿性，所以仓库应具有防潮性能。通常最易引起贮种受潮的部位是地坪返潮、仓墙和墙根透潮、屋里渗漏。为此，仓库地坪和仓墙（至少在存种线以下的仓墙）要用隔潮性能好的建筑材料建造，种子仓库防潮材料一般使用沥青，沥青的渗透系数是水泥的 82.5%，防潮效果好，成本低，坚固耐用。仓房要建在干燥处，四周排水通畅，仓内地坪高于仓外 30～40 厘米。屋檐要有适当宽度，仓外沿墙脚砌泄水坡，并经常保持外墙及墙基干燥，防止雨水积聚渗入墙内。

2. 具有隔热性能

外界温度能影响仓温和种温，在高温的季节和地区，仓库的建造需要具有良好的隔热性能，以减少外界温度的影响，使种子较长期地保持低温状态。大气热量传入仓内的主要途径：一方面是屋顶受热后，大量的热量通过屋面材料向仓内传递；另一方面是从门窗传入。一般 365 毫米厚的砖墙，隔热性能较好。据测定，每平方米房式仓墙传入热量为 41.13 千焦/时，而每平方米屋面传入的热量为 667.55 千焦/时，可见房式仓屋面传热要比砖墙传热大得多。但是当太阳照射墙面后，仓墙外表面温度上升，热气沿着墙面上升，易从窗户进入仓内，使温度升高。为此，屋顶的隔热可设顶棚，建隔热层；对仓墙的隔热可将墙表面粉刷成白色或浅色。

3. 具有密闭与通风的性能

密闭的目的是隔绝潮湿或消除高温等不良气候对种子的影响，并配合药剂熏蒸杀虫达到预期的效果。通风的目的是散去仓内的水气和热量，以防种子长期处于高温高湿条件下影响生活力。目前在机械通风设备未普及的情况下，一般采用自然通风，自然通风是根据空气对流原理来进行的。因此，仓库的门、窗以对称设计为宜，窗户以翻窗形式为宜，并且关闭时能做到密闭。窗户位置高低适当，过高则屋檐阻碍空气对流，不利通风；过低则影响仓库利用率。

4. 具有防虫、防杂、防鼠、防雀的性能

仓内房顶应设天花板，内壁四周需平整，并用石灰刷白以便于查清虫迹。仓内不留隙，即可杜绝害虫栖息场所，又便于清理种子，防止混杂。库门需装防鼠闸，窗户应装铁丝网，以防鼠、雀进入。

5. 仓库附近应设晒场、保管室和检验室等建筑物

晒场用以处理进仓前的种子，其面积大小视仓库而定，一般以仓库面积 2～3 倍为宜。保管室是贮放仓库器材工具的专用房，其大小可根据仓库实际需用和器材多少而定。检验室需设在安静而光线充足的地区。

（三）种子仓库的类型

种子仓库的类型较多，目前主要以房式仓为主，另外还有机械化筒仓等。

1. 房式仓

现在大多数种子公司采用的是标准仓房，其设计一般为宽 20 米、长 50 米，可根据地址条件以及贮种数量略加变动。墙高多为 3.5 米、下部 2.5 米，高处 50 厘米厚，上部 1 米处为 30 厘米厚。墙体用钢筋水泥或砖木结构均可，现在多是钢筋水泥墙柱结合砖墙体，墙的夹层内用珍珠岩隔潮隔热，墙壁和地面均用防潮防虫材料。库房有两侧 4 个门对开的，也有 1 面开门，根据长度决定开门的数量。仓门高 2.6 米、宽 2.5 米，以便于运输机械的进出。按长 50 米计，全仓共计 22 个高 70 厘米、长 1～1.4 米的窗口对开，窗上设防鸟网及开闭装置，房顶盖石棉瓦，下铺油毡，棚顶加塑料、塑胶或木制天花板。这种仓房的容量可达数百万千克。由于建筑结构比较合理，通风，密闭，四防效果较好，进出、堆放均较便利，故它是目前采用的主要仓型。

2. 机械化筒仓

机械化筒仓由筒体和工作塔 2 部分组成。工作塔为清理、干燥和升运设备。筒体可由数排高 15~40 米、直径 3 米以上的密闭库组成，每个库容在 20 万千克至数百万千克不等，底部采用平面或漏斗式。机械化筒仓一般为钢筋水泥结构，造价高，但仓容大，适用于大型专业化公司和设备较好的单位采用。筒仓的主要特点是占地少，仓容大，有利于密闭，适于机械化。它适用于种子含水量低，进行中期或长期贮藏。但目前由于长期贮备较少，仅在部分种子公司采用金属圆仓作为加工与收购的暂贮仓库。这种仓分为 2 种仓型：一种是 CJ 型，为锥形仓底的镀锌钢板装配式结构，直径 3~6 米，容积 30~40 米³；另一种 CP 型，为平底仓，直径 5~11 米，容积 64~590 米³，并有配套的提升装卸设备，适于仓房不足的单位采用。

二、种子入库

(一) 种子入库前准备

种子入库前要做好仓库维修，清仓消毒，种子干燥、清选分级，种子的品质检验等工作。

1. 仓库与工具的准备

种子入库前要根据隔热防潮的要求，对库房进行检查与维修，做到"上不漏，下不潮，门窗牢固安全"，必要时对仓内四壁进行修补与粉刷。为了达到"四防"目的，仓内要达到天棚、地板和四壁六面光，门有防鼠板，窗有防雀网，仓外无杂草、无垃圾、无污水，并设防虫线、防潮沟。仓内不准堆放易燃易爆品，并配齐灭火器、砂袋、水源等有关消防器材。各种工具，如麻、苫布等都需进行清理与修补。并准备好所用账册单据、标签等。

2. 清仓消毒

清仓消毒可以在仓房修补粉刷之前，也可以在修补粉刷并经过干燥之后。清仓清毒常用敌百虫和敌敌畏，采用喷雾或熏蒸 2 种方式，使用方法见表 4-7。熏蒸施药后要关闭门窗，密闭 72 小时后开窗通风 1 天。清仓消毒后要彻底清扫，然后关闭门窗准备种子入库。

表 4-7 清仓消毒的用药法

药剂	浓度（%）	施药方法	用药量（千克/米³）
敌百虫	0.5~1	喷雾	0.1
敌敌畏	0.1~0.2	喷雾	0.1
敌敌畏	80（原液）	喷雾	0.01
敌敌畏	80（原液）	挂条熏蒸	0.01~0.02

3. 仓容计算与堆放设计

为了做到合理堆放，种子入库前要计算仓容，绘制种子堆放平面图。计算仓容之前，要首先求出仓容的实用面积。一般仓内要留 2.5~3 米作业道，种子堆与仓壁间要留 0.6~1 米的步道。

4. 种子准备

入库前的种子必须经过清选与干燥，水分、净度、发芽率、纯度等各项指标符合国家规定标准方可入库。而且要有检验单，以便根据种子质量和水分情况进行合理堆放。入库前，不但要根据品种质量和水分情况进行合理堆放，还应根据产地、水分、纯度、净度等级与虫口情况划分种子批号，分别堆放。并根据堆放布置平面图做好入库计划。同一库房应按堆放位置排列入库顺序。

（二）入库

1. 种子入库标准与要求

为保证种子在贮藏期间的安全稳定、不变质、不发生意外损耗，除贮藏条件应有充分保证外，最主要的是种子品质必须符合标准。其中最关键的是种子含水量的高低，其次是种子的成熟度和净度。按国家标准要求入库种子（禾谷类）水分应控制在13％以下，且成熟要充分，无杂质，净度高。如果成熟度差或有破损粒，在水分较高时，很容易遭受微生物和仓库害虫危害，种子生活力极易丧失。这类种子必须严格剔除，凡不符合入仓标准的种子，不应急于进仓，必须加以处理，合格后方能入库贮藏。

按品种、产地、水分、等级、虫口情况分批的种子入库时，要求每批种子不论数量多少，都应具有均匀性，要求从不同部位所取得的样品都能反映出该批种子所具有的特点。要求做到按照"五分开"存放。

（1）级别不同的要分开。在符合入库标准的前提下，不同等级的种子要分别存放，否则会降低好种子的等级。

（2）干湿分开。入库种子应按种子含水量高低分开贮藏，一个仓库或种子堆水分差异不宜过大，一般不应超过1％，否则会产生水分转移，影响贮藏的安全性。

（3）受潮和不受潮的种子分开。受潮浸湿膨胀过的种子，即使是再降到安全水分，因其内部酶的活性加强，呼吸强度增加，贮藏也比较困难，为此要分开放。

（4）新陈种子分开。新种子大多有后熟作用，陈种子品质多变劣，新陈混存，必然会降低品质。

（5）有虫有病和无虫无病的分开。对发现有虫有病的要分别堆放，以防蔓延扩大。

此外，外形相似的品种或自交系不要相邻堆放。每个种子堆（垛）都应挂好标牌，并用粉笔明显标出，做到标牌、账上与实物一致。

2. 种子堆放的形式与方法

（1）散装堆放。在种子数量多、仓容不足或包装工具缺少时，充分干燥、净度达标的种子可采用散装堆放。此法又分为全仓散堆、单间散堆、围包散堆、围囤散装。

全仓散堆及单间散堆：此法盛装种子数量多，仓容利用率较高。既可全仓堆放，也可将仓内隔成几个单间。种子堆高度一般2.5米左右，但必须在安全线以下。因种子数量大，除严格掌握种子入库标准外，平时要加强管理，尤其要注意表层种子的结露或"出汗"等不正常现象。

围包散堆：仓壁不十分坚固或没有防潮层的仓库多采用此法。堆放前按仓房大小用一批同品种装入麻袋包，将包沿墙壁四周离墙0.6米处堆成围墙，在围包内散放种子。堆放不宜过高，下部受侧压力大，应适当增加厚度，以防止塌包。

围囤散装：在品种多而每个品种的种子量又不很大的情况下可采用此法，也可作为品种级别不同或种子水分还不符合入库标准而又来不及处理时的临时堆放措施。堆放时边装边圆囤，囤高一般在 2 米左右，囤沿应高于种子 10～20 厘米。

仓内散装堆放不论采取哪种形式，在种子入库后，均应及时整理种面，以缩小种子接触空气的面积，有利于提高种子贮藏的稳定性。

（2）袋装堆放。袋装堆垛的形式视种子含水量、入库季节、气温高低、种子品质、仓房条件、贮藏目的、预计堆放时间等情况灵活运用。为了管理和检查方便，垛与垛、垛与墙之间各留 0.6 米宽的操作道，垛高、垛宽视种子干燥程度而定。水分高，垛应窄而矮，便于通风散湿散热。堆垛的方向应与库房的门窗相平行，如门窗是南北对开，则垛向应从南到北，以便打开门窗时利于空气流通。

实垛法：袋与袋之间不留距离，有规则地依次堆放。宽度一般以 4 列为好，有时放满全仓。此法仓容利用率最高，但对种子品质要求很严格。一般适用于冬季低温入库的种子，冬春季不超过 8 层，夏秋季不超过 4 层。

"非"字形及"半非"字形堆垛法："非"字形堆法，第一层中间并列两排各直放 2 包，左右两侧各横放 3 包，形成"非"字，第二层则将中间两排与两边换位，第三层堆法与第一层相同。"半非"字形堆放是"非字"形的减半放置。

通风垛：这种堆垛法空隙较大，便于通风散湿、散热，多用于秋冬季节保存较高水分的种子和夏季采用，便于逐包检查种子的安全情况。通风垛有"井"字形、"口"字形、"金钱"形、"工"字形等多种，堆垛难度较大，不宜堆放过高，也不宜过宽。

三、种子贮藏管理

（一）种子贮藏期间温度和水分的变化

1. 温度变化

种子堆的温度在正常情况下随着外界温度而变化，气温影响仓库温度，进而影响种子温度。由于种子是不良导体，且贮藏期间种子生理代谢很弱，产生热量很少，所以外界温度对种子温度影响的深度、幅度和变化速度都很小。一般情况下，气温、仓库温度、种子温度三者之间的变化幅度大小遵循种子温度＜仓库温度＜气温的规律，这就是通常称之为"三温"变化的顺序。

（1）种子温度日变化。大气温度的日变化虽能引起仓库温度的变化，但对种子温度影响不大，一般只对种子堆表面 0～30 厘米处有些影响。

（2）种子温度年变化。种子温度的年变化随其深度增加而变化幅度减小。种子堆最高温度和最低温度的出现比大气最高最低温度出现的时间要晚 1～1.5 个月，即 3 月最低，9 月最高。总的变化规律是 4—8 月种子温度随气温升高而升高，种子温度低于仓库温度，10 月至翌年 2 月种子温度随气温下降而下降，种子温度高于仓库温度。种子温度各层次温度变化在 6～10 月期间是上层＞中层＞下层，1—3 月期间上层＜中层＜下层。此外，种子温度的变化也受库房大小、建筑结构和材料、堆放形式和贮藏管理等影响。

2. 湿度变化

种子堆湿度的变化主要来自两方面：一是外界大气温度（包括仓内空气温度）的影响，二是受种子本身的影响。空气中相对湿度日变化最高值和最低值出现时间恰与温度相反，温度高时湿度低，温度低时湿度高。种子堆表层湿度变化受大气湿度的影响，堆内部的湿度变化，在静止状态下受平衡水分规律支配，在空气流动状态下受空气对流作用和扩散作用的影响。种子堆内部一般以低温部位和高水分部位湿度大。

3. 水分的变化

种子水分的变化和种子湿度变化一致，由于种子吸湿性强，所以水分变化比温度变化快。

（1）种子水分日变化与年度化。种子水分变化和种子堆湿度变化是一致的。由于种子吸湿性强，所以水分变化比温度变化快。

种子水分的日变化，主要发生在种堆的表层15厘米左右，30厘米以下变化很小。一般是每天在日出前最高，12:00左右最低，差数随湿度大小而变化。种子水分的变化主要是受大气相对湿度的影响，随季节而变化。在正常情况下，低温和雨季时空气的相对湿度大，种子含水量高；在高温和干旱的季节相对湿度小，种子的含水量低，见表4-8。整个种子堆各层的变化也不相同，表层的种子水分变化尤为突出，中层和下层的种子水分变化较小。但下层近地面15厘米左右的种子易受地面的影响，种子水分上升较快。实践证明，表面层和接触地面的种子往往因水分增多而常发生结露、发热、霉烂现象，因此，必须加强管理。

表4-8 小麦种子堆各层水分年变化（％）

时间	表层水分	上层水分	中层水分	下层水分	相对湿度
11月	11.1	11.25	9.5	9.57	76
12月	11.75	11.7	9.25	10.5	72
翌年1月	11.1	10.75	9	9.5	73
翌年2月	11.25	10.75	9.25	10.05	77
翌年3月	11.75	11.3	9.75	10.38	73
翌年4月	11.75	11.5	9.75	11	70
翌年5月	10	10.25	8.75	9.75	75
翌年6月	10.75	10.5	9.25	10.13	70
翌年7月	9.5	9.25	8.75	3.5	52

（2）种子堆内的水分热扩散。种子堆的水分按照热传递的方向而移动的现象，称为水分的热扩散，也就是种子堆内的水气从温暖部位向冷凉部位移动的现象。种子堆内发生的热扩散现象是造成种子堆内部水分转移和局部水分增高的一个重要原因。这是因为种温高的部位，空气中含水量多，压力大，而低温部位的压力小。根据分子运动规律，压力大的高温部位的水分总是向压力小的低温部位扩散移动，结果导致低温部体种子水分增加。

种子堆的热扩散造成局部水分增高的现象经常发生在阴冷的墙边、柱石周围和种堆的底部。种子堆中温差越大，时间愈长，湿热扩散就愈严重。莫斯科大学用人工方法在种堆内制造局部冷却，观察水分的发热扩散现象（表4-9）。结果表明，原始水分为9.8％的小麦，在温差为20℃时，经过2周，因湿热的扩散亦能发芽发霉。

表 4-9　种子堆的发热扩散现象

开始时种子水分（%）	终止时种子水分（%）		温差（℃）	试验日数（天）	冷却部位中的种子状态
	冷却部分	其他部分			
9.1	10.3	9	8	30	无变化
15.1	18.2	—	6	42	无变化
20.5	23.1	—	6.5	14	生霉
8.2	8.9	3.2	13	33	无变化
9.8	36.2	—	20	14	发芽生霉
14.6	22.9	13.8	14	33	发芽生霉
19.1	29.1	13.2	16	39	芽长、黏液多，有细菌和霉菌

（3）种子堆水分的再分配。高水分和低水分的种子堆在一起时，种子的水分能通过水气的解吸及吸湿作用而转移，这一规律就叫作水分再分配。但是经过再分配的种子水分，只会达到相对平衡，而且是暂时的，不会达到绝对平衡，这就是吸附滞后现象的表现。影响种子水分再分配速度的因素很多，其中最主要的是温度，温度越高，再分配的速度愈快，达到平衡的差异也随之缩小。例如，水分 15.79% 与 9.6% 的小麦混存时，在 4 ℃ 条件下经过 42 天，可达到水分的相对平衡，但尚有 0.76% 的差异；在 24 ℃ 条件下经过 28 天达到相对平衡，水分的差异为 0.63%；而在 32 ℃ 条件下，只需要 14 天就可达到相对平衡，两种小麦的水分差异为 0.73%。因此，种子入库时，必须要干湿分开堆放，以免干燥的种子受潮，影响贮藏的安全。

（二）种子贮藏期的检测

在种子贮藏期间，由于种子本身生命活动和环境条件的影响，种子状况有可能发生变化，应定期进行种子质量与安全状况的检测，以便及时发现问题，采取有效措施，避免坏种事故的发生，以保证种子贮藏质量。仓房检查应按一定程序进行。

1. 查仓

查仓是一项较细致的工作，操作时应有计划有步骤地进行，以便能及时发现问题，全面掌握种子堆情况，又能节省人力物力。步骤如下：

（1）打开仓门后，闻有没有异常的味道，然后再看一看门口、种面等部位有没有鼠、雀的足迹，墙壁等部位是否有虫子。

（2）划区设点，安放测温测湿仪器。

（3）扦取样品，以便进行水分、发芽率、虫害、霉变及净度等检查。

（4）观看温度、湿度结果。

（5）进一步看仓库内外有无倾斜、缝隙和鼠洞。

（6）根据以上的检查情况，进行分析，提出意见，如有问题应及时处理。

2. 检测的内容

（1）温度检测。种温是对种子贮藏状态反应灵敏而又易于检测的指标。掌握种子堆温度变化的规律，就能判断种子的生理活动及微生物与仓库害虫变化情况，及时觉察种子的劣变的趋势，为贮藏管理提供依据。因此，种温检测是种子贮藏中最重要、最普遍的测定项目，要定期、定时、定层、定点进行检测。根据种子质量、水分和季节决定测温的时间间隔。具体的检测周期参考表 4-10。

表 4-10 种温检测周期

种子含水量	夏秋季		冬季种温		春季种温		
	未完成后熟	完成后熟	>0 ℃	<0 ℃	<0 ℃	5~10 ℃	>10 ℃
<15%	每天	3 天	5~7 天	15 天	7~10 天	5 天	3 天
>15%	每天	每天	3 天	7 天	5 天	3 天	每天

定时是要求每次检查气温和每点种温都在同一时间，以便将前后检查结果相比较。最好是 9:00—10:00 时进行，因为，此时的气温与种温接近全日的平均温度。

定层、定点是指在种子堆上、中、下 3 层每层设固定点，这要根据堆装方式、种堆大小而定。原则上要求既要操作简便，又能代表全面。

散装取点：一般种子堆面积在 100 米² 范围内时，每层取 5 点，即 3 层共 15 点。如超过 100 米²，可适当增加点数。另外，还要抽查容易出问题的部位，如靠近墙壁、屋角、墙基部及柱基附近、近窗处、有漏洞的地方、杂质自动分级聚集处、入库时原始水分稍高的部位，增设辅助点进行检查。

上、下层的点距表面和地面 50 厘米，中部的点在种子堆中心，外层的点距外层 30 厘米左右，各层的测温点要固定。一般用长柄分节直杆温度计检测，比较费时费力。近年来，开始试用由热敏电阻和测量仪表组成的温度测量仪，在种子堆垛时将感温部件埋入不同层、点，用导线拉出垛外，可以到现场测定，也可以在检测中心进行遥测。有的还装有自动报警装置，更有利于及时发现问题。在仪器检查的同时，还可辅之以感官鉴定，常用的方法是：赤脚在种面上走动，通过脚的感觉，可以发现发热部位和霉变结顶的情况，从种堆拔出温度计时，使铁杆沿着手心抽出，通过手的感觉，也可判断有无发热情况。

袋装的取点和检查原则是定层定包。应根据堆桩形式和大小、种子质量、仓房条件和贮存季节等因素来决定检查的层点。检查的部位如 8 袋高，则在第 2、5 包或等 3、6 包检查，包装堆高于 8 袋的可检查上、中、下 3 层。对于堆桩很大的，除在堆桩四周检查外，种堆中央也应根据堆桩面积设 1~3 个点，然后由种堆顶部的 1 包向下数至第 5 包检查，必要时还应将设点的位置各包全部提出，以检查堆内部和底部，这种方式称为"打井"检查。如用测温仪时可将探头埋在检查部位直接检查。

(2) 水分检测。种子水分是影响种子贮藏安全的主要因素，水分增高会引起种子发热及仓库害虫和微生物的活动。种子水分经常受大气温湿度的影响而变化，越干燥的种子吸湿性越强，越容易返潮，当一部分种子受潮，就会引起种子堆内再分配现象而逐渐转移，使其他部分的种子亦开始吸湿而提高水分。所以，检查水分是仓库检查的一项重要内容。

检查水分是以 25 米² 作为 1 个检验区，取 3 层，每层 5 点，共 15 点。把每点所取得的样品混匀后，再取样进行测定，要求取样一定要有代表性，对于感觉上有怀疑的部位所取得的样品，要单独测定。

检测水分的取样点要考虑容易发生问题和可能发生问题的部位，也可与测温点相结合，以便掌握水分变化规律，两相对照，有利于正确分析。贮藏期水分检测要求分点测水，不能将各点混合，以免局部种子吸湿返潮的结果被其他正常点的结果所掩盖。

在检测种子水分和温度的同时，也应检测仓库内的空气湿度。因为它不仅关系到种子堆水分的变化，也关系着种子温度的变化。一般用干湿球温度或自记温湿度计观测。

（3）发芽率检测。种子是重要的农业生产资料，必须具有优良的播种品质和旺盛的生命力。如果种子在贮藏期间丧失了生活力，也就失去了贮藏的意义，所以不仅在入库和播种前要测定种子发芽率，在贮藏期间也应定期检测种子发芽率，一般每季度检测 1 次。并应根据气温变化情况，如夏季或严冬遇高温或严重低温之后以及在药剂熏蒸的前后，均应增加检测次数。最后 1 次检测应在种子出库的 10 天前进行。如果在测温度或水分时发现某部位出现异常变化，应从该点取样测定发芽率，以免出现平均值掩盖局部种子发芽率显著下降的现象。

（4）虫、霉检测。仓库害虫检测是根据季节和种子温度情况而定，11 月至翌年 3 月，种子温度在 15 ℃以下时，可以每季度检测 1 次；4～10 月，种子温度在 15～20 ℃时，每半月检测 1 次；如种子温度大于 20 ℃时，则每周需检测 1 次。发现有仓库害虫，还应适当增加检测次数，并根据情况及时采取防治措施。

检查虫害时，要根据害虫的习性和密度来决定取样方法，害虫的密度以最大的部位代表全仓。一般散装仓种面面积在 100 米^2 以内的，取样 5～10 处；101～500 米^2 的，取样 10～15 处。取样时，在害虫群集处分层设点，一般堆高在 2 米以内的设 2 层，超过 2 米的设 3 层。上层用手或铲取，每点样品不少于 1 千克，中、下层可用扦样器，每点样品不少于 0.5 千克。包装的种子，应外层多设点，内层少设点，10 包以下要逐包取样，500 包以下的取样 10 包，500 包以上的按 2%取样。取样方法一般用扦取法，每包不少于 1 千克。

一般检测非蛾类害虫采用筛检法，即将每个样点上的样品筛动 3 分钟，将虫筛下后，手拣进行检查，数其活虫头数及虫卵，计算每千克种子感染率（头数/千克）。甲虫类每千克 1～5 头为轻，6～10 头为中等，10 头以上为重。检查蛾类害虫，可用撒谷看蛾目测法，观测虫口密度，来决定防治措施。

霉菌检测期限的长短，主要根据季节与仓房防湿、防热性能和种子水分、温度情况而定。霉变检测部位，应注意底层、墙根、柱基等阴暗潮湿部位以及容易结露和杂质集中的部位。

（5）鼠、雀检查。主要看鼠、雀足迹和粪便，以及有无鼠洞。

如有条件能进行气体成分、种子呼吸强度、脂肪酸值以及酶的活性等生化指标的检测，则能更准确地掌握种子的贮藏状态。上述各项检测结果，均应记入卡片，归入贮藏档案。

（三）种子堆通风与密闭

利用仓库的设施和条件进行通风与密闭管理，是控制温度、水分和氧气，制约种子生命活动和虫霉危害的有效方法。通风不仅是贮藏中的一种管理措施，对高水分的种子来说，也是一种干燥方法，所以在北方干旱的地区，一般以通风为主。

1. 通风

通风的作用是利用干冷的空气将种堆内的温热空气带走，排出仓外，以降低种子的温度和水分，并改变种堆内的空气成分，降低二氧化碳浓度，保持种子的生活力。通风的方式有自然通风和机械通风 2 种。

（1）自然通风。自然通风是利用空气自然对流进行的，通常不需用什么设备，虽然空气交换量少，效果比较迟缓，但方法简便，在一定条件下有利于种子安全贮藏，所以种子仓库至今仍广泛采用。自然通风是由温压与风压 2 种作用而产生的。

温压是指因温度差而引起的空气压力差。例如，仓内温度高，空气发生膨胀（温度升高1℃，体积比原来体积涨大0.3%），比重就比仓外冷空气小，压力也减小，这就造成仓内外空气的压力差。当仓外的空气压力大于仓内或种子堆内时，仓外的冷空气就进入仓内，向仓内较轻的热空气就从仓房上部的孔口排出去，于是便形成冷热空气的自然交换。温差愈大，内外空气交换量就愈多，通风效果就愈好。

风压是指风对仓库的作用而引起的空气压力差。当风吹向仓房的迎风面时，除小部分空气从仓房迎风面的门、窗及缝隙处穿过外，大部分空气仍循着向前移动的方向，从仓库的两侧及仓顶上面流过。在仓房的后面，气流又汇集在一起，按原来方向继续前进。由于风吹向仓房墙壁时，受到迎风面仓墙的阻挡，故迎风面仓墙空气的压力增大，大于大气压力。在仓墙两侧，因气流的通道变狭窄，向前流动的风速增大，故气流对仓墙侧壁的压力减小，小于大气压力，仓房背风面的压力也变小。由于仓库迎风面和背风面的压力差，气流就能从迎风面进入仓内，再从背风面排出仓外。风压的大小与空气的流速成正比，风速愈大，则风压愈大，仓房内空气交换次数愈多，通风换气量就愈大，在正常情况下对种子堆的通风效果就愈好。

自然通风的效果除与温差、风压有关外，还与仓房类型、堆垛方式、种子堆大小、种子堆的孔隙度等因素有关。仓房结构合理、种堆小、孔隙度大的通风效果好，否则通风效果较差。

自然通风主要是根据仓房内外温湿度的情况，选择有利于降低种子温度和种子水分的时机，打开仓库门窗通风。但究竟能否通风，还要根据具体情况来决定。按照种温与外温的比较，各地1年间的气候可划分为2个相对季节，一般9月至翌年的2月为气温下降季节，是可以通风的。而3—8月为气温的上升季节，应该密闭。但在通风季节里也不是任何时间都可以通风。还要通过测定换算后确定是否能通风，其方法有测定板法和对比法2种。

测定板法是用平衡水的原理制成的种子通风测定板进行测算，使用比较方便。通风测定板的板上标有5条直线，分别表示大气干球温度、湿球温度、空气水分压、种子温度和种子平衡水分。测定板使用的方法：先由大气干球温度和湿球温度求得水气分压，再由水气分压与种子温度，求得种子平衡水分，然后与原有的种子含水量比较。如种子水分为16%，种子温度为10℃，仓外干湿温度计中干球温度为5℃、湿球温度为4℃，则用直线连接干球的5℃和湿球的4℃，并延长于空气水分压线上交于1点（在6毫米处），再以此点和种子的温度10℃点连接，并延长于种子平衡水分线，交于平衡水分线的13%～14%处，而现有种子的含水量为16%，所以是可以通风的。如果仓外干、湿温度计中的干、湿球温度在0℃以下，则可同样按上述步骤方法求得平衡水分后加以判断。上面所用的通风板是根据小麦平衡水分数值测定的，用于其他种子时应按表4-11加以校正。

表4-11　几种种子平衡水分比较数值表

种子种类	种子平衡水分									
小麦	9.0	10.0	11.0	12.0	13.0	14.0	15.0	16.0	17.0	19.0
大麦	9.2	10.3	11.4	12.3	13.3	14.6	16.0	17.3	18.0	19.6
谷子	8.7	9.8	10.7	11.7	12.6	13.5	14.3	15.3	16.1	17.3
玉米	9.2	10.1	11.1	12.1	13.1	14.4	15.4	16.6	17.0	18.0
黄豆	6.0	6.5	7.2	8.0	9.5	11.0	12.4	14.7	16.4	19.2

对比法是指仓外空气的温、湿度引入种子堆后，其湿度会发生变化，变化后的湿度与种子的平衡水分比较，大于种子平衡水分的不能通风，小于种子平衡水分的则可以进行通风，换算的公式为：仓外空气进入仓内后相对湿度的变化＝当时仓外温度下的饱和水汽量×当时仓外湿度百分数/种堆内部温度下的饱和水汽量×100%。

例如，某仓玉米种子温度为 10 ℃，水分为 17%（大约和相对湿度 80% 相平衡），当日大气的温、湿度是：6:00 温度为 7 ℃、相对湿度为 85%，14:00 温度为 13 ℃、相对湿度为 60%，21:00 温度为 9 ℃、相对湿度为 90%。

6:00，7 ℃时的饱和水气量是 7.703（查饱和水气量表），仓外空气进入种堆后的相对湿度变为（7.703×0.85）÷9.329×100%＝70.2%，仓内外比较，其温、湿度都小于仓内，故可以通风；14:00，13 ℃的饱和水气量是 11.249，仓外空气进入种堆后，相对湿度变为（11.249×0.6)9.329＝72.3%，仓内外比较，其湿度小于仓内但温度高于仓内，故一般应密闭。但在种子含水量较高，又处于下降季节里，故可以通风降水；21:00，9 ℃时的饱和水气量为 8.857，仓外空气进入种堆后，相对湿度变为（8.857×0.9)÷9.329×100%＝85%，仓内外比较，外温略低于种温，但湿度大于仓内，故应该密闭，不宜通风。

总之，在通风季节里，可根据以下原则掌握门窗的开关：①选择通风，最好能达到既降温又降水分的目的。如果不能同时达到降温、降水 2 个目的，亦应在争取不增加种子温度的前提下通风降水，或者在不增加水分的前提下通风降温。②阴雨天气除发热的种子外，不宜通风。③在一般仓贮和种子质量情况下，大气的湿度小于 70%，温度低于种子温度 5 ℃，通风对降温、降湿一般都有利。④在气温上升季节，对水分小种温低的贮种或趁热进仓密闭杀虫的贮种，应密闭；但对新收获的高水分种子或晒后温度很高的种子，仍需多开门窗通风降温降湿。

此外，在自然通风的同时，尚需结合人工辅助的方法，深翻种面，使种子尽量与外界空气接触，散发湿热，提高通风效果。同时也可以防止通风不彻底，局部种子堆的高热不能散发，致使形成温差，发生种子堆水分分层或结露现象。对新收获的高水分种子适当设置通风筒，也有助于水分降低与种质的改善。

（2）机械通风。机械通风是将外界干冷的空气送入种子堆或将种子堆内湿热的空气抽出，利用机械动力使种子堆建立和保持适当均匀的低温干燥状态。这种方法可将夏季入库的高温种子，在冬季到来时，将种子温度迅速降到 10 ℃以下，既能及时减少温差，防止种子堆水分分层和种面结露生霉，又能抑制春季害虫的发展，为贮种的安全度夏打下基础。

机械通风的形式有多种。根据进风的形式分为 2 种：一种是压入式（吹风），把风机的吹风口和风管相连，使外界冷空气经风管压入种子堆，种子堆内的湿热空气由种面散发出；另一种是吸出式（抽风），把风机的吸风口和风管相连，使种子堆内的湿热空气从风管内排出。根据风机连接风管的多少，又分单管通风和多管通风 2 种。单管通风设备在生产使用中，一般都是几套通风管组合使用，按等边三角形排列。排列的距离，根据处理的目的、种子水分、种子堆高度、种子种类的不同而定。根据风道的种类又分固定式（多用地槽形式）和活动式等不同种类，使用时要因地制宜。

地槽通风是在一定容积的仓库地坪上，开设 1～2 条通风地槽、槽面盖为金属网（2.54 厘米 10 眼）或米筛，地槽通向墙外接通风机。通风机把外界干冷空气通过地槽压向种子堆，达到降温和降水的目的。通风机压力与风量的大小，要根据通风种子堆高度和数量的多少来选用。一般生产中是使用低压通风，风量在 2 500～7 000 米³/时，压力在 100 毫米水柱内。

使用机械通风降低种温，影响降温效果的主要因素有：①温差。种子温度与进入种子堆的空气温度之间差距愈大，降温效果愈好（表 4 - 12）。②交换次数。种子堆间隙空气的交换次数同样是影响效果的重要因素之一，交换足够的次数降温效果好，交换次数不够时，即使延长通风时间，亦达不到理想的降温效果。③风量。通风机的单位送风量也会直接影响到降温效果。单位时间内降温的度数与温差及单位送风量成正比（表 4 - 13）。

表 4 - 12　外界温度与种子温度不同差值条件下的降温情况表（℃）

温差	14	11	10	8	6	5	1
每通风 1 小时降低种子温度	8	2	2	1	1	1	0.5

表 4 - 13　温差、送风量和降温度数的关系

种子温度与气温差值（℃）	每小时单位送风量（米³/吨）	通风 1 小时降温（℃）
20	116	1.4
20	60	0.9
17	60	0.7
10	60	0.4

降温时也要考虑到种子水分问题，对于水分高的种子应加大通风量。同时机械通风时应和自然通风一样，在降温时不能增加种子水分。

2. 密闭

密闭是通过封密仓库设施（门窗、通气孔等）和器材（塑料帐篷等），使种子堆与外界完全隔绝，避免外界湿度和温度的影响、防止害虫的感染、抑制或消灭虫霉危害的一项管理措施。一般可分为高温密闭和低温密闭 2 种。

（1）高温密闭。高温密闭是以杀虫为目的，适用于耐热性较强的麦类和豌豆种子。具体做法是：要求种子的水分在标准水分以内，经太阳曝晒或人工加温在当天达到 46～48 ℃，在这样的温度下，一般仓库害虫可被杀死而不损伤种子的发芽效率。然后趁热入仓，入仓时要一次入满，以避免发生温差结露和仓库害虫的复苏。装满的仓库、围囤等，应及时压盖密闭保温。压盖一般用席子、草袋或麻袋等覆盖种面，再在上面用麦糠、谷壳、灶灰等压盖。也可用囤套囤的办法，即在囤顶及套顶夹层中灌进麦糠、谷糠等填充物密闭，所有压盖物都应晒干清洁和消毒，最好同时晒热再用。密闭 7～10 天，如入库的种温较低，可适当延长几天。当达到杀虫效果后，搬去覆盖物，散发种温翻动种面，避免高温密闭的时间过长，而影响种子的生活力。对于没有机械通风设备的大型种仓，因种子是不良导体，降温较慢，故不宜采用高温密闭。

（2）低温密闭。低温密闭对于一般干燥的种子都可以应用，可起到降低种子的呼吸强度，延长种子的寿命，同时抑制仓库害虫、微生物的繁殖和生长的作用。

低温可利用自然冷却和人工冷却的方式进行，即在冬季严寒干燥的季节，将仓库的门窗打开，用摊薄种堆、翻动种面、扒沟、挖塘等办法冷却种子，或用人力、机械将种子搬到仓

外充分冷却。经过低温冷却的种子入库后，可在春暖温度回升以前密闭起来，利用冬季的低温使之安全度夏。密闭的仓库要求将仓房门窗严密糊封，门口挂多层门帘。可利用早、晚入仓检查，以防外界温度、湿度的侵入。如果仓房条件较差，也可采用堆面压盖。压盖时要做到平、紧、密、实，以利于隔热隔湿，并防止结露。

（四）"五无"种子库标准

"五无"种子仓库是指贮存的种子无混杂、无病虫、无霉变、无鼠雀、无事故。是否做到"五无"是衡量种子仓贮管理水平的根本标准，也是保证种子安全贮藏的关键。"五无"仓库的标准和做法如下：

1. 无混杂

品种之间不能混杂。在整理种子时要核对标签和堆垛卡。同一作物的亲本种子不能相邻堆放。散落在地上的种子不得作种用。晒种时清场要彻底，原则上1个场晒1个品种为宜，翻晒2个以上品种时，至少应有50厘米间距。对包装用具和物品要清倒彻底，残留种子量每10条麻袋或5只箩筐，大粒种不得超过3粒，小粒种不得超过30粒。

2. 无虫

种子堆内虫害重点部位，每千克种子发现2头活虫，经及时处理达到无虫，视为无虫。

3. 无霉

保管的种子无霉坏、无异味、无变质。

4. 无鼠、雀

凡仓房内无鼠迹、鼠洞、雀巢和鼠、雀粪的，偶尔窜入鼠、雀能及时捕杀的，视为无鼠、雀。

5. 无事故

除人力不可抗拒的自然灾害外，没有发生火灾、水淹、盗窃、混杂、错收、错发和不能说明原因的超耗等仓贮事故，视为无事故仓库。

四、种子堆发热与预防

（一）种子堆发热的原因

发热是指由于种子、微生物及仓库害虫等的呼吸热在种子堆中积累，导致种子温度在数日内超出仓库温度影响的范围，发生不正常上升的现象。种子发热主要由以下几个方面引起：

1. 种子质量差

未充分成熟、破损、新收获和在贮运过程中吸湿返潮的种子，都会因种子的呼吸作用旺盛而释放较多的热量和水分。由于种子堆导热不良，水分温度的升高导致种子的呼吸强度升高，同时也为微生物、仓库害虫的生育创造了条件，各种生物因素生命活动的加强最终导致种子堆发热。

2. 微生物与仓库害虫迅速生长繁殖

实践证明，在相同条件下，微生物释放的热量远比种子呼吸作用放出的热量多。种子发热往往伴随着种子生虫、霉变。微生物的生长繁殖是种子堆发热的主要原因。

3. 仓库条件不良或贮藏管理不当

仓库的隔热防潮性能不好、通风不合理、种子入库时水分不一致等往往也会引起种子堆发热。

由于温度的急剧变化和湿热扩散现象，在种子堆内外出现"结露"，是引起种子发热霉变的一种常见现象。"结露"是指当湿热的空气与低温种子相遇或因温度降低使水气量达到过饱和时，水气在种子表面凝结形成水珠的现象，开始出现结露的温度叫露点。结露发生的主要原因是温差引起空气中水气量增加。

（二）种子堆发热类型

发热的范围一般是由局部逐渐扩大蔓延的，根据发热的部位和形状，发热可分为上层发热、下层发热、垂直发热、窝状发热等几种类型。

上层发热多发生在季节转换时期，在气温下降的季节，种子温度高于气温，种子堆中下层的湿热空气上升，在种子堆5～30厘米处和冷空气接触形成结露；在气温上升的季节，种子温度低于气温，外界的湿热空气和较冷的种子堆相遇，也易形成结露。随着液态水的出现，种子和微生物的呼吸作用加剧，导致种子堆上层发热。

下层发热是因秋季入库未充分干燥和地面返潮吸湿的种子，使下层产生的热量和水分散发不出去，或者干燥的种子遇冷凉地面发生结露而形成种子堆近地表部位发热。

垂直发热一方面是由于热进仓的种子与较冷的墙壁或柱石等相接触而产生温差，另一方面由于阳光直射使墙壁与种子堆形成温差，导致靠墙的垂直层发生结露而发热。

窝状发热是由于种子水分不一致等原因造成种子堆局部发热现象。

（三）种子堆发热的预防

1. 把握种子入库关

种子入库前必须严格清理、分级、干燥、冷却，这是防止种子堆发热、确保安全贮藏的基础。

2. 做好清仓清毒，改善仓贮条件

尽可能地减少不良环境条件对种子堆的影响，使种子长期处于低温密闭、干燥条件下以保证安全贮藏。

3. 加强管理

种子贮藏期间做到定期定点仔细检查，遇到特殊情况主动增点勤加检查。发现异常情况及时采取措施加以制止。凡已发热的种子必须做发芽试验，如果丧失活力，则不能作种用。

第四节　低温贮藏

低温库是要利用人为或自动控制的制冷设备及装置保持和控制种子仓库内的温度、湿度稳定，使种子长期贮藏在低温干燥的条件下，延长种子的寿命，保持种子的活力的一种贮种库型。近些年来随着科学的进步和种子事业的发展，许多发达国家除建立高标准的国家品种资源库外，一般都建有低温库，如日本地区性的种子库因用途不同可分为：品种资源库、原种贮藏库和种子中心库。品种资源库要求贮存时间在10年左右，贮藏的温度控制在0～5℃，相对湿度为30%；原种贮藏库是为大田生产服务的，贮藏期一般为3年，其温度控制在15℃以下，相对湿度仍保持在30%；种子中心库是直接供应生产用种的，要求与一般仓库相同，不控制温、湿度，但在仓内也设有一个小贮藏库，温度为5℃、相对湿度为65%，以存放当年剩余的种子。我国自1978年以来也建立了高标准的品种资源库，常年温度为

−10 ℃，相对湿度为 45%。近几年来许多地区种子部门也相继建立了恒温恒湿库，一般标准是温度不超过 15 ℃，相对湿度在 65% 以下，用于贮存原种、自交系、杂交种等价值较高的种子，并已收到明显的经济效益。

一、低温库种类

低温贮藏库分 3 种：长期库的温度范围在 −20～−10 ℃，相对湿度低于 50%，种子含量水量要达到 5%～6%，种子寿命可达 30～50 年，甚至更长；中期库温度范围在 0～10 ℃，相对湿度低于 60%，种子含水量 6%～9%，种子寿命可达 10～30 年；短期库温度范围 15～20 ℃，相对湿度 55%～65%，种子含水量低于 12%，种子寿命一般 2～5 年。中、长期库用于品种资源的保存，短期库可用原种、原原种的贮藏，也可用于生产用杂交种的贮藏。

二、低温库的建筑特点

1. 高度隔热、隔湿

国外多采用装有聚氨酯泡沫的预制绝缘板（外有保护性钢套）为库壁、库顶建筑材料，既能隔热、隔湿，也能防虫。国内多采用双层墙，中间添加绝缘填充材料的建筑方法。隔热、隔潮建筑材料很多，常用的隔湿材料有沥青、油毡等。隔热材料有膨胀珍珠岩、软木、聚苯乙烯泡沫塑料等。

隔热、隔湿材料的选择与厚度要根据气候条件与库温要求的范围来决定，应采用"最低运行花费"原则，选用价廉而绝缘性差的材料，库房运行花费将远远超过建筑投资的余额。日本滝川的原原种贮藏室，建筑基础是钢筋混凝土，墙体为预制砌块，内壁为双面隔气层（每层一毡两油，中间夹 75 毫米纸板），用薄木板作保护层，天花板是柱钢筋混凝土，板下反贴了双面隔气层，用薄木板作天花板保护层，地坪为 300 毫米砾砂上灌混凝土垫层，然后作隔气层，再铺 75 毫米厚软木板，再做隔气层，再浇筑钢筋混凝土垫层，抹水泥面层。地面、墙面、天花板的隔气层是连续成一体的。

一般不设窗户，门必须有导热绝缘层来防止局部结冰或结露，门框要有柔韧的密封垫，门上挂尼龙加固的聚乙烯帘，防止开门时空气交流，采用双层门（斜对开），中间设缓冲间来防热、隔湿。

2. 防地坪受冻变形

当仓库温度低到 0 ℃ 以下时，地坪下的基土容易冷冻膨胀产生隆起，需在地坪下填充绝缘物（以隔绝库内的冷温）或装低温加热电路，使地坪下温度达 4 ℃ 左右。

3. 具备必要的辅助设施

辅助设施有熏蒸室与干燥室等。熏蒸室要有绝对不透气的墙、天花板，与邻近的房间隔开，或在远离人员工作的地方设密闭熏蒸室。干燥室具有短期贮藏条件，可以通过除湿的低湿热空气使种子干燥。干燥室的设备要有 1 台空气除湿机（吸着式）、1 台制冷机（使除湿机放出的热量被消除）。干燥室的温度一般为 15 ℃，相对湿度为 10%～15%，种子在干燥室中，几周至几个月后含水量可降至 6%。大粒种子可进行两级干燥：第一阶段用冷冻除湿机，使干燥室温度保持在 17 ℃ 左右，相对湿度为 40%～45%，能使油料种子含水量达 7%，淀粉种子含水量达 12%；第二阶段用自动干燥机（吸着式），通过空气循环温度达 30 ℃，相对湿度达 10%～15%，使种子含水量降至 6% 以下。

三、低温库的原理与设施

1. 制冷

低温贮藏库的低温来自机械制冷。制冷机主要由压缩机、冷凝器、膨胀阀和蒸发器 4 部分组成。压缩机把从蒸发器流来的制冷蒸气从低压状态变成高压状态，并进入冷凝器；在冷凝器中被水和空气冷却，使饱和气态的制冷变成液态，沿管道进入膨胀阀；膨胀阀又叫节流阀，起调节流量大小的作用；接着进入蒸发器，断面增大、压力降低，膨胀成气体，从而吸收蒸发器周围的介质（空气）的热量，使蒸发器周围制成冷气，用鼓风机把冷空气送入库内。而后气态低压的制冷剂再度被压缩机吸收，如此循环下去，使库内温加不断降低。

目前采用的制冷剂多为氨、氟利昂 12、氟利昂 22 等。

2. 除湿

除湿机械有冷冻除湿机和氯化锂除湿机 2 类。

冷冻除湿机是用冷凝方法除湿。湿空气与冷却盘接触后，因温度降低，水气变成过饱和状态而凝结成液态水，沿管道排出库外，从而降低了库内湿度。

氯化锂除湿机中氯化锂作为吸收剂，被喷淋在库内，吸收库内空气中水分，从而降低了库内的湿度，吸湿潮解的氯化锂再被吸收，沿管道进入加热器，加热去湿，如此循环。氯化锂性质稳定，吸湿力强，波动小。吸湿变稀的氯化锂只要加热到 $70\sim90\,℃$，就可把水分蒸发，得到浓缩，再度使用。

四、低温贮藏注意事项

采用低温贮藏可以比干燥贮藏更经济一些，但高水分种子靠大幅度降温来贮藏，还得要考虑防止冻害的发生及其他不良后果。如玉米种子含水量超过 19%、花生种子含水量超过 11%，温度降至 $-18\,℃$ 左右就可能发生冻害，所以低温贮藏时必须把安全、冻害、效益结合起来考虑。

低温贮藏时，因库内外温差太大，必须注意出入库时防止种子结露。有些种子在低温条件下，可能进入二次休眠，播种前要进行晒种或其他打破休眠的处理。

种质资源或其他贵重种子的低温贮藏，一般要采用密封容器包装，以保持种子的干燥状态。防湿容器有金属罐、玻璃罐、铝箔袋或聚乙烯塑料袋。密封容器内充满二氧化碳、氮气或真空，对贮藏更为有利。

低温贮藏的检测周期长，所以温度检测要采用自动记录与自动报警装置。发芽率检测周期可依贮藏温度、种子品质而定，长者达 10 年，短则 5 年甚至 1~2 年。

第五节　种子的贮藏习性与顽拗型种子贮藏

一、种子的贮藏习性

种子的寿命在物种间有很大差异，由于基因型和产地而不同，物种内不同材料间也存在差异。能否达到由基因型和产地影响所决定的种子潜在寿命，最终取决于贮藏条件。在贮存期间，并非所有物种种子对贮藏前及贮藏期间的环境作出相同的反应，种子的贮藏习性分 3 个主要类型。

1. 正常型种子

正常型种子耐干燥，在种子含水量下降到较低水平时，种子不会受到伤害。在很多环境条件下，种子寿命随着种子含水量和贮藏温度的下降而延长。从本质上讲，正常型种子应具备 2 个条件：①成熟种子能忍耐低含水量 2%～6% 的干燥，高于该含水量时，种子寿命与种子水分呈负对数关系；②种子水分恒定条件下，种子寿命与贮藏温度呈负相关，即随着贮藏温度越来越低，对种子寿命的延长作用会减弱。豆科、禾本科、葫芦科、十字花科和蔷薇科等作物的种子通常为正常型。

2. 顽拗型种子

顽拗型种子在干燥时会受到损伤。

3. 中间型种子

中间型种子在风干贮藏条件下，种子寿命与种子含水量呈负相关关系，在种子含水量所对应的平衡相对湿度（20 ℃条件下）低于 40%～50% 时开始逆转，而种子干燥到相对低的含水量（7%～12%）时往往发生损伤。对于起源于热带的中间型种子，干种子（含水量 7%）的贮藏寿命在贮藏温度低于 100 ℃时开始下降。属于中间型的种子有：番木瓜、油棕、人心果、欧洲榛等。

二、顽拗型种子的主要特征

1. 对脱水和低温敏感

顽拗型种子的生活力随种子干燥而下降，当种子含水量下降到最低安全水分时，种子生活力大幅度下降。如红毛丹在 20% 左右，荔枝和黄皮在 30% 左右，尽管种间最低安全水分差异很大，但这些含水量所对应的平衡相对湿度却均在 96%～98%。

顽拗型种子对低温也很敏感。如保湿的波罗蜜种子贮于 30 ℃条件下，经 100 天仍可保持 93% 发芽率，可贮于 5 ℃条件下，只经 26 天便下降至 30%。可可种子温度从 17 ℃下降到 15 ℃就能被杀死。

2. 含水量高

顽拗型种子成熟时含水量分布范围为 36%～90%，高于中间型（23%～55%）及正常型种子（20%～50%）。

3. 粒大而重，胚的比例小

一般来说顽拗型种子大于中间型种子，而中间型种子大于正常种子。尽管粒大，但胚的占比小（表 4-14）

表 4-14　正常型与顽拗型种子的子叶、种皮和胚占种子干重的比例（%）

作物种类		子叶	种皮	胚
正常型	豌豆	86.7	11.9	1.4
	菜豆	90.4	8.3	1.3
	大豆	90.6	7.3	2.1
	秋葵	82.3	16.4	1.3
顽拗型	波罗蜜	91.1	8.7	0.2
	红毛丹	88.5	11.2	0.3

三、顽拗型种子的贮藏方法

1. 短期保存

由于顽拗型种子不耐脱水及低温，因此人们在不影响种子活力前提下，尽可能降低种子贮藏温度及其含水量，以减轻种子贮藏过程中的代谢，并添加杀菌剂保存种子。如自然条件下，黄皮种子寿命只有 10 天，波罗蜜也仅 1 个月，陆旺金等（1988）将新鲜黄皮种子部分脱水后加入 4%～6%百菌清装入塑料袋内贮于 15 ℃条件下，600 天后发芽率达 90%，800天后仍达 70%；将波罗蜜部分脱水后置于能适度换气的塑料袋内，15 ℃贮存 850 天后，仍保持 90%发芽率。这些方法虽能延长种子寿命，但是有限。

2. 超低温保存

近年来人们先后对可可、椰子、橡胶等十多种顽拗型种子的超低温保存进行探索性研究（表 4-15），其中仅可可幼胚、椰子胚、麦茶的胚轴经超低温贮存后产生了幼苗，其余的如橡胶、龙眼、栎等均只保持生根、茎或产生愈伤组织的能力，因此，顽拗型种子的超低温贮存只是初步的，与实际应用还有很大的距离。

表 4-15　顽拗型种子超低温保存

作物	保存器官	脱水方法及含水量	冷冻保护剂及预处理	保存时间	降温及化冻条件	贮存效果
可可	幼胚	脱水	经梯度蔗糖预培养	12 小时	程序（快速）降温室温（快速）化冻	能产生正常植株
椰子	成熟胚	LAF 4 小时	经葡萄糖和甘油预处理	不详	快速降温快速化冻	成活率33%～93%
橡胶	胚轴	快速脱水 1 小时，含水量16%	—	1 小时	快速降温37 ℃化冻	成活率70%
龙眼	胚轴	快速脱水，含水量19%	经0.1%脯氨酸预培养	12 小时	快速降温30 ℃化冻	成活率80%
栎	胚轴	快速脱水，含水量21%	15%DMSO室温处理1 小时	1 小时	直接降温40 ℃化冻	成活率60%
欧洲七叶树	胚轴	LAF 5～8 小时，含水量19%～22%	—	12 小时	直接降温室温化冻	产生根、茎、不定芽及叶片
咖啡	体胚	LFC 1 小时	10%甘油＋10%蔗糖预培养	1 小时	直接降温37 ℃化冻	成活率66%～72%
黄皮	胚轴	LAF 8 小时	经梯度蔗糖预培养	24 小时	直接降温37 ℃化冻	产生根及愈伤组织

第五章

种 子 质 量 控 制

种子质量的宏观控制由种子检验、种子认证、种子法规 3 大部分组成，种子检验是质量控制的最主要手段。

种子质量检验是 1 个过程，检验的对象可以是产品（种子），也可以是过程，检验的手段可以是观察和判断，也可以是测试、试验。质量检验根据检验对象和检验方法的不同，有许多种分类方法，如按加工过程阶段、检验人员、检验性质等，这些分类对于具体的检验实践工作，具有非常重要的意义。常用的检验方法有 3 类，有田间检验、室内检验和小区种植鉴定。

田间检验是对种子田的隔离条件、亲本质量、除杂情况等情况进行检查、判定种子田是否合格。作用主要有 2 方面：一是提高种子遗传质量，通过种子标签检查、隔离条件确认、去杂去雄等，使种子生产符合规定的种子田标准；二是可以推测种子遗传质量，特别是常规种子。

室内检验即种子检验，包括物理质量的检测和遗传质量的检测。物理质量检测主要是测定种子发芽率、净度、水分、健康、重量、生活力等指标；遗传质量检测包括品种真实性、种子纯度。

小区种植鉴定主要用于 2 方面：作为种子繁殖过程的前控与后控，监控品种的真实性和纯度是否符合规定的要求；是种子检验目前唯一认可的检测种子品种纯度的方法。

第一节　种子室内检验

种子室内检验是指按照规定的种子检验规程，确定给农作物种子的 1 个或多个质量特性进行处理或提供服务所组成的技术操作，并与规定要求进行比较的活动。

一、种子室内检验内容、项目及程序

（一）种子室内检验内容

种子室内检验就其内容而言，可分为扦样、检测和结果报告 3 部分。

扦样是种子室内检验的第一步，由于种子检验是破坏性检验，不可能将整批种子全部进行检验，只能从种子批中随机抽取一小部分相当数量的、有代表性的供检验用的样品。

检测就是从具有代表性的供检样品中分取试样，按照规定的程序对包括水分、净度、发芽率、品种纯度等种子质量特性进行测定。

结果报告是将已检测质量特性的测定结果汇总、填报和签发。

（二）种子室内检验项目

种子室内检验是对农作物的种子质量进行分析鉴定。种子质量包括品种质量和播种质量

2 个方面。品种质量是指种子的真实性和品种纯度。播种质量包括种子的净度、发芽率、生活力、千粒重、容重、含水率、种子病虫感染率等。所以，种子室内检验项目包括品种的真实性和纯度，种子净度、发芽率、生活力、千粒重、容重、含水率等。

（三）种子室内检验程序

为了保证种子室内检验的可靠性和重演性，检验应根据《农作物种子检验规程》进行，检验结果应将科学的质量指标作为尺度评定等级。种子室内检验程序具体见图 5 - 1。

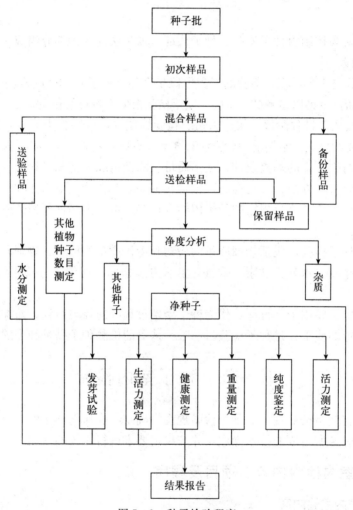

图 5 - 1　种子检验程序

二、扦样

扦样是指从大量的种子中，随机取得一份重量适当、有代表性的供检样品。

所扦的样品，要满足 3 个条件：①重量适当；②与种子批有相同的组分；③这些组分的比例与种子批组分比例相同。

种子扦样是一个过程，由一系列步骤组成。每个步骤所产生的样品具有不同的命名，分别定义如下：

1. 初次样品

初次样品是指对种子批的一次扦取操作中所获得的一部分种子。

2. 混合样品

混合样品是指由种子批内所扦取的全部初次样品混合而成的样品。

3. 次级样品

次级样品是指通过分样获得的部分样品。

4. 送验样品

送验样品是指送达检验室的样品，该样品可以是整个混合样品或是从其中分取的一份次级样品。送验样品可再分成多份次级样品，由不同材料包装以满足特定检验需要，如水分或种子健康。

5. 备份样品

备份样品是指从相同的混合样品中获得的用于送验的另外一份样品，标识为"备份样品"。

6. 试验样品

试验样品简称试样，是指不低于检验规程中所规定重量的、供某一检验项目之用的样品，它可以是整个送验样品或是从其中分取的一份次级样品。

（一）从种子批中扦取样品的程序

1. 准备器具

根据被扦作物种类，准备好各种扦样必需的仪器，如扦样器、样品盛放容器、送验样品袋、供水分测定的密封不透气容器、扦样单、标签、封签、天平等。

2. 检查种子批

在扦样前，扦样员应向被扦单位了解种子批的有关情况，并对被扦的种子批进行检查，确定是否符合规程。

3. 确定扦样频率

扦取初次样品的频率（通常称为点数），要根据扦样容器（袋）的大小和类型而定。

4. 配置混合样品

用分样器或分样板将扦取的初次样品充分混匀，按规定重量从中取出送验样品。

5. 送验样品的制备和处理

送验样品是在混合样品的基础上配制而成的。当混合样品的数量与送验样品规定的数量相等时，即可将混合样品作为送验样品。当混合样品数量较多时，即可从中分出规定数量的送验样品。

6. 填写扦样单

扦样单一般一式两份，一份交于检验室，一份交由被扦单位保存。如果是监督检验，扦样单必须一式三份，承检机构和被抽查企业各留存一份，报送下达抽查任务的农业行政主管部门一份。

（二）扦样对种子批的要求

种子批是指同一来源、同一品种、同一年度、同一时期收获和质量基本一致、在规定数量之内的种子。

1. 种子批均匀度

扦样时要求种子批尽可能一致，但是实际上种子批是不可能完全均匀一致的。这种差异不仅产生于整个种子批，而且不同的容器和同一容器内也有差异。这种差异程度是由作物种子和其他物质存在的比例、这些组分的差异、在种子批内的不同分布所决定的。

一般种子批一旦通过了正常的清选和加工操作，就认为符合检验规程所规定的均匀度要求，达到了扦样技术所规定的能扦取有代表性样品的要求。

2. 种子批大小

一批种子数量愈大，其均匀程度就愈差，要取得一份有代表性的送验样品就愈难，因此种子批有数量方面的限制。一份检测样品所代表的种子批的大小取决于种子批的均匀度，但在扦样时并不一定知道有差异。为了解决这一问题，就要假定在规定的种子批大小范围内，能保证有足够的一致性。作物种子大小不同，种子批大小也不同，大粒种子规定的重量较大，而小粒种子规定重量较小（表5-1）。若一批种子超过了规定重量（其容许差距为5%）时，则需分成若干个种子批，分别给予不同的批号以便识别。

表5-1 种子批大小示例（千克）

种子大小	最大重量	种子批包括容许差距的最大重量
小于小麦种子	10 000	10 500
豆类种子	20 000	21 000
大于小麦种子	25 000	26 250
玉米种子	40 000	42 000

三、种子净度分析

（一）净度分析的目的和意义

种子净度即种子清洁干净的程度，是指种子批或样品中净种子、杂质和其他植物种子组分的比例及特性。

净度分析的目的是通过对样品中净种子、杂质和其他植物种子3种成分的分析，了解种子批中洁净可利用种子的真实重量及无生命杂质及其他植物种子的种类和含量，为评价种子质量提供依据。

开展种子净度分析对于种子质量评价和利用具有重要意义，因为种子批内所含杂草、杂质的种类与多少不仅影响作物的生长发育及种子的安全贮藏，还影响人畜的健康安全。

（二）净度分析与其他植物种子数目测定内容

净度分析包括以下2方面的内容：一是测定供检样品中各成分（净种子、杂质和其他植物种子）的重量百分率；二是鉴别样品中其他植物种子和杂质所属的种类。

其他植物种子数目测定是测定样品中其他植物种子的数目或找出指定的其他植物种子。在国际种子贸易中，主要是用于测定种子批中是否含有有毒或有害的种子。

（三）净度分析组分的划分规则

1. 净种子

净种子是指被检测样品所指明的种（包括该种的全部植物学变种和栽培品种）符合《农作物种子检验规程 净度分析》（GB/T 3543.3）中要求的种子单位或构造。

2. 其他植物种子

其他植物种子是指除净种子以外的任何植物种类的种子单位（包括其他植物种子和杂草种子）。其鉴别标准与净种子的标准基本相同，但甜菜属种子作为其他植物种子时不必筛选，可用遗传单胚的净种子定义。

3. 杂质

杂质指除净种子和其他植物种子以外的所有种子单位、其他物质及构造。

（四）净度分析程序

净度分析程序包括：重型混杂物检查→试验样品的分取→试样的分离、鉴定、称重→结果计算和数据处理。

（五）其他植物种子数目测定方法

1. 完全检验

试验样品不得小于 25 000 个种子单位的重量或《农作物种子检验规程 扦样》（GB/T 3543.2）中所规定的重量。借助放大镜、筛子和吹风机等器具，按规定逐粒进行分析鉴定，取出试样中所有的其他植物种子，并数出每个种的种子数。当发现有的种子不能准确确定所属种时，允许鉴定到属。

2. 有限检验

有限检验的检验方法同完全检验，但只限于从整个试验样品中找出送验者指定的其他植物的种子。如送验者只要求检验是否存在指定的某些种，则发现 1 粒或数粒种子即可。

3. 简化检验

如果送验者所指定的种难以鉴定时，可采用简化检验。简化检验是用规定试验样品重量的 20%（最少量）对该种进行鉴定。简化检验的检验方法同完全检验。

四、种子水分测定

（一）种子水分含义

种子水分是指种子内自由水和束缚水的重量占种子原始重量的百分率。自由水易受外界环境条件的影响，容易蒸发。因此在种子水分测定前，需采取措施尽量防止自由水的损失。束缚水不易受外界环境条件影响。

（二）水分测定方法和仪器设备

1. 水分测定方法和干燥原理

目前常用的种子水分测定方法是烘干减重法（包括烘干法、红外线烘干法）和电子水分仪速测法（包括电阻式、电容式和微波式水分测定仪）。一般正式报告需采用烘干减重法进行种子水分测定。

烘干法测定种子水分利用的主要仪器是电热干燥箱。干燥的原理是干燥箱内的电热丝通电发出的热，经过对流和传导，提高了箱内空气温度，降低了箱内湿度，同时提高了种子样品的温度，种子内的水分受热气化而蒸发，由于样品内的蒸汽压大于样品外部（箱内）的蒸汽压，因此样品内的水分不断向外扩散到热空气中去，并且通过烘箱顶部的通气孔不断地向大气中扩散。根据样品烘干后失去水分的重量，可计算出样品的含水量：种子水分＝［试样烘前重量（克）－试样烘后重量（克）］/试样烘前重量（克）×100%。

2. 水分测定仪器设备

水分测定仪器设备主要有：烘箱、电动粉碎机、感量达到 0.001 克的分析天平、样品盒、干燥器以及洗净烘干的磨口瓶、称量匙、粗纱线手套、毛笔、坩埚钳等。

（三）烘干减重法（标准法）水分测定程序

1. 测定方法

（1）低恒温烘干法。低恒温烘干法是将样品放置在（103±2）℃的烘箱内烘 8 小时，适用于葱、花生、白菜、辣椒、大豆、棉花、向日葵、亚麻、萝卜、蓖麻、芝麻、茄子等。

首先将铝盒烘至恒重。在水分测定前，将待用铝盒（含盒盖）洗净，于 130 ℃的条件下烘干 1 小时，取出后冷却称重，再继续烘干 30 分钟，取出后冷却再称重，当 2 次烘干结果误差小于或等于 0.002 克时，取 2 次重量平均值，否则，继续烘干至恒重。

其次预调烘箱温度。按规定要求调好所需温度，使其稳定在（103±2）℃，如果环境温度较低，也可适当预置稍高的温度。

再制备样品。取样时先将密闭容器内的样品充分混合，从中分别取出两份独立的试验样品 15～25 克，放入磨口瓶中。需磨碎的样品磨碎后立即装入磨口瓶中备用，最好立即称样，以减少样品水分变化的影响。剩余的送验样品应继续存放在密闭容器内，以备复检。

最后称样烘干。将处理好的样品在磨口瓶内充分混合，用感量 0.001 克的天平称取 4.5～5 克试样两份，分别放入经过恒重处理的铝盒，立即放入预先调好温度的烘箱内，铝盒距温度计水银球 2～2.5 厘米，然后关闭箱门。当箱内温度回升至规定温度时开始计时，烘干 8 小时后，取出铝盒，迅速盖好盒盖，放在干燥器中冷却到室温后称重。

（2）高恒温烘干法。此法是将样品放在 130～133 ℃的条件下烘干 1 小时，适用于芹菜、石刁柏、燕麦、甜菜、西瓜、甜瓜、南瓜、胡萝卜、大麦、莴苣、苜蓿、番茄、烟草、水稻、菜豆、豌豆、小麦、菠菜、玉米等。除了烘干温度和时间不同外，测定程序、计算水分公式与低恒温烘干法相同。

（3）高水分预先烘干法。当需磨碎的禾谷类作物种子水分超过 18%、豆类和油料作物种子水分超过 16% 时，必须采用预先烘干法。先将整粒种子做初步烘干，然后进行磨碎或切片，测定种子水分，步骤如下：称取两份样品各（25±0.02）克，置于直径大于 8 厘米的样品盒中，在（103±2）℃烘箱中预烘 30 分钟（油料种子在 70 ℃条件下预烘 1 小时），取出后放在室温冷却和称重。此后立即将这两份半干样品分别磨碎，并将磨碎物各取一份样品按低恒温或高恒温烘干方法进行测定。

2. 结果计算

根据烘后失去水的重量计算种子水分百分率，按下列公式计算并修约到小数点后一位。

$$种子水分（\%）=(M_2-M_3)/(M_2-M_1)\times100\%$$

式中：M_1 为样品盒和盖的重量（克）；M_2 为样品盒和盖及样品的烘前重量（克）；M_3 为样品盒和盖及样品的烘后重量（克）。

3. 结果报告

若一份样品的两次测定之间的差距不超过 0.2%，其结果可用两次测定值的算术平均数表示。否则，需重做两次测定。结果填报在检验结果报告单的规定空格中，精确度为 0.1%。

4. 低恒温烘干法和高恒温烘干法的主要不同点

（1）样品烘干所用时间不同。低恒温法要求烘干时间为 8 小时，高恒温法要求烘干时间为 1 小时。

（2）温度不同。低恒温法要求烘箱预热温度为 110～115 ℃，高恒温法要求烘箱预热温度为 140～145 ℃。低恒温烘干样品所使用的温度是（103±2）℃，高温法烘干样品使用的温度是（130±133）℃。

（3）要求环境条件不同。低恒温法要求室内相对湿度在 70% 以下时进行，高恒温法则无此要求。

（4）两种方法所适用的作物种类不同。

五、种子发芽试验

（一）发芽试验的目的和意义

发芽试验的目的是测定种子批的最大发芽潜力。发芽试验对种子生产经营和农业生产具有重要意义，种子收购入库时做好发芽试验，可掌握种子的质量状况；种子贮藏期间做好发芽试验，可掌握贮藏期间种子发芽率的变化情况，以便及时改善贮藏条件，确保安全贮藏；种子经营时做好发芽试验，可以避免销售发芽率低的种子，造成经济损失；播种前做发芽试验，可以选用发芽率高的种子播种，以利于保证苗齐和种植密度，同时可以计算实际播种量，做到精细播种，节约用种。

（二）发芽试验设备

1. 发芽箱和发芽室

发芽箱是提供种子发芽所需的温度、湿度、水分、光照等条件的设备。发芽箱可分为两类：一类是干型，只控制温度不控制湿度，又可分为恒温和变温 2 种；另一类是湿型，既控制温度又控制湿度。

发芽室可以认为是一种改进的大型发芽箱，其构造原理与发芽箱类似。

2. 数种设备

为使合理置床和提高工作效率，可使用数种设备。目前使用的数种设备主要有活动数种板和真空数种器等。使用数种设备时，应确保置床的种子是随机选取的。

3. 发芽器皿

根据《农作物种子检验规程　发芽试验》（GB/T 3543.4）的要求，发芽试验种子置床培养至幼苗主要构造能清楚鉴定的阶段，以便鉴定正常幼苗和不正常幼苗，因此要求发芽器皿（如培养皿）透明、保湿、无毒，具有一定的种子发芽和发育的空间，确保一定的氧气供应，使用前要清洗和消毒。

4. 发芽介质与发芽床

种子检验规程中规定的发芽床主要有纸床、沙床以及土壤床等。各种发芽床都应具备保水、通气性好、无毒质、无病菌和具一定强度的基本要求。湿润发芽床的水质应纯净，不含有机杂质和无机杂质，无毒无害，pH 在 6.0～7.0 范围内。

（1）纸床。纸床使用分为纸上（TP）、纸间（BP）及褶裥（PP）3 种。纸上是指把种子放在一层或多层纸上发芽；纸间是指将种子放在两层纸中间发芽；褶裥是把种子放在类似手风琴的具有 50 个褶裥的纸条内。

（2）沙床。沙床是种子发芽试验中较为常用的一类发芽床，使用前进行洗涤、消毒及过筛处理，留直径为 0.05～0.8 毫米的沙粒作为发芽介质。沙床的 pH 应在 6～7.5 范围内。一般情况下，沙可重复使用。沙床使用方法有 2 种：沙上（TS）适用于小、中粒种子；沙中（S）适用于中、大粒种子。

（3）土壤床。土质必须疏松良好、不结块（如土质黏重应加入适量的沙）、无大颗粒。土壤中应基本不含混入的种子、细菌、真菌、线虫或有毒物质。使用前，必须经过高温消毒，一般不重复使用。除了规程规定使用土壤床外，当纸床或沙床上的幼苗出现中毒症状或对幼苗鉴定发生怀疑时，或为了比较或研究目的，可采用土壤床。

（三）发芽条件及其控制

种子发芽需要有水分、温度、氧气和光照等条件，温度尤其重要。不同作物由于起源和进化的生态环境不同，其发芽所要求的条件也有所差异。根据种子发芽的生理特性，控制不同作物的种子最适宜的发芽条件，对促进种子发芽和幼苗良好生长发育，获得准确可靠的发芽试验结果是非常重要的。具体的发芽试验所需技术条件详见《农作物种子检验规程　发芽试验》（GB/T 3543.4）相关要求。

（四）发芽试验程序

1. 选用发芽床

根据需要，选用最适宜的发芽床，按不同作物种的种子和发芽床的特性，调节适当的湿度。

2. 置床及培养

（1）试样来源和数量。除委托检验外，试验样品来源必须是净种子，从充分混合的净种子中随机数取，一般数量是 400 粒。净种子可以从净度分析后的净种子中随机数取，也可以从送验样品中直接随机数取。一般小、中粒种子以 100 粒为 1 个重复，试验为 4 次重复；大粒种子（玉米、大豆、棉花等）以 50 粒为一个重复，试验为 8 次重复；特大粒的种子可以25 粒为 1 个重复，试验为 16 次重复。

（2）置床。种子要均匀分布在发芽床上，种子之间留有 1～5 倍间距，以防发霉种子的相互感染和保持足够的生长空间，每粒种子应良好接触水分，使发芽条件一致。

（3）贴标签。在培养皿或其他发芽容器底盘的内侧或侧面贴上标签或直接用记号笔在底盘的一侧注明样品编号，然后盖好盖子，在规定条件下培养。

（4）检查管理。按规定的发芽条件，选择适宜的温度及光照条件，进行培养。发芽期间，应进行适当的检查管理，以保持适宜的发芽条件。

3. 观察记载

（1）试验持续时间。每个种的试验持续时间详见《农作物种子检验规程》（GB/T 3543.4）。如果样品在规定的试验时间内只有几粒种子开始发芽，则试验时间可延长 7 天或规定时间的一半。根据试验情况，可增加计数的次数。反之如果在规定的试验时间结束前，样品已达到最高发芽率，则该试验可提前结束。

（2）鉴定幼苗和观察计数。每株幼苗都必须按规定的标准进行鉴定，鉴定要在主要构造已发育到一定时期时进行。根据种的不同，试验中绝大部分幼苗应达到：子叶从种皮中伸出

（如莴苣属）、初生叶展开（如菜豆属）、叶片从胚芽鞘中伸出（如小麦属）。尽管一些种如胡萝卜属在试验末期，并非所有幼苗的子叶都从种皮中伸出，但至少在末次计数时，可以清楚地看到子叶基部的颈。

在初次计数时，应把发育良好的正常幼苗从发芽床中拣出，对可疑的或损伤、畸形或不均衡的幼苗，通常到末次计数。严重腐烂的幼苗或发霉的死种子应及时从发芽床中除去，并随时增加计数。末次计数时，按正常幼苗、不正常幼苗、新鲜不发芽种子、硬实和死种子分类计数和记载。

4. 结果计算和表示

试验结果以粒数的百分率表示。计算时以 100 粒种子为 1 个重复，如采用 50 粒或 25 粒的重复，则应将相邻重复合并成 100 粒的重复。当一个试验的 4 次重复，其正常幼苗百分率都在最大容许差距范围内，则取其平均数表示发芽百分率。不正常幼苗、新鲜不发芽种子、硬实和死种子的百分率按 4 次重复平均数计算。

5. 结果报告

填报发芽结果时，需填报正常幼苗、不正常幼苗、新鲜不发芽种子、硬实和死种子的百分率。假如其中任何一项结果为 0，则将数字"0"填入该格中。填报正常幼苗等百分率时，同时还需填报采用的发芽床种类和温度、发芽试验持续时间以及为促进发芽所采用的处理方法。

六、品种真实性及品种纯度的室内测定

品种真实性和品种纯度是构成种子质量的 2 个重要指标，是种子质量评价的重要依据。这 2 个指标都与品种的遗传基础有关，因此，都属于品种的遗传品质。

（一）品种纯度检验

品种纯度检验应包括两方面内容，即品种真实性和品种纯度。品种真实性是指一批种子所属品种、种或属与文件描述是否相符。品种纯度是指品种个体与个体之间在特征特性方面典型一致的程度，用本品种的种子数或株、穗数占供检作物样品数的百分率表示。在纯度检验时主要鉴别与本品种不同的异型株。异型株是指一个或多个性状（特征、特性）与原品种的性状明显不同的植株。

（二）品种纯度检验的方法分类

品种纯度检验的方法很多，根据所依据的原理不同主要可分为：形态鉴定、物理化学法鉴定、生理生化法鉴定、分子生物学方法鉴定、细胞学方法鉴定。此外，还可依据检验的对象不同分为：种子纯度测定、幼苗纯度测定、植株纯度测定。根据检验的场所分为：田间纯度检验、室内纯度检验和田间小区种植鉴定等。

生理生化方法鉴定是利用生理生化反应和生理生化技术进行品种纯度测定。这类方法中的电泳法技术相对较为简单，依据蛋白质或同工酶电泳，可以较准确地测定品种纯度，是目前品种纯度测定中较为快速准确的方法。

分子生物学方法种类非常多，它是在 DNA 和 RNA 等分子水平上鉴别不同品种。目前在品种检测中最常用的分子技术主要有随机扩增多态性 DNA 标记技术（RAPD）、简单重复序列标记技术（SSR 标记）、AFLP 技术以及限制性内切酶片段长度多态性技术（RFLP 标记）。分子技术在品种纯度测定和品种 DNA 指纹的制作方面具有广泛的用途。

（三）室内纯度测定的基本程序

室内纯度测定的基本程序：从送验样品中随机抽取一定数量的样品，测定其他品种种子或杂株数，再计算样品纯度。样品纯度计算公式：品种纯度（％）＝（供检样品种子数－异品种种子数）/供检样品种子数×100。

有时需要将测定结果与规定值比较，看测定的结果是否符合国家种子质量标准值或合同、标签值要求。

（四）品种纯度电泳测定

电泳是指溶液中的带电粒子在电场中移动的现象。在生物研究中，支持物电泳用得最多，特别是聚丙烯酰胺凝胶电泳（PAGE）法，因其凝胶透明度高、弹性好、无吸附性、浓度易控制，应用最为广泛。在品种纯度测定中主要应用平板电泳。

目前燕麦可用醇溶蛋白、酯酶或过氧化物酶进行鉴定；大麦、小麦用醇溶蛋白进行鉴定；大豆用过氧化物酶或水溶蛋白进行鉴定；黑麦草用种子蛋白进行鉴定；芸薹用酯酶同工酶或水溶蛋白进行鉴定；玉米用种子蛋白或过氧化物酶同工酶进行鉴定；高粱用醇溶谷蛋白进行鉴定；水稻可用酯酶同工酶或盐溶蛋白进行鉴定。

（五）品种纯度的分子测定技术

20世纪90年代以来，分子技术发展迅速，到目前为止，依据所采用的分子生物学技术的原理不同，AFLP、RFLP及RAPD技术应用相对减少，目前常用的DNA分子标记主要是SSR标记（简单重复序列）和SNP（单核苷酸多态性）标记。

七、种子生活力与活力测定

（一）种子生活力测定

种子生活力是种子发芽的潜在能力或种胚具有的生命力。种子生活力和发芽具有不同的含义，一些休眠种子在发芽试验中不能发芽，但它不是死种子而是有生活力的，当破除休眠后，能长成正常幼苗。而生活力反映的是种子发芽率和休眠种子百分率的总和。所以，种子生活力测定能提供给种子使用者和生产者重要的质量信息，反映的是种子批的最大发芽潜力。

种子生活力测定可以测定休眠种子的生活力，快速预测种子发芽能力。

种子生活力测定方法有四唑染色法、溴麝香草酚蓝法、红墨水染色法、软X射线造影法等。但正式列入国际种子检验规程和我国农作物种子检验规程的种子生活力测定方法是生物化学（四唑）染色法。

1. 四唑染色法的原理

用于种子生活力生物化学测定的四唑有多种，最常用的是2，3，5-三苯基氯化四氮唑，简称四唑，为白色或淡黄色粉末，易溶于水，有氧化性，见光易被还原变成红色，常用棕色瓶包装，并裹上黑纸。同样，配好的溶液也应贮存于棕色瓶中，避光保存，一般有效期可保持数月。如存放在冰箱里，则可保存更长时间。当发现溶液变红，则不能使用。

在种子组织活细胞内脱氢酶的作用下，无色的四唑接收活种子代谢过程中呼吸链上的氢，在活细胞里变成还原态的稳定、不扩散的红色三苯基甲月替。可根据四唑染成的颜色和染色部位，区分种子有无生活力，红色的有生活力，无色的部分死亡。除完全染色的有生活力种子和完全不染色的无生活力种子外，还可能出现一些部分染的异常颜色或不染色的坏死组织。

种子有无生活力主要取决于胚（或）胚乳或配子体坏死组织的部位和面积的大小，而不一定在于颜色的深浅。颜色的差异主要是将健全的、衰弱的和死亡的组织判别出来。根据以上理由和所用指示剂，把这种测定称为"局部解剖图形的四唑测定"。这就是根据种子胚和活营养组织局部解剖染色部位及颜色状况，鉴定种子胚的死亡部分，查明种子死亡的原因。

2. 四唑染色法适用的范围

四唑测定是一种生物化学测定方法，适用于快速测定种子的生活力。一般适用于下列情况：收获后需马上播种、深休眠、发芽缓慢或者要求估测发芽潜力的种子。另外，也适用于测定发芽末期个别种子的生活力，特别是怀疑其休眠时；测定已萌发种子或收获期间存在的不同类型加工损伤（热害、机械损伤或虫蛀等）的种子；解决发芽试验中存在的问题，如不清楚不正常幼苗产生的原因或怀疑杀菌剂的处理效果等。

3. 四唑染色法的特点

四唑染色法是一种世界公认、广泛应用、实用方便、省时快速、结果可靠的种子生活力检验方法，特点有原理可靠、结果准确、不受休眠限制、方法简便、省时快速、成本低廉等。

（二）种子活力测定

1. 种子活力的概念

种子活力是指种子或种子批发芽和出苗期间的活性强度及种子特性的综合表现。表现良好的为高活力种子，表现差的为低活力种子。由此可见，种子活力不像种子发芽率那样是单一的测定特性，而是描述种子出苗不同方面（包括田间和贮藏期间）的综合特性。

2. 活力测定方法的分类

种子活力测定方法的种类多达数十种。归纳起来为直接法和间接法2类。直接法是在检验室条件下，模拟田间不良条件测定田间出苗率的方法。如低温处理是模拟早春播种期的低温条件，砖沙试验是模拟田间板结土壤或黏土地区的条件。间接法是在检验室内测定与田间出苗率相关的种子特性的方法。如测定某些生理生化指标（酶的活性、呼吸强度等）及测定生化劣变处理后的发芽率（加速老化试验、人工劣变试验等）。种子分析协会则将活力测定方法分为幼苗生长和评定试验、逆境试验和生化测定3类。也有人将其分为物理法、生理法、逆境试验和生化法4类。

3. 种子活力测定的主要方法

（1）加速老化试验。根据高温（40～45 ℃）和高湿（相对湿度100%）能导致种子快速劣变这一原理进行测定。高活力种子能忍受逆境条件处理，劣变较慢；而低活力种子劣变较快，长成较多的不正常幼苗或者死亡。

（2）电导率测定。高活力种子细胞膜完整性好，浸入水中后渗出的可溶性物质或电解质少，浸泡液的电导率低，电导率与田间出苗率呈显著负相关，借此可用电导率的高低判别种子活力的高低。

八、种子健康测定

（一）种子健康测定的目的

种子健康测定主要是测定种子是否携带病原菌（真菌、细菌及病毒）、有害的动物（如线虫等）等健康状况。

（二）种子健康测定方法

种子健康测定方法主要有未经培养检查和培养后检查。未经培养检查包括直接检查、吸胀种子检查、洗涤检查、剖粒检查、染色检查、比重检查和 X - 射线检查等。培养后检查包括吸水纸法、沙床法、琼脂皿法、噬菌体法和血清学酶联免疫吸附试验法等。

（三）种子健康的标准与处理

种子的健康标准是健康检验的评定依据。许多国家根据各自的国情，制定了种子生产中各级种子的田间健康标准和室内检验健康标准。同时种子健康检测如同种子纯度检测鉴定，有些病害在田间观察很清楚，而有些病原菌需要室内检验。如大麦、小麦的散黑穗病在田间检测很容易，在室内检测则很困难或者费用较高；而印度腥黑穗病很难在田间检测，但在试验室检测的话，即使孢子浓度很低也能检测。

种子经过健康检测后，了解了病原菌的感染情况和程度，则可以有针对性地采取措施对种子进行处理，这样既可以大大减轻种传病害的发生，同时还可以减少农药的使用。

九、种子室内检验报告

种子室内检验报告是指按照《农作物种子检验规程》进行扦样与检测而获得检验结果的一种证书表格。

（一）检验报告要符合以下要求：

（1）报告内容中的文字和数据填报，最好采用电脑打印而不用手写。

（2）报告不能有添加、修改、替换或涂改的迹象。

（3）在同一时间内，有效报告只能是一份（检验报告是一式两份，一份给予委托方，另一份与原始记录一同存档）。

（4）报告要为用户保密，并作为档案保存 6 年。

（5）检验报告的印刷质量要好。

检测结果要按照规程规定的计算、表示和报告要求进行填报，如果某一项目未检验，填写"N"表示"未检验"。未列入规程的补充分析结果，只有在按规程规定方法测定后才可列入，并在相应栏中注明。若在检验结束前急需了解某一测定项目的结果，可签发临时结果报告，要在检验报告上附有"最后检验报告将在检验结束时签发"的说明。

（二）种子检验规程的规定中有关检测数据的数字修约

1. 称重方面

所有样品称重（净度分析、水分测定、重量测定等）时，应符合《农作物种子检验规程 净度分析》（GB/T 3543）的要求，即 1 克以下保留四位小数，1～10 克保留三位小数，10～100 克保留两位小数，100～1 000 克保留一位小数。

2. 计算保留位数

净度分析用试样分析时，所有成分的重量百分率应计算到一位小数；用半试样分析，各成分计算保留两位小数。在水分测定时，每一重复用公式计算时保留一位小数。

3. 修约

在净度分析中，最后结果的各成分之和应为100％，小于0.05％的微量成分在计算中应除外。如果和是99.9％或100.1％，应从最大值（通常是净种子成分）增减0.1％。

在发芽试验中，正常幼苗百分率修约至最接近的整数，0.5则进位。计算其余成分百分率的整数，并获得其总和。如果总和为100，修约程序到此结束。如果总和不是100，继续执行下列程序：在不正常幼苗、硬实、新鲜不发芽种子和死种子中，首先找出其百分率中小数部分最大值者，修约此数至最大整数，并作为最终结果；其次计算其余成分百分率的整数，获得其总和，如果总和为100，修约程序到此结束，如果不是100，重复此程序；如果小数部分相同，优先次序为不正常幼苗、硬实、新鲜不发芽种子和死种子。

4. 最后保留位数

净度分析保留一位小数，发芽试验保留整数，水分测定保留一位小数，品种纯度鉴定保留一位小数，生活力测定保留整数，重量测定保留《农作物种子检验规程　净度分析》（GB/T 3543.3）中所规定的位数等。

第二节　田间检验

一、田间检验的概念及名词

（一）田间检验的概念

田间检验是指在种子生产过程中，在田间对品种真实性进行验证，对品种纯度进行评估，同时对作物的生长状况、异作物、杂草等进行调查，并确定其与特定要求符合性的活动。

田间检验对品种真实性和品种纯度的检查，实质上是一种过程控制，不是严格意义上的产品检验，尤其是生产杂交种的种子田。异作物是指不同于本作物的其他作物，如小麦种子田中的大麦、玉米种子田中的高粱、大豆种子田中的绿豆等。杂草是指在种子收获过程中难以分离的或有害的检疫性植物，例如，大豆种子田中的苍耳，小麦种子田中的燕麦草、偃麦草、毒麦、黑麦状雀麦，水稻种子田中的稗草等，白芥、欧洲油菜、芜菁和芥菜种子田中的野欧白芥，杂交高粱种子田中的石茅高粱。

（二）田间检验名词术语

1. 品种的特征特性

品种的特征特性是指品种的植物学形态特征和生物学特性。品种特征是指某一作物品种在形态性状上区别于其他品种的征象、标识，如植株的高矮、叶色、叶形、花色等；品种特性是某一作物品种区别于其他品种的生物学性状，即对作物本身生存和繁殖有利的性状，如作物的生育期、光周期和种子的休眠期、种子的落粒性、抗病性、抗旱性等。

2. 变异

生物的亲代与后代、后代不同个体之间的性状有差异的现象叫变异。变异有可遗传变异和不遗传变异2种。可遗传变异是由遗传物质发生变化（包括基因突变、染色体畸变和重组等）引起的，这种变异可以遗传给后代。不遗传变异也称为表型变异，是由环境条件影响引起的变异。由自然界化学、物理因素引起的突变称为自发突变。自发突变是引起品种在长期使用过程中纯度降低的原因之一。

3. 杂株率

杂株率是指检验样区内所有杂株（穗）占检验样区本作物总株（穗）数的百分率。

4. 散粉株率

散粉株率是指检验样区内花药伸出颖壳并正在散粉的植株占供检样区内本作物总株数的百分率。对于玉米种子田，散粉株是指在花丝枯萎以前超过 50 毫米的主轴或分枝花药伸出颖壳并正在散粉的植株。

5. 淘汰值

淘汰值是在充分考虑种子生产者利益和较少可能判定失误的基础上，将样区内观察到的杂株与标准规定值进行比较，作出有风险接受或淘汰种子田决定的数值。

6. 原种

原种是用育种家种子繁殖的第一代至第三代，经确认达到规定质量要求的种子。

7. 大田用种

大田用种是由常规原种繁殖的第一代至第三代或杂交种，经确定达到规定质量要求的种子。

二、田间检验的目的及作用

（一）田间检验的目的

田间检验的目的是核查种子田的品种特征特性是否符合要求，以及影响收获种子质量的情况，根据检查的信息，采取相应的措施，减少剩余遗传分离、自然变异、外来花粉、机械混杂和其他不可预见的因素对种子质量产生的影响，以确保收获时符合规定的要求。

（二）田间检验的作用

（1）检查制种田的隔离情况，防止因外来花粉污染而造成的纯度降低。

（2）检查种子生产技术的落实情况，特别是去杂、去雄情况。严格去杂，降低变异株及杂株（包括剩余遗传分离和自然变异产生的变异株）对生产种子纯度的影响。

（3）检查田间生长情况，特别是花期相遇情况。通过田间检验，及时提出花期调整的措施，防止因花期不育造成的产量和质量降低。同时及时除去有害杂草和异作物。

（4）检查品种的真实性和鉴定品种纯度，判断种子生产田生产的种子是否符合种子质量要求，报废不合格的种子生产田，减轻低纯度的种子对农业生产的影响。

（5）通过田间检验，为种子质量认证提供依据。

三、田间检验的原则及要求

（一）田间检验的原则

（1）田间检验员应识别并可区分品种间的特征特性，熟悉种子生产方法和程序。

（2）应建立品种间相互区别的特征特性描述（即品种描述）。

（3）依据不同作物和有关信息（尤其是小区种植鉴定的前控结果），策划和实施能覆盖种子田、有代表性、符合规定要求的取样程序和方法。

（4）田间检验员应能独立地对田间状况作出评价，出具检验结果报告。如果检验时某些植株难以从特征特性加以确认，在得出结论之前需要进行第二次或更多次的检验。

（二）田间检验员的要求

田间检验员应通过培训和考核，达到以下要求：

（1）熟悉和掌握田间检验方法和田间标准、种子生产的方法及程序等方面的知识，对被检作物掌握丰富的知识，熟悉被检品种的特征特性。

（2）具备能依据品种特征特性确认品种真实性，鉴别种子田杂株并使之量化的能力。

（3）每年保持一定的田间检验工作量，处于良好的技能状态。

（4）能独立地报告种子田状况并作出评价，检验结果对委托检验的机构负责。

四、田间检验项目

田间检验项目因作物种子生产田的种类不同而不同，一般把种子生产田分为常规种子生产田和杂交种子生产田。

（一）常规种子生产田

常规种的种子田主要检查：前作和隔离条件、品种真实性、杂株百分率、其他植物植株百分率、种子田的总体状况（倒伏、健康等情况）。

（二）杂交种子生产田

由于杂交种生产的成功取决于雄性不育体系（包括机械和人工去雄、自交不亲和、细胞质雄性不育、细胞核雄性不育、化学去雄剂）和该种杂交可育能力的有效性。虽然杂交种的品种纯度只能通过收获后的种子经《农作物种子检验规程　真实性和品种纯度鉴定》（GB/T 3543.5）中所规定的小区种植的后控才能鉴定，但通过对隔离条件、花粉扩散的适宜条件、雄性不育程度、串粉程度、父母本的真实性及品种纯度等项目的检查，能确保满足规定的要求，可以最大限度地确保杂交品种的品种纯度保持最高的水平。

五、田间检验时期

许多作物进行田间检验的最适宜时期是在花期或花药开裂前不久，而一些作物还需营养器官检查，有些作物在充分成熟期进行观察是必需的。

常规种至少在成熟期检验 1 次，杂交水稻、杂交玉米、杂交高粱和杂交油菜等杂交种花期必须检验 2～3 次。蔬菜作物在商品器官成熟期（如叶菜类在叶球成熟期，荚果类在果实成熟期，根茎类在直根、根茎、块茎、鳞茎成熟期）必须增加 1 次检验。

六、田间检验程序及方法

（一）基本情况调查

1. 种子生产田

种子生产田基本情况调查包括隔离情况、品种真实性、种子生产田的生长状况等内容。

2. 对种子田生产质量要求

（1）前作。种子田周围绝对没有或尽可能没有对生产种子产生品种污染的花粉源，此外还要注重土壤和灌溉等条件。

（2）隔离条件。隔离条件是指与周围附近的田块有足够的距离，不会对生产的种子构成污染的危害。

（3）田间杂株率和散粉株率。

（二）取样

同一品种、同一来源、同一繁殖世代、耕作制度和栽培管理相同而又连在一起的地块可划分为一个检验区。

为了正确评定品种纯度，田间检验员应制订详细的取样方案，方案应充分考虑取样区域大小、频率和分布。一般来说，总样本大小（包括样区大小和样区频率）应与种子田作物生产类别的要求联系起来，并符合"4N"原则。如果规定的杂株标准为 $1/N$，总样本大小至少应为 $4N$，这样杂株率最低标准为 0.1%，其样本大小至少应为 4 000 株（穗）。样区大小和样区频率应考虑被检作物、田块大小、行播或撒播、自交或异交、种子生长的地理位置等因素。

（三）检验

田间检验员应缓慢地沿着样区的预定方向前进，通常是边设点边检验，直接在田间进行分析鉴定，在熟悉供检品种特征特性的基础上逐株观察。借助于已建立的品种间相互区别的特征特性进行检查，以鉴别被测品种与已知品种特征特性的一致性。这些特征特性分为主要性状（通常是品种描述所规范的强制性项目）和次要性状，田间检验员宜采用主要性状来评定品种真实性和品种纯度，当仅采用主要性状难以得出结论时，可使用次要性状。检验时沿行前进，以背光行走为宜，尽量避免在阳光强烈、刮风、大雨的天气下进行检查。一般田间检验以朝露未干时为好，此时品种性状和色素比较明显，必要时可将部分样品带回室内分析鉴定。每点分析结果按本品种、异品种、异作物、杂草、感染病虫株（穗）数分别进行记载。同时注意观察植株田间生长等是否正常。

田间检验员宜获得相应小区鉴定结果，以证实在前控中发现的杂株。杂株包括与被检品种特征特性明显不同（如株高、颜色、育性、形状、成熟度等）和不明显（只能在植株特定部位进行详细检查才能观察到，如叶形、叶茸、花和种子）的植株。利用雄性不育系进行杂交种子生产的田块，除记录父、母本杂株率外，还需记录检查的母本雄性不育的质量。记录在样区中所发现的杂株数。

（四）结果计算与表示

检验完毕，将各点检验结果汇总，计算各项成分的百分率。

七、田间检验报告

田间检验完成后，田间检验员应及时填报田间检验报告。田间检验报告应包括基本情况、检验结果和检验意见。

与种子田有关的基本情况包括：繁种单位、作物、品种、类别（等级）、农户姓名和电话、种子田位置、田块编号、面积、前作详情、种子批号。依据作物的不同，可选择填报相关的检验结果：前作、隔离条件、品种真实性和品种纯度、母本雄性不育质量（如散粉株率）、异作物和杂草以及总体状况。

第三节 小区种植鉴定

一、小区种植鉴定的目的

田间小区种植鉴定是监控品种是否保持原有的特征特性或符合种子质量标准要求的主要

手段之一，小区种植鉴定的目的有：鉴定种子样品的真实性与品种描述是否相符，即通过对田间小区内种植的被检样品植株与标准样品植株进行比较，并根据品种描述判断其品种真实性；鉴定种子样品纯度是否符合国家规定标准或种子标签标注值的要求。

二、小区种植鉴定的作用

小区种植鉴定从作用来说可分为前控和后控 2 种。

当种子批用于繁殖生产下一代种子时，该批种子的小区种植鉴定对下一代种子来说就是前控。前控可在种子生产的田间检验期间或之前进行，据此作为淘汰不符合要求的种子田的依据之一。

通过小区种植鉴定来检测生产种子的质量便是后控。我国每年在海南进行的异地小区种植鉴定就是后控。后控也是我国农作物种子质量监督抽查工作中鉴定种子样品的品种纯度是否符合种子质量标准要求的主要手段之一。

小区种植鉴定主要用于：①在种子认证过程中，作为种子繁殖过程的前控与后控，监控品种的真实性和品种纯度是否符合种子认证方案的要求；②作为种子检验来鉴定品种真实性和测定品种纯度，因小区鉴定能充分展示品种的特征特性，所以该方法是品种纯度检测的最可靠、准确的方法。

三、小区种植鉴定的标准样品

根据《农作物种子检验规程　真实性和品种纯度鉴定》（GB/T 3543.5）中要求，在鉴定品种真实性时，应在鉴定的各个阶段与标准样品进行比较。品种的标准样品最好是由育种家提供，分为 2 类：标准核准样品和标准样品。

标准核准样品是品种审定（登记）或品种保护管理机构掌握的官方标准样品，主要用于品种特异性、一致性和稳定性的对照材料。

标准样品是种子认证机构和检验机构作为前控和后控对照的官方标准，来判定种子样品的品种真实性。

四、小区种植鉴定程序及方法

（一）试验地选择

在选定小区鉴定的田块时，必须确保小区种植田块的前作状况符合《农作物种子检验规程　真实性和品种纯度鉴定》（GB/T 3543.5）的要求，即前茬无同类作物和杂草的田块作为小区鉴定的试验地。为了使种植小区出苗快速而整齐，除考虑前作要求外，应选择土壤均匀、肥力一致且良好的田块，并配合适宜的栽培管理措施。

（二）小区设计

为了使小区种植鉴定的设计便于观察，应考虑以下几个方面：

（1）在同一田块，将同一品种、类似品种的所有样品连同提供对照的标准样品相邻种植，以突出它们之间的任何细微差异。

（2）在同一品种内，把同一生产单位生产、同期收获的有相同生产历史的相关种子批的样品相邻种植，以便于记载。这样，清楚了一个小区内非典型植株的情况后，就便于检验其他小区的情况。

（3）当对数量性状进行量化时，如测量叶长、叶宽和株高等，小区设计要采用符合田间统计要求的随机小区设计。

（4）如果资源充分允许，小区种植鉴定可设重复。

（5）小区鉴定种植的株数，因涉及权衡观察样品的费用、时间和产生错误结论的风险，究竟种植多少株很难统一规定。但必须牢记，要根据检测的目的而确定株数，如果是要测定品种纯度并与发布的质量标准进行比较，必须种植较多的株数。为此，经济合作与发展组织规定了一条基本的原则：一般来说，若品种纯度标准为 $X=(N-1)/N \times 100\%$，种植株数 $4N$ 即可获得满意结果。假如纯度标准要求为 99%，即种植 400 株即可达到要求。

（6）小区种植的行、株间应有足够的距离，大株作物可适当增加行株距，必要时可用点播和点栽。

（三）小区管理

小区种植的管理，通常要求同大田生产粮食的管理工作，不同的是，不管什么时候都要保持品种的特征特性和品种的差异，做到在整个生长阶段都能允许检查小区的植株状况。

小区种植鉴定只要求观察品种的特征特性，不要求高产，土壤肥力应中等。对于易倒伏作物，特别是禾谷类的小区鉴定，尽量少施化肥，把肥料水平减到最低程度。必须要小心使用除草剂和植物生长调节剂，避免它们影响植株的特征特性。

（四）鉴定和记录

小区种植鉴定在整个生长季节都可进行，有些种在幼苗期就有可能鉴别出品种真实性和纯度，但成熟期（常规种）花期（杂交种）和食用器官成熟期（蔬菜种）是品种特征特性表现最明显的时期，必须进行鉴定。记载的数据用于结果判别时，原则上要求花期和成熟期相结合，通常以花期为主。小区鉴定记载也包括品种纯度和种传病害的存在情况。

（五）结果计算与容许差距

品种纯度结果表示有以变异株数目表示和以百分率表示 2 种方法。

1. 变异株数目表示

《农作物种子检验规程　真实性和品种纯度鉴定》（GB/T 3543.5）所规定的淘汰值就是以变异株数表示，如纯度标准 99.9%，种 4 000 株，其变异株或杂株不应超过 9 株（称为淘汰值）；如果不考虑容许差距，其变异株不超过 4 株。

淘汰数值是在考虑种子生产者利益和有较少可能判定失误的基础上，把 1 个样本内观察到的变异株数与发布的质量标准进行比较，在充分考虑后作出有风险接受或淘汰种子批的决定。

2. 以百分率表示

将所鉴定的本品种、异品种、异作物和杂草等均以所鉴定植株的百分率表示。小区种植鉴定的品种纯度结果计算方法：品种纯度＝［本作物的总株数－变异株（非典型株）数］/本作物的总株数×100%。小区种植鉴定的品种纯度保留一位小数，以便于比较。

（六）结果填报

田间小区种植鉴定结果除品种纯度外，还填报发现的异作物、杂草和其他栽培品种的百分率。

第四节　种子质量纠纷田间现场鉴定

一、田间现场鉴定遵循的原则

为保证鉴定结果的准确可靠，田间现场鉴定应当遵循公平、公正、科学、求实的原则。公平、公正是指田间现场鉴定工作不受各方面（包括经济、行政、感情）干扰，保证争议双方当事人处于平等的法律地位，不能偏袒任何一方；科学、求实是指田间现场鉴定工作要以事实为依据，尊重科学理论和实践，不能不负责任、凭主观臆断随意下结论。

二、种子纠纷引起的原因

（一）非种子质量引起的纠纷

在农业生产实践中，因自然灾害或人为因素造成作物不出苗或者出苗较差、生长缓慢或者徒长、成熟偏晚或者提早成熟而导致作物品质低劣、产量下降等，这些都属于非种子质量事故，引起的主要原因包括：

1. 非正常气候

由于非正常气候引起植株发育异常，发生病害加重、早衰、不结实，表现为减产、品质差等现象，这些气候原因包括光照不足、高温、高湿、冰雹、干旱、霜冻、雨涝等自然因素。例如，棉花、大豆等遭遇长时间阴雨天气会导致光照不足，容易徒长，营养生长过旺，影响生殖生长，造成籽粒变小；玉米抽雄开花期连续阴雨、高温，影响授粉，造成秃顶、结实率严重降低，甚至不结实；小麦遭遇长时间低温尤其是在拔节期突遇低温天气，会造成冻害；成熟期雨水过多，会导致穗发芽、棉花烂铃和蔬菜腐烂等。

2. 栽培管理不当

栽培技术如茬口、施肥、整地质量、播种期、浸种、催芽、播种质量、种植密度、追肥、浇水、化学除草、杀虫等因素都有可能造成生长畸形、缺苗断垄、减产或品质下降，这就是说良种如果不与良法相配套，也不能发挥良种的潜力。所以，《种子法》第四十一条规定，"种子生产经营者应当遵守有关法律、法规的规定，诚实守信，向种子使用者提供种子生产者信息、种子的主要性状、主要栽培措施、适应性等使用条件的说明、风险提示与有关咨询服务，不得作虚假或者引人误解的宣传"。

3. 植物病虫害。

在作物生长期间，很有可能遭受病虫害的危害，其危害程度与外部环境、栽培技术和病虫防治技术有直接关系，如玉米粗缩病除了品种抗病性稍有区别外，更主要的是苗期病毒传播媒介蚜虫、灰飞虱等害虫危害传染造成的。

（二）种子原因引起的纠纷

种子原因诱发的纠纷，主要包括品种适应性纠纷、假种子纠纷、劣种子纠纷和宣传欺骗纠纷。

1. 品种适应性纠纷

农作物种子在适宜的生态环境下才能正常生长发育，超出适宜环境就不能正常发育。有些作物对气候反映比较敏感，品种的种植适宜区非常严格，尽管这些品种通过了审定，但种植在审定公告的推荐适宜区域之外，就会加大品种的适应性风险。生产使用未审定品种，应该规避的品种适应性风险没有被发现，推广后表现出难以克服的缺陷，引发纠纷。值得注意的是，如果种子经营者已向种子使用者明确告知其适用范围，而种子使用者却偏偏在超出适宜区域外种植，则另当别论。

2. 假种子纠纷

《种子法》第四十九条列举了2种"假种子"类型：以非种子冒充种子或者以此种品种种子冒充其他品种种子的；种子种类、品种与标签标注的内容不符或者没有标签的。

3. 劣种子纠纷

《种子法》第四十九条列举了3种"劣种子"类型：质量低于国家规定标准的、质量低于标签标注指标的、带有国家规定的检疫性有害生物的。

生产实践中，种子纯度不够或发芽率低是导致纠纷的主要原因。发芽率低，将导致播种后出苗差或不出苗，迫使种子使用者补种、毁种或改种，而推迟播期和成熟期而减产。种子纯度问题，主要是因种子混有其他品种种子、亲本种子或者种子生产田隔离不当生产的非目标品种的种子等原因而降低纯度，影响产量，引发纠纷。种子的净度和水分是否合格，一般在播种前就可以发现，而播种出苗后再检验这两项指标没有实际意义。

三、田间现场鉴定的要求

（一）田间鉴定申请的提出和受理

《农作物种子质量纠纷田间现场鉴定办法》中规定田间鉴定的申请人可以包括以下3种：一是种子质量纠纷处理机构，如人民法院、农业行政主管部门、工商管理机关、消费者协会等；二是种子质量纠纷双方当事人共同提出申请；三是当事人双方不能共同申请的，一方可以单独提出鉴定申请。按照公平公正的原则，申请现场鉴定尽可能要求当事人双方共同提出申请，但考虑到由于田间鉴定具有较强的时间性，若当事人双方对鉴定问题久拖不决，则可能错过鉴定作物的典型性状表现期，从而可能导致种子质量纠纷因缺乏证据而长期得不到处理。因此，第三种情形是特例，最好促进双方共同申请，在双方协商不成的情形才可以使用。

田间鉴定申请通常应以书面形式提出。申请时，应当详细说明鉴定的内容和理由，并提供相关材料，这对于确定参加田间鉴定的合适人选是非常重要的。但考虑到实际工作中有各种各样情况，有时申请人不具备提供书面申请的条件。《农作物种子质量纠纷田间现场鉴定办法》中规定，可以口头申请。口头提出鉴定申请的，种子质量纠纷田间鉴定受理机构的工作人员应当制作笔录，并请申请人签字确认。

《农作物种子质量纠纷田间现场鉴定办法》规定，田间鉴定由田间现场所在地县级以上地方人民政府农业行政部门所属的种子管理机构组织实施。种子管理机构对田间鉴定申请进行审查，并作出受理和组织鉴定的安排或者不予受理的决定。

（二）田间鉴定专家组的组成

关于鉴定专家组的组成，《农作物种子质量纠纷田间现场鉴定办法》中规定，现场鉴定由种子管理机构组织专家鉴定组进行。鉴定组由鉴定所涉及作物的育种、栽培、种子管理等方面的专家组成，必要时可邀请植物保护、气象、土肥等方面的专家参加。这是考虑到在大田生产中，作物生长在一个开放的环境中，受到很多外界因素的影响，要找准种子质量纠纷的根本原因，需要相关专业的专家从不同的角度去分析判断。专家组人数应为3人以上的单数，由1名组长和若干成员组成，鉴定的组织机构在提出鉴定专家名单后，要征求申请人和当事人的意见。专家鉴定组组长由鉴定的组织机构指定。

四、田间现场鉴定基本程序

（一）田间鉴定人员组成

组织田间鉴定的种子管理机构在确定了鉴定组成人员后，一般需要指定本单位2名以上工作人员，协助鉴定组开展工作。主要工作包括通知申请人或者当事人鉴定活动的时间，并要求其按时到场；要求申请人或者当事人提供与该批种子有关的品种说明书、种子标签等各种证据；准备鉴定工作需要的各种工具；维护鉴定现场的秩序等。审定公告和商品种子的说明书在田间现场鉴定过程中具有很重要的作用，要尽量在鉴定工作开始前提供给专家组。

鉴定专家组的鉴定工作由组长负责。专家组可以向当事人了解有关情况，要求申请人提供与现场鉴定有关的材料，在此基础上，协商确定田间调查的取样方法，判定标准以及鉴定的具体内容等，可以根据实际情况，对鉴定组成员分工。

（二）田间鉴定调查工作

田间调查工作应当按照专家的分工进行。专家调查时，要保证对事物判断的独立性，不受干扰。田间取样要按照协商确定的方法进行，一般要随机取样，以确保鉴定结果的客观性。要注意观察普遍现象，并注意对造成这种现象的过程进行了解。还要注意田间的特殊现象，比如同一小麦品种在同一地点有的地块发生冻害，有的则没有发生，调查出现这种情况的原因，发现问题的根本原因至关重要。做好田间调查和观察情况的记录，以便于汇总分析。

要注意搜集证据，为鉴定工作提供帮助。《农作物种子质量纠纷田间现场鉴定办法》第十二条列举了应当考虑的情况：作物生长期间的气候环境状况；当事人对种子处理及田间管理情况；该批种子室内鉴定结果；同批次种子在其他地块生长情况；同品种其他批次种子生长情况；同类作物其他品种种子生长情况；鉴定地块地力水平；影响作物生长的其他因素。这些信息应当在鉴定过程中尽可能加以搜集，并与田间调查结果加以比较。有时有些信息已经没有或者失去意义，但并不影响田间鉴定工作。

田间调查结束后，专家鉴定组对田间调查情况进行讨论，分析原因。专家鉴定组现场鉴定实行合议制度，在事实清楚、证据确凿的基础上，根据有关种子法规、标准，依据相关的专业知识，本着公正、公平、科学、求实的原则，及时作出鉴定结论。鉴定结论以专家鉴定组成员半数以上通过为有效。专家鉴定组成员在鉴定结论上签名，专家组成员对鉴定结论的不同意见，应当予以注明。

撰写现场鉴定书，现场鉴定书的主要内容有鉴定申请人名称、地址、受理鉴定日期等基本情况；鉴定的目的、要求；有关的调查材料；对鉴定方法、依据、过程的说明；鉴定结论；鉴定组人员名单；其他需要说明的问题等。田间现场鉴定书要交到负责组织现场鉴定的种子管理机构，种子管理机构在5个工作日内将现场鉴定书交付申请人。

（三）鉴定结果异议处理

田间鉴定申请人对现场鉴定有异议，应当在收到现场鉴定书15日内向原受理单位上一级种子管理机构提出再次鉴定申请，并说明理由。上级种子管理机构对原鉴定的依据、方法、过程等进行审查，认为有必要和可能重新鉴定的，应当按以上程序重新组织专家鉴定。

根据《农作物种子质量纠纷田间现场鉴定办法》第十六条第二款的规定，再次鉴定申请只能提出 1 次。当事人双方共同提出鉴定申请的，再次鉴定申请由双方共同提出。当事人一方单独提出鉴定申请的，另一方当事人不得提出再次鉴定申请。

(四) 现场鉴定无效的判定

根据《农作物种子质量纠纷田间现场鉴定办法》第十七条规定，鉴定结果无效的 3 种情况是：专家鉴定组组成不符合有关规定的；专家鉴定组成员收受当事人财物或者其他利益，弄虚作假；其他违反鉴定程序，可能影响现场鉴定客观、公正的。以上 3 种情况，现场鉴定无效，应当重新组织鉴定。

(五) 现场鉴定终止的判定

根据《农作物种子质量纠纷田间现场鉴定办法》第十一条规定，终止现场鉴定的 3 种情况：申请人不到场的；需鉴定的地块已不具备鉴定条件的；因人为因素使鉴定无法开展的。

第六章

农作物新品种田间试验

第一节　农作物新品种田间试验概述

一、试验的任务

农业生产在大田进行，是受自然环境条件影响的。农作物新品种在大田生产条件下的表现如何，如一些引进的优良品种是否适应本地区，一些新选育的品种是否比原有品种更高产稳产，一些优质专用品种在当地的生产条件下是否发生品质变化等，都必须在田间条件下进行试验。农作物新品种试验是指将基因型不同的农作物新品种在相同条件下进行试验，试验的基本任务是在大田自然环境条件下研究新品种的表现，客观地评定具有各种优良特性的高产品种及其适应区域，使新品种能够合理地应用和推广，发挥其在科技进步、农业增产上的作用。

二、试验的基本要求

田间试验的环境条件最接近生产实际情形，但由于环境条件难以控制，增加了进行试验的复杂性。为了有效地做好试验，能够对农作物新品种给出科学公正的评价，使试验结果能在提高农业生产和农业科学的水平上发挥应有的作用，加快新品种的推广，对农作物新品种田间试验的基本要求如下：

（一）试验的目的要明确

对试验的预期结果及其在农业生产和科学试验中的作用要大致心中有数。试验是检验新品种的品质变化，还是考察其抗逆性、抗逆性，试验项目既要突出重点内容，又要兼顾对品种的全面考察，丰富试验内容，降低试验成本。

（二）试验的结果要可靠

试验结果可靠包括试验的准确度和精确度2个方面。准确度是指试验中某一性状（如小区产量）的观察测量值与其相应真值的接近程度，越是接近，试验越准确。精确度是指试验中同一性状的重复观察值彼此接近的程度，即试验误差的大小。试验误差越小，则处理间的比较越为精确。当试验没有系统误差时，精确度与准确度一致。因此，在进行试验的全过程中，必须尽最大努力准确地执行各项试验技术，力求避免发生人为的错误和系统误差，提高试验结果的可靠性。

（三）试验条件要有代表性

试验条件应该能代表将来准备推广地区的自然条件（试验地土壤种类、地势、土壤肥力、气象条件等）与农业条件（轮作制度、施肥水平、生产习惯等），这决定试验筛选的品种在当时当地的具体条件下可能利用的程度，具有重要的意义。在具有代表性的条件下进行试验，新品种在试验中的表现才能真正反映今后拟应用和推广地区实际生产中的表现。

（四）试验结果要能够重复

在相同条件下，再进行试验或实践，应能重复获得与原试验相类似的结果。为了保证试验结果的重复获得，必须严格注意试验中的一系列环节。应严格要求试验的正确执行和试验条件的代表性。在此基础上，还要了解和掌握进行试验以及作物生长发育过程中的各项环境条件，详细观察并精确记载作物的生长情况，记录好田间档案，研究并明确期间的关系。品种区域试验，要求经过多年多点的试验，了解品种在不同年份和不同地区的表现，使品种在推广中表现和原来的试验结果一致。

三、试验的种类

（一）田间试验的种类

田间试验按试验的小区大小、年份、地点、考察内容等分为若干种类，但最基本的是根据试验因素的多少而分为下列几种：

1. 单因素试验

在同一试验中只研究某一个因素的若干处理称为单因素试验。单因素试验在设计上较简单，目的明确，所得结果易于分析，但不能了解几个因素之间的相互关系。

2. 多因素试验

在同一试验中同时研究 2 个或 2 个以上的因素，每个因素都分为不同水平，各因素不同水平的组合即为试验的处理或处理组合。试验过程中，除指定的处理外，其他一切栽培管理亦均应完全一致，这种试验即称为多因素试验。作物生长受到许多因素的综合影响，采用多因素试验，有利于探究并明确对作物生长有关的几个因素间的相互关系，能够较全面地说明问题。从试验效率讲，多因素试验也比单因素试验高。

3. 综合性试验

综合性试验亦是一种多因素试验，但与上述多因素试验有不同。综合性试验中各个因素的各水平不构成平衡的处理组合，因此可以使处理数大为减少。这是将若干因素的某一水平结合在一起作为处理的试验。综合性试验的目的在于探讨一系列供试因素某些处理组合的综合作用。它不研究亦不能研究个别因素的效应和因素间的交互作用，所以这种试验必须在起主导作用的那些因素及其交互作用已基本清楚的基础上才好设置。

（二）《种子法》明确的品种试验种类

1. 按品种试验步骤分

包括区域试验、生产试验和品种特异性、一致性、稳定性测试（简称 DUS 测试），有的地方为了减少试验容量增加预备试验。国家级品种区域试验、生产试验由全国农业技术推广服务中心组织实施，省级品种区域试验、生产试验由省级种子管理机构组织实施。

区域试验应当对品种丰产性、稳产性、适应性、抗逆性等进行鉴定，并进行品质分析、DNA 指纹检测、转基因检测等。每一个品种的区域试验，试验时间不少于 2 个生产周期，田间试验设计采用随机区组或间比法排列。同一生态类型区试验点，国家级不少于 10 个，省级不少于 5 个。生产试验在区域试验完成后，在同一生态类型区，按照当地主要生产方式，在接近大田生产条件下对品种的丰产性、稳产性、适应性、抗逆性等进一步验证。每个品种的生产试验点数量不少于区域试验点，每个品种在一个试验点的种植面积不少于 300米^2，不大于 3 000 米^2，试验时间不少于 1 个生产周期。第 1 个生产周期综合性状突出的品种，生产试验可与第 2 个生产周期的区域试验同步进行。区域试验、生产试验对照品种应当是同一生态类型区同期生产上推广应用的已审定品种，具备良好的代表性。

2. 按试验的组织管理主体分

可分为 3 类：一类是财政支持的试验，包括国家级、省级组织的区域试验、生产试验。二类是绿色通道试验，指符合农业农村部规定条件、获得选育生产经营相结合许可证的种子企业（简称育繁推一体化种子企业），对其自主研发的主要农作物品种可以在相应生态区自行开展品种试验，完成试验程序后提交申请材料。试验实施方案应当在播种前 30 天内报国家级或省级品种试验组织实施单位备案。育-繁-推一体化种子企业应当建立包括品种选育过程、试验实施方案、试验原始数据等相关信息的档案，并对试验数据的真实性负责，保证可追溯，接受省级以上人民政府农业主管部门和社会的监督。三类是联合体试验指申请者具备试验能力并且试验品种是自有品种的，可以按照要求自行开展品种试验，在国家级或省级品种区域试验基础上，自行开展生产试验；自有品种属于特殊用途品种的，自行开展区域试验、生产试验，生产试验可与第二个生产周期区域试验合并进行，特殊用途品种的范围、试验要求由同级品种审定委员会确定；申请者属于企业联合体、科企联合体和科研单位联合体的，组织开展相应区组的品种试验，联合体成员数量应当不少于 5 家，并且签订相关合作协议，按照同权同责原则，明确责任义务。1 个法人单位在同一试验区组内只能参加 1 个试验联合体。自行开展品种试验的实施方案应当在播种前 30 天内报国家级或省级品种试验组织实施单位，符合条件的纳入国家级或省级品种试验统一管理。

第二节　品种区域试验设计的基本原则及操作方法

品种区域试验是新品种从育种到生产必不可少的、重要的中间环节，是通过多年多点试验，对品种的丰产性、稳产性、抗逆性、品质以及适应性等作出判断，为品种的推广利用提供科学依据。其实质是将不同的基因型放入相同的环境中以观察其表达情况，分析基因与环境、基因与年份的互助关系，为其应用提供依据。

一、品种区域试验设计原则

田间试验设计的作用是减少试验误差，提高试验的精确度，使研究人员或管理人员从试验结果中获得较为可靠的信息，从而能进行正确而有效的比较。因此，试验设计应遵循重复原则、随机原则、局部控制原则。

（一）重复

试验中同一处理的小区数即为重复数，重复的最主要作用是估计试验误差。试验误差是客观存在的，但只能由同一处理的几个小区间的差异估得。同一处理有了 2 次以上重复，就可以从这些重复小区之间的产量或其他性状的差异估计误差。如果试验只有 1 个重复，则只能得到 1 个观察值，无从估计误差。重复的另一个作用是减少误差，误差的大小与重复次数的平方根成反比，所以重复多则误差小，如 4 次重复的误差是 1 次重复的 50%。

（二）随机

随机是指 1 个重复的某个处理究竟安排在哪个小区，不要有主观成见，而应该随机取得，这样便于获得较真实的试验误差估计值。试验中设置重复固然提供了估计误差的条件，但是为了获得无偏差的试验估计值，也就是误差的估计值不夸大和不偏低，则要求试验中的每个处理都有同等的机会设置在任何试验小区上，随机排列能满足这个要求。因此，用随机排列与重复结合，试验就能提供无偏差的试验误差估计值。

（三）局部控制

局部控制就是分范围分地段控制非处理因素，使对各处理的影响趋向于最大限度地一致。因为在较小地段内，影响误差的因素的一致性较易控制，这是降低误差的重要手段之一。其实局部控制在试验中就是根据试验田的土壤、肥力、地势等因素来划分田块，使各处理重复尽可能地处在相同的条件下进行试验。虽然重复能有效地降低误差，但是根据土壤差异通常所表现的邻近区肥力比较相似的特点，重复的增加相应增加了全试验田的面积，必然会增大土壤差异。如果同一处理的各个重复小区完全随机种植，则会因土壤差异的增大，重复的增加不能最有效地降低误差。为了克服这种困难，可将试验田按重复次数划分为同数的区组。

二、田间试验设计的操作方法

（一）小区面积

小区面积的大小对于减少土壤差异的影响和提高试验的精确度有直接的关系。一般而言，在一定的范围内，小区面积增加，试验误差减少，但减少不是同比例的。小区面积太小，由于土壤差异，会造成较大误差。因为较小的试验小区更有可能恰巧或大部分占有较瘠薄或较肥的土壤，尤其在有斑块状土壤差异时，从而使小区误差增加。小区面积扩大，则较大的小区更可能同时包括肥瘦部分，因而小区间土壤差异的程度相应缩小，从而降低了误差。但当小区面积达到一定的面积时，其影响就不再明显，同时小区面积增大对于用地及试验安排的压力增大。那么小区面积的数值就难以硬性规定，一般小区面积的变动范围在 $6.667 \sim 66.667$ 米^2，生产试验地的面积不设重复一般为 333.33 米^2，设重复一般 133.33 米^2，两次重复。在具体试验时，主要考虑以下因素：①矮秆作物或密度大的作物，小区面积可适当小些，高秆或低密度的要适当大些；②土壤差异大，小区面积要适当大些，反之则小些；③边际效应大和生长竞争大的小区面积应适当增大，反之则小些。

（二）小区形状

除小区面积外，适当的小区形状在控制土壤差异、提高试验精确度方面也有相当大的作用。小区的形状以方形和长方形为宜，这里指的小区的形状是指小区的长度与宽度的比例。一般来讲小区的长宽比依试验地的具体情况而定，当试验地的肥力差异大时通常以狭长小区为宜，因为这样的小区更能包括不同肥力的土壤，相应地减少小区间的差异提高试验精确度。但是当试验的边际效应较大时，通常以方形小区为宜，这样小区的周长最小，边际效应的影响最小。当土壤差异表现的形式确实不知时，用方形小区较妥。在玉米品种试验中，由于其属高秆植物，边际效应较大，因此，建议以方形或近方形为宜，在试验中视试验地的具体情况及品种的多少可适当调整。

(三) 重复次数

试验重复次数越多,试验误差越小。一般地力差异较大时重复次数要多些,反之可少些。试验要求一般不低于 3 次重复,通常为 3 次重复,但是当品种数少于 6 个时,应增大到 4 次重复以上,确保试点的自由度不低于 12。

(四) 对照种的设置

设置对照种的目的是以对照为标准衡量参试品种的优劣,估计和矫正试验田的土壤误差,通常试验只放 1 个对照,并且 1 个区组只放 1 次,要求和所有参试品种一起随机排列。

(五) 保护行的设置

为了使供试品种能在较为均匀的环境条件下安全生长发育,应在试验地周围设置保护行。保护行的作用是:①保护试验材料不受外来因素,如人、畜等的破坏;②减少边际效应的影响;③保护行为对应小区的品种,这样便于参观或检查人员了解情况,且不影响试验小区的产量或其他观察值。

保护行设置在试验田的四周,种植行数无硬性规定,一般禾谷类作物至少应有 4 行的保护行,保护行的品种应与对应小区的品种相同。

(六) 重复和小区的排列

重复及小区的排列其实就是采用局部控制的原则控制试验误差,即将同一重复的小区尽可能地安排在同质的环境内。原则是同一重复或区组内的土壤肥力应尽可能相似,而不同重复之间可存在尽可能大的差异。区组间的差异大,并不增大试验误差;而区组内的差异小,能有效地减少试验误差。一般要求重复的排列方向与试验田的肥力梯度或地势要一致,重复内小区的排列要随机。如图 6-1 所示。

田间肥力梯度的方向	重复 Ⅰ	小区4	小区8	小区5	小区3	小区6	小区2	小区9	小区1	小区7
	重复 Ⅱ	小区8	小区7	小区9	小区1	小区5	小区3	小区6	小区2	小区4
	重复 Ⅲ	小区5	小区6	小区1	小区3	小区8	小区7	小区9	小区4	小区2

图 6-1 小区的排列

(七) 小区种植密度

在田间试验中通常要求小区种植密度统一,即对所有的品种采用同一密度,但不同的品种也就是不同的基因型,其表达受环境的制约,对环境的要求是不一样的,如果栽培中用同一密度是不公平的。如紧凑型玉米和大穗型玉米用相同的密度种植,其群体效应必定不一样,农作物生产应以群体效应为主,不是追求个体效应,因此试验应与生产相适应,在栽培上采用能充分发挥品种群体效应的种植密度。

三、田间试验设计的步骤

(1) 接到试验方案后,及时准备及规划试验用地。

(2) 种子准备及检查。按方案要求对供试种子进行检查,如发现缺失或混杂,及时与相关单位联系以便采取弥补措施。

(3) 播种或移栽。

(4) 栽培管理。

(5) 观察及记载。

(6) 收获及脱粒。

(7) 室内考种。

(8) 试验总结。

四、试验误差的来源及控制方法

在田间试验中，误差是不可避免的，但误差是可以减少的，因此，要了解试验误差的来源，控制试验设计以减少试验误差。

(一) 试验误差的来源

1. 试验各项操作及管理技术不一致所引起的差异

这种差异是指在试验过程中，在各处理的耕地、播种深浅、灌水、施肥等操作方面的质量不一致所带来的误差。另外，还有在观察记载时由于观察时间、标准和所用工具、仪器或人员不一致等引起的误差。

2. 外界条件的差异

主要指由于试验地的土壤差异及肥力不均匀所引起的误差，这是试验误差中最有影响，亦是最难以控制的。还有病虫害侵袭、人畜践踏、风雨影响，这些具有随机性质，各处理遭受的影响不完全相同。

(二) 控制误差的途径

1. 选择同质的试验材料

试验前对种子进行处理，使种子在纯度、净度、饱满度等方面保持在相似的水平上。如果育苗移栽，要尽可能选择长势一致的幼苗种植在同一处理中。

2. 改进操作和管理技术，使之标准化

除田间的各操作要仔细、一丝不苟，把各项操作尽可能做到完全一样外，一切管理操作、观察测量和数据收集都应以区组为单位进行控制，减少可能发生的差异。如整个试验的某种操作应在 1 天内完成，如果不能做到，则至少 1 个区组内所有小区的工作要在同一天完成。另外，在进行同一项操作时，对于同一区组要由同一组人员完成，避免人为误差。

3. 控制引起差异的外界条件

外界差异最主要的是土壤差异，要减少这一差异要从以下 2 方面入手：①选择好试验地。选择土地平整、肥力均匀、前作一致等有代表性的土壤，另外试验地最好选在远离牲畜及尽可能避免人为破坏的地方；②采用适当的小区技术及良好的试验设计，确保试验各项条件在区组内保持一致。

五、常见的试验误区

(一) 不完全随机现象

不完全随机就是指在试验设计过程中没有做到所有重复的小区都完全随机排列。通常多见的现象是，试验设计的第一组小区排列按照试验方案中所写的顺序排列，没有随机。

（二）Z 形排列问题

这种现象在最近两年出现较多，引起这种现象的原因是近两年参试品种较多，试验地有一定的限制，当 1 个区组排不下时转入下一区组，排列成 Z 形，这就违背了局部控制的原则。

（三）区组排列方向与地势和地力的方向不一致

区组排列的方向应与肥力梯度的方向一致，如果土地不够平整有一定的坡度，区组排列的方向应与坡势保持一致。

第三节　常用的田间试验设计

按照试验的目的要求和试验地的具体条件，将各试验处理或处理组合在试验地上进行最合理的设置和排列，就称为田间试验设计。正确的田间试验设计可以有效地减少试验误差和估算试验误差，这都有利于提高试验的准确度和精确度。田间试验小区排列方式有顺序排列法和随机排列法 2 类。

一、顺序排列法

顺序排列法就是将试验处理按照株高、成熟期、施肥量等顺序在 1 次重复内进行排列。其他各次重复基本上按照相同的顺序，进行逆向式或阶梯式排列。设 a、b、c、d、e（按株高由高到低）为供试品种即处理的代号，顺序排列方式如图 6-2。顺序排列法使用较多的是阶梯式，逆向式也有应用。

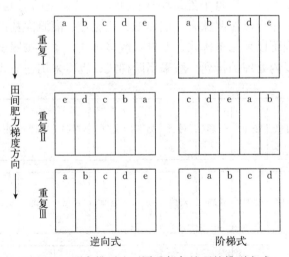

图 6-2　顺序排列法不同重复各处理的排列方式

顺序排列有 1 个共同特点：在第 1 次重复中，2 个处理如果是相邻的，则在其余的各个重复中基本上也是相邻的，这就有可能使试验结果产生系统误差。例如 c 不抗倒伏，那么在顺序排列中，与 c 相邻的 2 个处理 b、d，在各次重复中都将因 c 的倒伏使其产量受到影响。此外，已知邻区土壤肥力比较相似，这样在各次重复中都相邻的处理相互比较，其准确性较高，而在各次重复中都相隔较远的处理相互比较，其准确性就较低，这也是一种系统误差，可见系统误差的存在是顺序排列法的主要缺点。另外，顺序排列法试验的结果不能使用以概率论为基础的统计方法进行显著性测验。但顺序排列法试验设计比较简单，试验结果的分析也比较简便。

顺序排列的试验设计主要有大区对比试验、对比法试验和间比法试验 3 种。

（一）大区对比试验

大区对比试验处理的排列采用顺序法或随机法均可。如果采用顺序排列法，最好将对照处理设置在试验中间、以便田间观察评比。大区对比试验由于小区面积较大，一般在 333 米^2 以上，因而不设重复。大区排列方向应与肥力趋向或坡向呈垂直。图 6 - 3 是 7 个玉米品种（含对照）的大区对比试验排列图，不设重复（图 6 - 5）。

↑田间肥力梯度方向↑

品种1	品种2	品种3	品种4 (对照)	品种5	品种6	品种7

图 6 - 3　玉米品种大区对比试验排列图

（二）对比法试验

对比法试验常用于少数几个处理的比较试验，也称为邻比法设计。排列特点是每隔 2 个处理小区设 1 个对照小区，这样每个处理小区都可以与其邻近的对照小区相比（图 6 - 4）。各个处理在重复中的顺序可以按照株高、成熟期、施肥量、灌溉次数以及其他有关标志顺序排列。各次重复的排列可以采用单排式、双排式或多排式，主要按照试验地的具体条件及处理数来决定，不同重复内处理的排列一般采用阶梯式，也可采用逆向式。

↑田间肥力梯度方向↑

重复Ⅰ	处理1	对照	处理2	处理3	对照	处理4	处理5	对照	处理6	处理7	对照	处理8
重复Ⅱ	处理4	对照	处理5	处理6	对照	处理7	处理8	对照	处理1	处理2	对照	处理3
重复Ⅲ	处理7	对照	处理8	处理1	对照	处理2	处理3	对照	处理4	处理5	对照	处理6

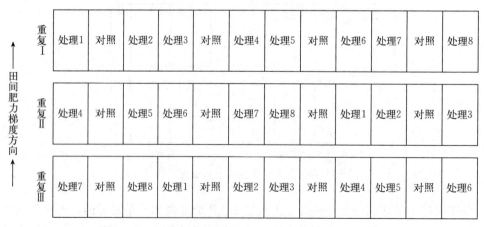

图 6 - 4　8 个处理 3 次重复的阶梯式对比法设计排列图

邻近小区土壤肥力差异较小是对比法设计的理论根据。由于每隔 2 个处理小区设 1 个对照小区，每个处理小区都可以与其相邻近的对照小区相对比。邻近小区土壤肥力相似，因此对比的结果就比较准确可靠，不致受土壤肥力差异较大的影响。对比法的最大优点是通俗易懂，便于田间观察评比，易为群众所接受，其缺点是对照小区占地太多，一般要占试验地面积的 33.3%。所以如果试验的处理数过多，就不宜采用此法。但一般处理数在 10 个以内，采用此法还是可以的。

（三）间比法试验

在作物育种的产量鉴定阶段，一般供试的品系数较多，还不宜采用随机区组试验设计，可用间比法设计。间比法设计的特点是在每个重复开头，先设 1 个对照小区，以后每隔 4~9 个处理小区设 1 个对照小区，一直到全部处理排完，最后再设置 1 个对照小区，间比法设计一般重复 2 次。重复内品系排列可按株高、成熟期等进行逆向式或阶梯式顺序排列。各重复可排成多排式，也可排成单排式（图 6-5）。

田间肥力梯度方向	重复I	对照	品系1	品系2	品系3	品系4	对照	品系5	品系6	品系7	品系8	对照	品系9	品系10	品系11	品系12	对照
	重复II	对照	品系6	品系5	品系4	品系3	对照	品系2	品系1	品系12	品系11	对照	品系10	品系9	品系8	品系7	对照

图 6-5 12 个品系 2 次重复的阶梯式间比法设计排列图

间比法设计除了运用重复原则外，还应用了局部控制原则。由于每 4 个处理都有 2 个邻近对照小区供比较，在减少土壤肥力差异所造成的误差方面，虽然不及对比法，但也有一定程度的准确性。间比法设计的另一优点是在一个试验中可以有较多的处理，所以在育种试验的产量鉴定阶段常采用此法。

二、随机排列法

随机排列法就是各个处理在重复内的排列，不按照一定的顺序，而是随机决定。这类排列方式的特点是在所有重复中，2 个处理始终排在一起的可能性很小。每个处理在重复内占据哪个小区，其机会完全均等。因此，这一类排列方式可以避免系统误差。此外，随机排列法的试验结果还可以使用以概率论为基础的统计方法进行显著性检验，因此，试验结果的准确度较高。缺点是排列、观察以及试验结果的分析都比较烦琐。

（一）完全随机设计

完全随机设计是最简单的随机排列设计方法，其特点是试验中的各处理或处理组合随机分配到各个试验小区中，单因素试验、多因素试验都可以用，各处理或处理组合的重复次数可以相等也可以不等。应用的条件是试验地土壤肥力和其他试验条件均匀一致，无趋向式差异。

假如试验包括 5 个处理，而每个处理要求重复 3 次，则可将试验地划分成 15 个试验小区。在这些小区中随机决定 3 个小区设置处理 1，另外 3 个小区设置处理 2，依次类推，一直到所有处理都完全随机地设置在所有试验小区上为止（图 6-6）。

完全随机设计的优点是：①试验设计较其他随机排列法简单；②富有弹性，单因素、多因素试验都可以使用，各处理或处理组合的重复次数可以相等也可以不等；③应用了试验设

图 6-6 5个处理3次重复完全随机设计试验田间种植图

计的重复原则和随机原则，可以使用以概率论为基础的方差分析法对试验结果进行分析；④在试验过程中如果有小区因意外原因而造成数据缺失，不必进行估计补足，只需舍去整个小区即可进行方差分析。

完全随机排列设计的主要缺点是没有应用局部控制原则，因此不能将土壤肥力或其他试验条件的趋向式差异所造成的系统误差从总变异中分离出来，影响试验的准确度和灵敏度。这种试验设计在实验室试验、盆栽试验和温室试验中应用较多，在田间试验中如果土壤肥力均匀一致，可以使用。

（二）随机区组设计

随机区组设计是针对完全随机设计的缺点而提出的一种应用十分广泛的试验设计。随机区组设计的特点是按肥力状况，将试验地划分为与重复次数一样多的区组，每个区组中再划成若干个试验小区，1个区组安排1次重复，区组内各处理随机排列（图 6-7）。1个区组实际上就是1次重复所有的小区组合。由于各个处理在区组内随机排列，所以任何1个处理在区组中占据任何1个小区的机会均等，各个处理在各区组中次序都相同的可能性很小，因而没有系统误差。

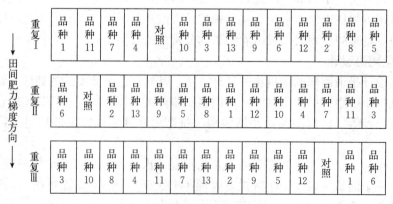

图 6-7 14个品种3次重复的完全随机区组设计田间种植图

随机区组设计的优点：①设计简单，容易掌握；②具有伸缩性，单因素、多因素以及综合性的试验都可应用；③能提供无偏的误差估计，并有效地减少单方向肥力差异对试验结果的影响，降低试验误差；④对试验地的地形要求不严，不同区组亦可分散设置在不同地段上。

随机区组设计的不足之处在于：①这种设计处理数不宜太多，也不宜太少，一般 10～20 个比较合适，因为处理太多，区组必然增大，局部控制的效率降低；处理太少，试验误差的自由度太少，试验的灵敏度降低。②只能控制一个方向的土壤差异。③试验中不能有缺区，否则将破坏正交性。因此，试验中若因意外出现缺区，应将缺区所在的区组和处理舍弃后再进行试验结果分析，或进行缺区估计后再进行试验结果分析。

（三）裂区设计

裂区设计法为一种二因素随机不完全区组设计，其特点是先按第 1 个试验因素设置各个主处理小区，然后在每个主处理小区内设置第 2 个试验因素的副处理小区。按主处理所划分的小区称为主区，主区内按各副处理所划分的小区称为副区，亦称裂区。对于第 2 个因素来讲，1 个主区就是 1 个区组，但是从整个试验所有处理组合讲，1 个主区仅是 1 个不完全区组。由于这种设计将主区分裂为副区，故称为裂区设计。这种设计的特点是主处理设在主区，副处理设在每个主区内的副区，副区之间试验条件比主区之间更为接近，因而副处理间的比较比主处理间的比较更为精确。通常应用裂区设计的情况有：

（1）如果 1 个试验因素的各处理比另 1 个试验因素的各处理需要更大的小区面积时，应使用裂区设计。如灌水次数和品种的二因素试验，一般灌水次数处理比品种处理需要的小区面积要大，因此，可将灌水次数作为主处理安排在主区，将品种作为副处理安排在副区。

（2）试验中某 1 因素的主效比另 1 个因素的主效更为重要，而要求更精确的比较或 2 个因素间的交互作用比其主效是更为重要的研究对象时，宜采用裂区设计，将要求更高精确度的因素作为副处理，另 1 个因素作为主处理。例如，施肥量和品种的二因素试验，其目的是研究各个品种在不同施肥水平下的表现，因此品种是主要因素，要求准确度较高，施肥是次要因素，要求准确度较低。因此可将施肥量作为主处理安排在主区，将品种作为副处理安排在副区。

（3）根据以往研究，1 个试验因素的效应比另 1 个试验因素的效应更大时，宜采用裂区设计，将可能表现较大差异的因素作为主处理安排在主区，而将另 1 个试验因素作为副处理安排在副区。

（4）有时 1 个单因素试验已经在进行，但临时又发现需要加上另 1 个试验因素。这时可以在已经进行试验的每个小区中再划成若干个较小的小区，而将新增的试验因素的各个处理安排上去，形成裂区设计。例如，小麦品种比较试验正在进行中，欲再增加 1 个试验因素微肥，可将小麦品种比较试验的品种作为主处理，而将微肥作为副处理。

（5）有时将某 1 个试验因素的各个处理小区排在一起，便于田间观察比较。例如品种和密度试验，同一品种的各密度小区排在一起，可以在田间直接比较同一品种各密度的表现，从而确定各品种的最佳密度，这时也应采用裂区设计。

下面以灌水次数和品种二因素试验说明裂区设计（图 6-8）。如有 3 种灌水次数，以 W1、W2、W3 表示，有 4 个品种，以 v1、v2、v3、v4 表示，重复 3 次。图中先确定主处理（灌水次数），后对副处理（品种）随机排列，每个重复的主、副处理随机独立进行。

重复Ⅰ	W1v3	W1v2	W1v1	W1v4	W3v1	W3v3	W1v2	W2v4	W2v1	W2v4	W2v3	W2v2
重复Ⅱ	W2v1	W2v3	W2v4	W2v2	W1v4	W1v2	W1v1	W1v3	W3v2	W3v3	W3v4	W3v1
重复Ⅲ	W3v3	W3v1	W3v2	W3v4	W2v2	W2v1	W2v3	W1v4	W1v3	W1v1	W1v2	W1v4

↓ 田间肥力梯度方向 ↓

图 6-8　灌水次数与品种二因素的裂区设计田间种植图

第四节　小麦、玉米田间试验记载项目和标准

试验的记载项目与标准力求简明扼要。所有记载项目均应记载，未包括在记载项目内的特殊情况，也应补充记载。

一、小麦品种区域试验记载项目和标准

除穗形、芒、壳色、粒色、饱满度、粒质外，其余性状应有 2~3 个重复的数据，并将其平均值或综合评价填入汇总表内。

为便于应用计算机储存、分析试验资料，全部记载均需要数量化。一般采用五级制（1、2、3、4、5 级），沿用三级制的一些性状，为了记载的标准化，以 1 级、3 级、5 级表示。记载级别由小值到大值，表示幼苗习性由匍匐到直立，芒由短到长，抗逆性由强到弱，熟相由好到差，壳色、粒色由白到红，种子由饱满到干瘪。

生育期、株高、生育动态、每穗粒数、千粒重、容重以及病害的普遍率、严重度等已按数值或百分率记载的项目不予分级。株高、有效分蘖数和越冬百分率保留整数。

田间记载项目有物候期、形态特征、生育动态、抗逆性、熟相、病虫病等。

（一）物候期

1. 出苗期

全区 50% 以上幼苗胚芽鞘露出地面 1 厘米时的日期（以日/月表示，以下均同）。

2. 抽穗期

全区 50% 以上麦穗顶部小穗（不算芒）露出叶鞘或在叶鞘中上部裂开见小穗时的日期。

3. 成熟期

大多数麦穗的籽粒变硬，大小及颜色呈现本品种固有特征的日期。

4. 生育期

生育期是出苗至成熟的天数。

（二）形态特征

1. 幼苗习性

分蘖盛期观察，分 3 级：1 级是匍匐；2 级是半匍匐；3 级是直立。

2. 株高

从地面至穗的顶端，不连芒，以厘米计。

3. 芒

芒分 5 级：1 级是无芒，完全无芒或芒极短；2 级是顶芒，穗顶部有芒，芒长 5 毫米以下，下部无芒；3 级是曲芒，芒的基部膨大弯曲；4 级是短芒，穗的上下均有芒，芒长 40 毫米以下；5 级是长芒，芒长 40 毫米以上。

4. 穗形

穗形分 5 级：1 级是纺锤形，穗子两头尖，中部稍大；2 级是椭圆形，穗短，中部宽，两头稍小，近似椭圆形；3 级是长方形，穗子上、下、正面、侧部基本一致，呈柱形；4 级是棒形，穗子下小、上大，上部小穗着生紧密，呈大头状；5 级是圆锥形，穗子下大、上小或分枝。

5. 壳色

壳色分 2 级，以 1 级、5 级表示。1 级为白壳（包括淡黄色），5 级为红壳（包括淡红色）。

（三）生育动态

1. 基本苗数

三叶期前在小区内选取 2～3 个出苗均匀的样点（条播选取 1 米长样段），数苗数，折算成每 667 米^2 万苗数表示。

2. 最高茎蘖数

拔节前分蘖数达到最高峰时调查，在原样点调查。调查方法与基本苗数相同。

3. 有效穗数

成熟前数取有效穗数，在原样点调查，方法与要求同基本苗数。

4. 有效分蘖率

有效分蘖率即成穗率，计算公式为：有效分蘖率（%）＝有效穗数/最高总茎数×100。

（四）抗逆性

1. 抗寒性

根据地上部分冻害，冬麦区分越冬、春季 2 个阶段记载，春麦区分前期、后期 2 个阶段记载，均分 5 级：1 级是无冻害；2 级是叶尖受冻发黄；3 级是叶片冻死 50%；4 级是叶片全枯；5 级是植株或大部分分蘖冻死。

2. 抗旱性

发生旱情时，在午后日照最强、温度最高的高峰过后，根据叶片萎缩程度分 5 级记载：1 级是无受害症状；2 级是小部分叶片萎缩，并失去应有光泽；3 级是叶片萎缩，有较多的叶片卷成针状，并失去应有光泽；4 级是叶片明显卷缩，色泽显著深于该品种的正常颜色，下部叶片开始变黄；5 级是叶片明显萎缩严重，下部叶片变黄至变枯。

3. 耐湿性

在多湿条件下，于成熟前调查，分 3 级记载：1 级是茎秆呈黄熟且持续时间长，无枯死现象；3 级是有不正常成熟和早期枯死现象，程度中等；5 级是不能正常成熟，早期枯死严重。

4. 耐青干能力

根据穗、叶、茎青枯程度，分无、轻、中、较重、重 5 级，分别以 1 级、2 级、3 级、4 级、5 级表示，同时记载青干的原因和时间。

5. 抗倒伏性

抗倒伏性分最初倒伏、最终倒伏 2 次记载，记载倒伏日期、倒伏程度和倒伏面积，以最终倒伏数据进行汇总。倒伏面积为倒伏部分面积占小区面积的百分率。倒伏程度分 5 级记载：1 级是不倒伏；2 级是倒伏轻微，植株倾斜角度小于或等于 30°；3 级是中等倒伏，倾斜角度 30°～45°（含 45°）；4 级是倒伏较重，倾斜角度 45°～60°（含 60°）；5 级是倒伏严重，倾斜角度 60°以上。

6. 落粒性

落粒性在完熟期调查，分 3 级记载：1 级是口紧，手用力撮方可落粒，机械脱粒较难；3 级是易脱粒，机械脱粒容易；5 级是口松，麦粒成熟后，稍加触动容易落粒。

7. 穗发芽

穗发芽在自然状态下目测，分无、轻、重 3 级，以 1 级、3 级、5 级表示，同时记载发芽百分率。

（五）熟相

熟相根据茎叶落黄情况分为好、中、差 3 级，以 1 级、3 级、5 级表示。

（六）病虫害

1. 锈病

最主要的锈病记载其普遍率、严重度和反应型。

普遍率是目测估计病叶数（条锈病、叶锈病）占叶片数的百分比或病秆数的百分比。

严重度是目测病斑分布占叶（鞘、茎）面积的百分比。

反应型分 5 级：1 级是免疫，完全无症状或偶有极小淡色斑点；2 级是高抗，叶片有黄白色枯斑或有极小孢子堆，其周围有明显枯斑；3 级是中抗，夏孢子堆少而分散，周围有褪绿或死斑；4 级是中感，夏孢子堆较多，周围有褪绿现象；5 级是高感，夏孢子堆很多、较大，周围无褪绿现象。

次要锈病可将普遍率与严重度合并，分为轻、中、重 3 级，分别以 1 级、3 级、5 级表示。

2. 赤霉病

赤霉病记载病穗率和严重度。

病穗率是目测病穗占总穗数百分比；

严重度是目测小穗发病严重程度，分 5 级：1 级是无病穗；2 级，25%（含 25%）以下小穗发病；3 级，25%～50%（含 50%）小穗发病；4 级，50%～75%（含 75%）小穗发病；5 级，75%以上小穗发病。

3. 白粉病

一般小麦抽穗时为白粉病盛发期，分 5 级记载：1 级是叶片无肉眼可见症状；2 级是基部叶片发病；3 级是病斑蔓延至中部叶片；4 级是病斑蔓延至剑叶；5 级是病斑蔓延至穗及芒。

4. 叶枯病

叶枯病是目测病斑占叶片面积的百分率，分 5 级：1 级是免疫，无症状；2 级是高抗，病斑占 1%～10%；3 级是中抗，病斑占 11%～25%；4 级是中感，病斑占 26%～40%；5 级是高感，病斑占 40% 以上。

5. 根腐病

根腐病的反应型按叶部及穗部分别记载：

叶部于乳熟末期调查，分 5 级：1 级是旗叶无病斑，倒数第 2 叶偶有病斑；2 级是病斑占旗叶面积 25%（含 25%）以下，小；3 级是病斑占旗叶面积 25%～50%（含 50%），较小，不连片；4 级是病斑占旗叶面积 50%～75%（含 75%），大小中等，连片；5 级是病斑占旗叶面积 75% 以上，大而连片。

穗部分 3 级：1 级是穗部有少数病斑；3 级是穗部病斑较多或一两个小穗有较大病斑或变黑；5 级是穗部病斑连片且变黑。

记载时以叶部反应型作分子，穗部反应型作分母，如 3/3 表示叶部与穗部反应型均为 3 级。

6. 黄萎病

黄萎病记载普遍率和严重度。

普遍率是目测发病株数占总数的百分率。

严重度分 5 级：1 级是无病株；2 级是个别分蘖发病，一般仅旗叶表现病状，植株无低矮现象；3 级是半数分蘖发病，旗叶及倒数第 2 片叶发病，植株有低矮现象；4 级是多数分蘖发病，旗叶及倒数第 2、3 片叶发病，明显低矮；5 级是全部分蘖发病，多数叶片病变，严重低矮植株超过 50%。

7. 纹枯病

冬麦区小麦齐穗后为发病高峰期，剥茎观察：1 级是无病症；2 级是叶鞘发病但未侵入茎秆；3 级是病斑侵入茎秆不足茎周的 25%（含 25%）；4 级是病斑侵入茎秆茎周的 25%～75%（含 75%）；5 级是病斑侵入茎秆茎周的 75% 以上

在病害严重发生出现枯白穗的年份，应增加枯白穗率记录。

8. 其他病虫害

如发生散黑穗病、黑颖病、土传花叶病，出现蚜虫、黏虫、吸浆虫等时，亦按 3 级或 5 级记载。

室内考种时，要记载每穗粒数、饱满度、粒质、粒色、千粒重、容重、黑胚率。

每穗粒数是在进行记载的 2～3 个重复，每小区边行除外随机选取 50 穗混合脱粒，数其总粒数，求得平均每穗粒数。

饱满度分饱、较饱、中等、欠饱、瘪 5 级，分别以 1 级、2 级、3 级、4 级、5 级表示。

粒质分硬质、半硬质、软（粉）质 3 级，分别以 1 级、3 级、5 级表示。

粒色分白粒、琥珀色、红粒，以 1 级、3 级、5 级表示，其他颜色以文字表述。

千粒重测 2 次，单位克，每次随机取 1 000 粒种子，取其平均值（如 2 次误差超过 0.5 克应重测），数据精确到一位小数。

容重是以晒干扬净的籽粒用容重器称量 2 次，单位克/升，取其平均值（如 2 次误差超过 5 克应重测）。

黑胚率是随机取 200 粒，数黑胚粒数，测两次，取平均值，以百分率表示。

二、玉米品种试验调查记载项目和标准

（一）生育时期

1. 播种期

播种当天的日期。

2. 出苗期

每小区幼苗出土高 2～3 厘米的穴数达 50％的日期。

3. 抽丝期

小区 50％以上的雌穗已抽出花丝的日期。

4. 抽雄期

小区 50％以上的植株雄穗顶端露出顶叶的日期。

5. 散粉期

小区 50％以上的植株雄穗主枝开始散粉的日期。

6. 成熟期

小区 90％籽粒出现成熟黑层的日期。

7. 生育期

从出苗到成熟日的总天数。

（二）生长势和整齐度

1. 生长势

从茎粗、叶色、株型等方面综合评定。在苗期（离乳期）、抽雄期和乳熟期分别记载。分强、中、弱 3 级。

2. 整齐度

早期看长相差异，中、后期从株高、穗位高、茎粗、果穗大小等方面综合目测评定。在苗期、抽雄期、成熟期分别记载，分上、中、下 3 级。

（三）农艺性状

1. 株型

抽雄后目测，分平展、半紧凑、紧凑型记载。

2. 株高

乳熟期连续取小区内生育正常的 10 株玉米，测量由地表到雄穗顶端的高度，取平均值，保留两位小数，以米表示。

3. 穗位高

乳熟期连续取小区内生育正常的 10 株玉米，测量植株从地表到果穗柄着生节的高度，保留两位小数，以米表示。

4. 倒伏率（根倒）

倒伏倾斜度大于 45°作为倒伏指标，用倒伏植株占全区株数的百分比（％）表示，测定 3 个重复，求其平均数，保留一位小数。

5. 倒折率（茎折）

倒折率是果穗以下部位折断的植株占全区株数的百分比，蜡熟期调查。测定 3 个重复，

求其平均数，保留一位小数。

6. 空株率

空株率是指无果穗、有穗无粒，果穗有 10 个以下籽粒的植株。测定 2 个重复，求其平均数，保留一位小数。

7. 双穗率

双穗率是收获时每区双穗株数占小区总株数的百分数，测定 2 个重复，求其平均数，保留一位小数。

8. 小区实收株数

小区实收株数是收获前调查计产行的实有株数。如小区内，株数缺株不及 5%，不作缺株处理；超过 5% 时缺株前后相邻株不收，用实收平均单株产量补上缺株的产量；缺株超过 10% 时，该区作缺区处理。

9. 芽鞘色

芽鞘色是在展开 2 片叶之前，第 1 叶鞘出现时的颜色，分绿、浅紫、紫、深紫、黑紫记载。

10. 雄穗分枝

雄穗分枝在散粉盛期调查，分疏、中、密记载。

11. 花药颜色

调查散粉盛期新鲜花药，分绿、浅紫、紫、深紫、黑紫记载。

12. 全生育期叶数

点漆标记 10 株，计算平均数。

13. 花丝颜色

在抽丝期，新鲜花丝长出约 5 厘米时调查，分绿、浅紫、紫、深紫、黑紫记载。

14. 果穗茎秆角度

蜡熟期调查，分向上、水平、向下记载。

(四) 果穗性状

1. 穗形

穗形分圆锥形、中间形、圆柱形记载。

2. 穗长

小区内连续取 10 个正常穗，测定从穗基部到顶端的长度，取平均值，保留一位小数，以厘米表示。

3. 穗粗

将 10 个考种果穗头尾相间横排靠紧，量果穗中间的直径，取平均值，保留一位小数，以厘米表示。

4. 秃尖长

上述 10 个果穗，测其秃尖长度，取平均值，保留一位小数，以厘米表示。

5. 穗行数

数上述 10 个果穗中部的籽粒行数，取平均值，保留一位小数。

6. 每行粒数

对 10 个考种果穗，每穗选 1 个中等行，数其全行的粒数，取平均值，保留一位小数。

7. 轴粗

将 10 个考种果穗脱粒后，横排靠紧，量其宽度，取平均值，保留一位小数，以厘米表示。

8. 出籽率

每小区籽粒干重比干穗重的百分数，保留一位小数。

9. 粒色

粒色分黄、白、红、黄白 4 种。

10. 粒型

以多数果穗中部粒型为准，分硬粒型、半硬粒型、半马齿型、马齿型 4 种。

11. 轴色

调查穗轴中部颖片，分白色、粉红、红、紫、黑紫 5 种。

12. 结实性

结实性分上、中、下 3 级。

13. 百粒重

随机取 100 粒籽粒称重，重复取样 3 次，取相近两个数的平均数，保留一位小数，以克表示。

14. 小区产量

将田间计产小区收回的果穗，风晒干后脱粒，加入考种果穗的籽粒，风晒干至恒重（恒重标准为含水量在 14% 以下），经过缺区矫正后，称其籽粒重，作为最后小区产量，以千克表示，保留两位小数。

（五）品质检测

将指定的玉米品种试验取样点第二年参加区域试验品种的套袋成熟籽粒，按方案规定的时间、地点、数量和质量要求寄到主持单位，由主持单位按同等份均匀混样，然后将混合样品统一送到指定的品质检测单位，对参试品种的籽粒进行淀粉、脂肪、蛋白质、赖氨酸和容重的测定，并及时提供相应的品质检测报告。

（六）抗病虫害调查项目

1. 玉米大斑病、小斑病、弯孢菌叶斑病

（1）调查时间。在玉米进入乳熟后期进行调查。

（2）调查方法。调查时目测每份鉴定材料群体的发病状况。调查重点部位为玉米果穗的上方叶片和下方 3 叶，根据病害症状描述，逐份材料进行调查并记载病情级别。

（3）病情分级。田间病情分级相对应的症状描述见表 6-1。

表 6-1 玉米大斑病、小斑病、弯孢菌叶斑病鉴定病情级别划分

病情级别	症状描述
1	叶片上无病斑或仅在穗位下部叶片上有零星病斑，病斑占叶面积小于或等于 5%
3	穗位下部叶片上有少量病斑，占叶面积 6%～10%，穗位上部叶片有零星病斑
5	穗位下部叶片上病斑较多，占叶面积 11%～30%，穗位上部叶片有少量病斑
7	穗位下部叶片或穗位上部叶片有大量病斑，病斑相连，占叶面积 31%～70%
9	全株叶片基本为病斑覆盖，叶片枯死

（4）抗性评价标准。依据鉴定材料发病程度（病情级别）确定其对大斑病、小斑病、弯孢菌叶斑病的抗性水平，划分标准见表6-2。若一个鉴定群体中出现明显的抗、感类型，应在调查表中注明"抗性分离"。

表6-2　玉米对大斑病、小斑病、弯孢菌叶斑病抗性的评价标准

病情级别	1	3	5	7	9
抗性	高抗（HR）	抗（R）	中抗（MR）	感（S）	高感（HS）

2. 玉米锈病

（1）调查时间。在玉米抽雄前进行第一次调查，可以淘汰感病品种。进入乳熟期进行第二次调查。

（2）调查方法。调查时目测每份鉴定材料群体的发病状况。调查重点部位为玉米果穗下方的接种叶片，根据病害症状描述，逐份材料进行调查并记载病情级别。

（3）病情分级。田间病情分级相对应的症状描述见表6-3。

表6-3　玉米锈病鉴定病情级别划分

病情级别	症状描述
1	叶片上无病斑或仅有无孢子堆的过敏性反应
3	叶片上有少量孢子堆，占叶面积少于25%
5	叶片上有中量孢子堆，占叶面积26%～50%
7	叶片上有大量孢子堆，占叶面积51%～75%
9	叶片上有大量孢子堆，占叶面积76%～100%，叶片枯死

（4）抗性评价标准。依据鉴定材料的发病程度（病情级别）确定其对锈病的抗性水平，划分标准见表6-4。若一个鉴定群体中出现明显的抗、感类型，应在调查表中注明"抗性分离"。

表6-4　玉米对锈病抗性的评价标准

病情级别	1	3	5	7	9
抗性	高抗（HR）	抗（R）	中抗（MR）	感（S）	高感（HS）

3. 玉米瘤黑粉病

（1）调查时间。在玉米进入乳熟后期进行调查。

（2）调查方法。每份鉴定材料至少选取100株，逐株调查，分别记载调查总株数、发病株数，计算发病株率。发病株率（%）＝（发病株数/调查总株数）×100。

（3）病情分级。田间病情分级相对应的症状描述见表6-5。

表6-5　玉米瘤黑粉病鉴定病情级别划分

病情级别	描　　述
1	发病株率0～1%

（续）

病情级别	描 述
3	发病株率 1.1%～5%
5	发病株率 5.1%～10%
7	发病株率 10.1%～40%
9	发病株率 40.1%～100%

（4）抗性评价标准。依据鉴定材料发病程度（病情级别）确定其对瘤黑粉病的抗性水平，划分标准见表 6-6。

表 6-6　玉米对瘤黑粉病抗性的评价标准

病情级别	1	3	5	7	9
抗性	高抗（HR）	抗（R）	中抗（MR）	感（S）	高感（HS）

4. 玉米茎腐病

（1）调查时间。在玉米进入乳熟后期进行调查。

（2）调查方法。逐株调查每份鉴定材料的发病状况。调查重点部位为茎基部节位，茎节明显变褐或用手指捏近地表茎节感到变软的植株，即为发病株。记载调查总株数、发病株数，计算发病株率。发病株率＝（发病株数/调查总株数）×100%。

（3）病情分级。田间病情分级相对应的症状描述见表 6-7。

表 6-7　玉米茎腐病鉴定病情级别划分

病情级别	描 述
1	发病株率 0～5%
3	发病株率 5.1%～10%
5	发病株率 10.1%～30%
7	发病株率 30.1%～40%
9	发病株率 40.1%～100%

（4）抗性评价标准。依据鉴定材料发病程度（病情级别）确定其对茎腐病的抗性水平，划分标准见表 6-8。

表 6-8　玉米对茎腐病抗性的评价标准

病情级别	1	3	5	7	9
抗性	高抗（HR）	抗（R）	中抗（MR）	感（S）	高感（HS）

5. 玉米矮花叶病

（1）调查时间。苗期调查在接种 10～15 天时进行；成株期调查在抽雄期进行。

（2）调查方法。需调查全部植株，依据叶片是否出现花叶症状确定发病植株，分别记载调查总株数、发病株数，计算发病株率。发病株率＝（发病株数/调查总株数）×100%。

（3）病情分级。田间病情分级、相对应的症状描述见表 6-9。

表 6-9 玉米苗期抗矮花叶病鉴定病情级别划分

病情级别	描 述
1	苗期发病株率 0～5%
3	苗期发病株率 5.1%～15%
5	苗期发病株率 15.1%～30%
7	苗期发病株率 30.1%～50%
9	苗期发病株率 50.1%～100%

（4）抗性评价标准。抗性水平的划分依据其发病株率确定，划分标准见表 6-10。

表 6-10 玉米对矮花叶病抗性的评价标准

病情级别	1	3	5	7	9
抗性	高抗（HR）	抗（R）	中抗（MR）	感（S）	高感（HS）

6. 玉米粗缩病

（1）调查时间。病情调查在抽雄期进行。

（2）调查方法。需调查全部植株，分别记载调查总株数、发病株数，计算发病株率。发病株率＝(发病株数/调查总株数)×100%。

（3）病情分级。田间病情分级、相对应的症状描述见表 6-11。

表 6-11 玉米粗缩病鉴定病情级别划分

病情级别	描 述
1	发病株率 0～5%
3	发病株率 3.1%～10%
5	发病株率 10.1%～20%
7	发病株率 20.1%～40%
9	发病株率 40.1%～100%

（4）抗性评价标准。抗性水平的划分依据其发病株率确定，划分标准见表 6-12。

表 6-12 玉米对粗缩病抗性的评价标准

病情级别	1	3	5	7	9
抗性	高抗（HR）	抗（R）	中抗（MR）	感（S）	高感（HS）

7. 玉米螟

（1）调查时间。在当地第一次虫害发生高峰后调查。

（2）调查方法。估测群体中上部叶片被玉米螟取食的状况。

（3）叶片危害程度分级。根据玉米螟幼虫取食心叶后形成的叶片虫孔直径大小和数量划分食叶级别，见表 6-13。

表 6 - 13 玉米螟对心叶危害程度的分级标准

食叶级别	症状描述
1	仅个别叶片有 1～2 个虫孔，孔径≤1 毫米
2	仅个别叶片有 3～6 个虫孔，孔径≤1 毫米
3	少数叶片上有 7 个以上虫孔，孔径≤1 毫米
4	个别叶片上有 1～2 个虫孔，孔径≤2 毫米
5	少数叶片上有 3～6 个虫孔，孔径≤2 毫米
6	部分叶片上有 7 个以上虫孔，孔径≤2 毫米
7	少数叶片上有 1～2 个虫孔，孔径>2 毫米
8	部分叶片上有 3～6 个虫孔，孔径>2 毫米
9	大部分叶片上有 7 个以上虫孔，孔径>2 毫米

（4）抗性评价标准。根据食叶级别，评价各鉴定材料的抗性，划分标准见表 6 - 14。

表 6 - 14 玉米对玉米螟抗性的评价标准

病情级别	1、2	3、4	5、6	7、8	9
抗性	高抗（HR）	抗（R）	中抗（MR）	感（S）	高感（HS）

第七章

南阳主要农作物品种利用

第一节 南阳小麦品种利用

一、南阳小麦生产概况

南阳市作为国家粮食生产核心区的主产区，小麦不仅是第一大粮食作物，而且是种植面积最大的农作物，据统计，2011、2012 年种植面积均超过 73.3 万公顷，总产量由 2008 年的 34.7 亿千克增加到 2017 年的 40.55 亿千克，在国家粮食安全战略中占有重要的地位。但是南阳正处在秦岭-淮河南北气候分界线上，在国家小麦区划上包含黄淮冬麦南片水地品种类型区、黄淮冬麦旱地品种类型区、长江中下游冬麦品种类型区，属于典型南北气候过渡带，为气象灾害多发区，经常发生的有暴雨、大风、寒潮、连阴雨、高温等原生气象灾害和内涝、干旱等次生气象灾害。南阳市小麦生产中病虫害种类较多，其中小麦条锈病、小麦赤霉病更是威胁小麦生产的毁灭性病害。由于这些因素的制约，南阳小麦总体产量水平与品质和豫北地区相比还存在较大差距。小麦生产离不开品种，必须选好品种、用好品种，使品种的增产潜力得到充分发挥，才能保证小麦优质增产。

二、南阳小麦生产发展阶段

1949 年后，南阳小麦生产发展大致分为 6 个阶段：

第一阶段是 1950—1956 年，小麦播种面积与产量逐年稳步扩大增加，年际间仅有小幅变化。播种面积由 1950 年的 50.83 万公顷增加到 1955 年的 60.93 万公顷，每 667 米² 产量由 47 千克增加到 65 千克。

第二阶段是 1957—1964 年，1957—1960 年播种面积与单产基本稳定，但 1961 年后，种植面积与单产大幅下降。1961 年单产最低，为每 667 米² 33 千克，当时自然灾害与吸浆虫严重发生，品种虽有更新，但产量不增反减。

第三阶段是 1965—1974 年，播种面积仍逐年减少，但单产逐年增加。1973 年播种面积降至 42.43 万公顷，由于此阶段南阳市育种水平的进步，选育出的新品种内乡 5 号、内乡 36、南召 1 号、南召 2 号的大面积推广利用，每 667 米² 产量由 30 多千克增至近百千克。

第四阶段是 1975—1990 年，播种面积逐年增大，每 667 米² 产量由 90 多千克突破 100 千克，1982 年突破 200 千克。

第五阶段是 1991—2000 年，播种面积逐年增大，逐渐稳定在 66.67 万公顷左右，每 667 米² 产量由 200 千克直线上升至 400 千克，高产田块达 500 千克。

第六阶段是 2000 年至今，每 667 米² 产量逐步迈上 450 千克台阶，由于郑麦 9023 品种的推广应用，在南阳大田中很容易找到每 667 米² 产量超 500 千克的地块。

三、南阳小麦品种利用现状

（一）南阳市 2006—2017 年度小麦主要利用品种和种植面积

南阳市 2006—2017 年度小麦主要利用品种和种植面积统计如表 7-1 所示。

（二）南阳市近年来小麦产量情况统计

南阳市 2008—2017 年小麦生产情况统计如表 7-2 所示。

四、南阳小麦品种更替情况

选育和推广优良品种是提高产量、增强抗性、改善品质最有效的措施，在小麦单产的提高过程中，良种的作用占到 30%～40%。每一次产量的突跃，基本与品种的更换分不开的，中华人民共和国成立以来，南阳市小麦种植实现了 10 次品种更换。现将历次小麦品种更换情况分述如下：

第 1 次小麦品种更换为 1950—1956 年。中华人民共和国成立前全市种植的品种主要是农家品种，而选育和引进品种很少，产量很低，循环使用，基本上没有多大进展。

中华人民共和国成立初期，农民发展生产的积极性很高，而新品种选育工作刚刚开始，不能满足农业生产的需要，因此广泛评选农家品种，稳步引进示范推广新品种，县、区、乡逐级建立评选组织，自下而上进行评选，选出了较好的地方农家品种，如南阳的红和尚头、白火麦、白玉皮；南阳第三农林局技术员王修栋等人育成的宛 1-486，在南阳市郊示范推广。并稳步从陕西引进碧码 1 号、碧码 4 号，在南阳推广面积也较大。

第 2 次小麦品种更换为 1957—1964 年。第二次品种更换时，南阳农家品种红拳芒、玉麦、红和尚头、二芒、白火麦仍有一定种植面积，但当时吸浆虫发生较重，引进了南大 2419，并迅速在南阳推广利用，成为当时种植面积最大的品种。

第 3 次小麦品种更换为 1965—1974 年。锈病和倒伏问题成为制约小麦产量进一步提高的主要障碍，急需新的良种来代替，南阳市科研和推广部门，选育了抗病、抗倒、增产显著的内乡 5 号、内乡 36、内乡 19、召麦 1 号、召麦 2 号等，并引进阿夫、阿勃，积极推广到生产中。

第 4 次小麦品种更换为 1975—1980 年。20 世纪 70 年代，河南省小麦育种水平进一步提高。7023、郑引 1 号、矮丰 3 号、内乡 171、内乡 173 等优良品种的选育和引进，使南阳的小麦单产迅速提高。

第 5 次小麦品种更换为 1981—1990 年。宛 7107 在南阳迅速推广，成为主导品种，最大栽培面积达到 48.53 万公顷，并持续利用达 10 年以上。当时搭配种植的还有宛原 28-88、南阳 75-6。由于新品种的大面积利用，每 667 米² 产量突破 200 千克。

第 6 次小麦品种更换为 1991—2000 年。20 世纪 80 年代后期，南阳气候条件变化异常，干旱与雨涝交替出现，冬季温度过高或过低，倒春寒、干热风等各种恶劣气候也不断发生，1990 和 1991 年连续发生倒伏、穗发芽、条锈病等，亟须选择一批抗病、抗倒、适应性强的品种替代宛 7107，此时豫麦 18（矮早 781）应运而生。豫麦 18 突出表现为矮秆抗倒、耐病、早熟、高产，该品种在南阳市甚至河南全省大面积持续利用多年。

第 7 次小麦品种更换为 2000—2004 年。高产和优质并进，随着人民生活条件的不断改善和进入世界贸易组织（WTO）的挑战，小麦品质改良育种迅速发展，郑麦 9023 具备高产和优质的特性在南阳迅速推广利用，仅 3 年时间占全市小麦播种面积的 50% 以上，并持续

表 7 - 1　南阳市 2006—2017 年度小麦主要利用品种种植面积统计表（万公顷）

品种	冬春性	株高（厘米）	2006—2007年度	2007—2008年度	2008—2009年度	2009—2010年度	2010—2011年度	2011—2012年度	2012—2013年度	2013—2014年度	2014—2015年度	2015—2016年度	2016—2017年度
郑麦 9023	弱春	82	38.72	32.04	26.03	15	10.86	11.49	6.78	1.69	1.03	—	—
郑麦 7698	弱春	76	—	—	—	—	—	—	3.48	5.43	13.12	16.69	3.35
郑麦 379	半冬	79	—	—	—	—	—	—	—	—	2.67	5.38	5.35
郑麦 366	半冬	70	—	—	0.72	13.47	13.43	12.12	12.35	10.58	7.24	—	3.45
郑麦 583	半冬	79	—	—	—	—	—	—	—	—	—	1.49	1.96
郑麦 101	弱春	80	—	—	—	—	—	—	—	—	—	0.42	0.52
郑麦 0943	半冬	71	—	—	—	—	—	—	—	—	—	—	0.38
郑麦 9962	半冬	79	—	—	—	—	—	—	—	—	—	0.38	—
豫麦 70-36	弱春	80	2.49	4.86	4.03	4.49	2.33	3.27	—	—	—	—	—
豫麦 18	弱春	80	3.07	1.25	—	—	—	—	—	—	—	—	—
偃展 4110	弱春	75	2.45	3.6	3.79	2.4	2.03	1.5	0.43	—	—	—	—
宛麦 369	弱春	87	1.01	—	—	—	—	—	—	—	—	—	—
宛麦 18	弱春	81	—	—	—	—	—	—	—	—	—	0.37	—
宛麦 19	弱春	79	—	—	—	—	—	—	—	—	0.55	—	—
西农 979	半冬	75	0.95	1.8	6.27	7.52	9.09	10.83	5.99	20.57	20.07	20.08	16.69
西农 509	弱春	81	—	—	—	—	—	—	2	—	2.29	0.41	2.03
西农 9718	弱春	73	—	—	—	—	—	1.2	—	—	—	—	—
新麦 18	半冬	75	0.68	2.27	0.71	1.48	—	—	—	—	—	—	0.37
新麦 21	弱春	85	—	—	—	—	—	—	2.03	—	—	—	—
洛麦 3 号	半冬	84	1.33	—	1.75	1.98	—	—	—	—	—	—	—
洛麦 21	半冬	90	—	—	—	—	1.42	—	—	—	—	—	—
洛麦 22	半冬	83	—	—	—	—	3.21	—	—	—	—	—	—
洛麦 23	半冬	76	—	—	—	—	—	2.20	2.78	7.02	2.71	4.04	1.45
豫麦 45	弱春	80	0.3	—	—	—	—	—	—	—	—	—	—

（续）

品种	冬春性	株高（厘米）	2006—2007年度	2007—2008年度	2008—2009年度	2009—2010年度	2010—2011年度	2011—2012年度	2012—2013年度	2013—2014年度	2014—2015年度	2015—2016年度	2016—2017年度
豫麦 36	半冬	85	0.3	—	—	—	—	—	—	—	—	—	—
豫麦 49	半冬	80	0.13	0.34	—	—	—	—	—	—	—	—	—
豫麦 52	半冬	78	1.25	—	1.4	—	—	—	—	0.84	—	—	—
豫麦 70	半冬	80	6.69	10.05	7.3	2.17	2.25	—	1.7	—	—	—	—
豫教 2 号	弱春	81	0.2	0.34	—	—	—	—	—	—	—	—	—
豫教 5 号	半冬	76	0.55	0.54	—	—	—	—	—	—	—	—	—
豫麦 57	半冬	83	—	—	—	—	—	—	—	—	—	0.36	—
金丰 3 号	半冬	77	0.2	—	—	—	—	—	—	—	—	—	—
濮麦 9 号	弱春	75	—	1.03	—	0.89	1.37	1.37	1.02	2.69	0.6	0.38	0.38
新麦 19	半冬	78	—	0.67	—	0.89	—	—	—	—	—	—	—
新麦 208	弱春	80	0.33	1.67	2.06	1.76	1.13	0.93	—	—	—	—	—
04 中 36	弱春	70	—	0.44	3	0.93	—	—	0.8	—	—	—	—
内乡 201	半冬	77	—	0.41	1.02	—	—	—	0.2	—	—	—	—
矮抗 58	半冬	70	—	0.4	3.34	4.22	12.05	10.03	4.65	0.79	—	—	—
平安 6 号	弱春	78	—	0.34	0.47	—	—	—	—	—	—	—	—
先麦 8 号	弱春	79	—	—	—	—	—	0.73	3.31	2.7	2.99	0.39	2
先麦 10	弱春	75	—	—	—	—	—	—	—	1.04	0.66	1.36	6.99
先麦 12	弱春	78	—	—	—	—	—	—	—	—	—	0.41	1.35
百农 207	半冬	76	—	—	—	—	—	—	—	—	—	—	11.43
兰考 198	弱春	68	—	—	—	—	—	—	—	—	0.77	1.37	0.53
泛麦 8 号	半冬	73	—	—	—	—	—	—	—	—	—	1.01	0.52
中麦 875	半冬	76	—	—	—	—	—	—	—	—	—	0.4	0.4
周麦 21	弱春	78	—	—	—	—	—	—	—	—	—	0.4	0.4
周麦 22	半冬	80	—	—	—	0.78	—	—	—	—	—	—	0.33
周麦 23	弱春	87	—	—	—	—	—	1	—	—	—	—	—

（续）

品种	冬春性	株高（厘米）	2006—2007年度	2007—2008年度	2008—2009年度	2009—2010年度	2010—2011年度	2011—2012年度	2012—2013年度	2013—2014年度	2014—2015年度	2015—2016年度	2016—2017年度
丰德存麦1号	半冬	77	—	—	—	—	—	—	—	—	—	0.47	0.67
漯麦8号	半冬	82	—	—	—	—	—	—	—	—	—	—	0.39
漯麦18	弱春	75	—	—	—	—	—	—	—	—	0.61	0.39	0.38
神麦1号	半冬	75	—	—	—	—	—	—	—	—	—	0.38	0.17
存麦11	半冬	76	—	—	—	—	—	—	—	—	—	—	0.36
中育1211	半冬	78	—	—	—	—	—	—	—	—	—	—	—
中育8号	弱春	70	—	—	—	—	—	—	—	1.67	—	0.36	0.43
豫农416	半冬	84	—	—	—	—	—	—	—	—	—	—	—
豫农035	半冬	88	—	—	0.31	0.8	0.87	—	0.95	0.99	—	—	—
豫农202	半冬	77	—	—	—	—	1.01	1.26	—	—	—	—	—
豫农949	弱春	80	—	—	1.15	1.37	1.05	1.26	—	—	—	—	—
项麦969	弱春	70	—	—	—	—	—	—	—	—	—	0.69	—
众麦2号	弱春	69	—	—	—	—	—	—	—	—	—	1.05	—
众麦998	半冬	78	—	—	—	—	—	—	—	—	—	0.41	—
农大1108	半冬	77	—	—	—	—	—	—	—	—	—	0.39	—
许农7号	半冬	76	—	—	—	—	—	—	—	—	—	0.37	—
内农科201	半冬	77	—	—	—	—	—	—	—	0.21	0.47	0.37	—
衡观35	半冬	77	—	—	0.27	9.16	6.67	5.47	6.51	—	0.93	—	—
许科316	半冬	82	—	—	—	—	—	—	—	—	0.72	—	—
中洛1号	弱春	77	—	—	—	—	—	—	—	1.57	0.67	—	—
邓麦996	弱春	84	—	—	0.8	1.47	1.47	3.63	1.03	—	—	—	—
洛早6号	半冬	80	—	—	0.7	0.67	1.33	—	1	—	—	—	—
漯优7号	半冬	83	—	—	—	—	—	—	—	—	—	—	—
内麦988	弱春	79	—	—	—	—	—	—	0.33	—	—	—	—
其他	—	—	2.07	3.35	0.89	0.71	—	6.05	3.04	2.53	2.29	0.69	0.69
合计	—	—	62.71	65.41	66.01	71.78	73.61	74.34	60.39	60.31	60.37	60.89	62.57

注：2012—2013年度统计品种不含邓州市，邓州市常年小麦种植面积约为13.33万公顷。

表 7 - 2　南阳市 2008—2017 年小麦生产情况统计表

年份	小麦种植面积（万公顷）	每 667 米² 产量（千克）	预测总产量（万吨）	产量三要素		
				每 667 米² 穗数（穗）	穗粒数（粒）	千粒重（克）
2008 年	65.41	353.5	346.82	33.1	32.9	38.2
2009 年	66.01	372.1	368.42	34.9	31.2	40.2
2010 年	71.78	387.7	417.47	35.1	31.6	41.1
2011 年	73.61	370.6	409.25	30.6	32	37.8
2012 年	73.61	390.1	430.75	34.2	32	37.9
2013 年	60.39	400.6	362.86	34.3	31.7	39.3
2014 年	60.31	401.7	363.42	35.3	31.6	39.8
2015 年	60.37	415.2	376.01	38.5	32.2	41.6
2016 年	60.89	419.4	383.08	37.1	33.4	41.7
2017 年	62.57	432.1	405.53	39.6	32.1	42.6

利用多年，到 2018 年，在南阳不少地方仍有种植面积。搭配品种宛 369、豫麦 70（内乡188）同时兼备高产和优质。豫麦 18 由于品质差、感病等缺陷而逐渐被淘汰。

第 8 次小麦品种更换为 2005—2012 年。由于国家免除农业税、实行种粮直补，"政府看得见的手"开始显现，管理部门和种子技术人员根据最新的引试结果和南阳耕作制度的变化，向政府部门推荐了新审定的半冬性占一定比例的品种作为补贴品种向农民供种。半冬性品种逐渐占有较大的种植比例，主要推广利用的早熟半冬性品种有西农 979、衡观 35、矮抗58、郑麦 366、郑麦 7698、洛麦 21、豫农 202 等，弱春性品种郑麦 9023 和偃展 4110 成为搭配品种。这一阶段小麦种子生产基地更加规模化、规范化，主导品种明显，农民换种意识增强，每 667 米² 小麦产量由 350 千克迈上 400 千克台阶。

第 9 次小麦品种更换为 2013 年至今。2010 年小麦良种补贴形式发生变化，政府不再统一招标供种，小麦供种、农民选种完全市场化。2012 年全国性赤霉病大爆发，南阳也没有幸免，半冬性品种感染赤霉病尤其严重，赤霉病害成为南阳小麦的主要病害。2013 年小麦播种时，前一年病害重的、曾经热门的品种被农民抛弃。弱春性、抗赤霉病品种成为南阳小麦生产的压舱石，高产、高抗的品种有西农 979、兰考 198、中育 9302、百农 207、百农418、中育 1211 等，郑麦系列、先麦系列、西农系列、宛麦系列逐步占据一定的种植面积。目前每 667 米² 小麦产量基本稳定在 400 千克以上。

五、南阳小麦品种利用特点

南阳地区地处北纬 32°1′1.2″～33°2′52.8″，正处在秦岭-淮河南北气候分界线上，在国家小麦区划上包含 3 个区，属于典型南北气候过渡带。在整个小麦全生育时期中，气象灾害多发，南北气候特征特性年际间波动很大，有秋涝也有秋旱，有暖冬也有寒冬，有春旱也有春雨绵绵，时而发生倒春寒，麦收前有雨涝穗发芽也有干热风逼枯晚熟品种等。近年来，随着育种水平的提高、气候的变化和耕作制度的调整，南阳农业科技工作者把全市小麦划分为南部麦区、北部麦区、浅山丘陵麦区和稻茬麦区 4 种类型。南部麦区以弱春性品种为主，搭配半冬性早熟抗病品种；北部麦区以半冬性早熟抗病品种为主，搭配弱春性品种；浅山丘陵麦区以弱春性耐旱品种为主；稻茬麦区以弱春性抗病早熟品种为主。由于南阳的特殊生态条件，尽管对小麦种植进行了细划布局，但对高产优质小麦品种的选择余地还是非常有限，弱春性品种产量潜力低，半冬性品种产量潜力大但有时又毛病百出。通过对近 10 年小麦品种的统计看，统计年度种植面积超过 667 公顷的品种共 72 个，半冬性 40 个、弱春性 32 个。近年来南阳小麦生产能要进一步主要是在品种利用中优良的半冬性品种增加，据统计近 10 年种植面积超过 33.33 万公顷的 4 个品种中冬春性各占 2 个。

结合南阳历史上小麦品种的利用经验，适宜南阳种植的小麦品种应具备以下主要特征：

（一）具有良好的生态适应性

许多经过国审、省审的品种并不一定适合南阳市的自然生态条件，必须经过南阳种植试验，才能最后确定是否应用该品种。多年的实践表明，适宜南阳的小麦品种应该具备以下特点：

1. 弱春性为主

中华人民共和国成立以来，南阳市小麦历代的主导品种都是弱春性品种。从 20 世纪 50 年代的南大 2419、南京 3 号，到 60 年代的内乡 5 号，70 年代的阿夫、阿勃、7023，80 年代的宛 7107，90 年代的豫麦 18，2000 年以来大面积种植的郑麦 9023，都是弱春性品种。弱春性品种与半冬性品种比较，分蘖力较弱，产量潜力也没有半冬性品种大，因此，在南阳市习惯早播的地方，选用一些半冬性品种作为搭配品种也是比较合理的。特别是近年来，南阳市的晚茬作物种植面积逐年缩小，扩大半冬性品种的利用可以提高光热资源的利用，又可以提高小麦产量。

根据南阳市南北气候过渡的特殊生态环境，在利用半冬性品种时，要注意：一是要严格选择半冬性高产优质、中早熟、播期弹性较大、抗病性好的品种。二是要科学布局，方城、社旗等北部地区，以半冬性品种为主，搭配弱春性品种；盆中地区，以半冬性品种和弱春性品种同时并重利用；新野、邓州等南部地区仍以弱春性品种为主，搭配使用半冬性品种。

2. 播期弹性较大

南阳市小麦播种期间，旱涝年份较多，导致不能适期播种，品种的播期又有一定的局限性，因此尽量选择播期弹性较大的品种，可以避免错过适宜播期。

3. 早熟性较好

在各种作物中，品种的早熟性是很重要的优良特性，主要是可以抗灾避灾。尤其是在利用半冬性品种时，应着重选择早熟品种，如西农 979、衡观 35 等。

（二）具有良好的丰产性

南阳市小麦已经进入高产阶段，对小麦的丰产性状要求也相应提高，高产品种一般应具备的主要性状：一是株高适宜（80 厘米左右）、植株紧凑、叶片上冲、抗倒；二是产量结构均衡合理（每 667 米^2 穗数 35 万以上、穗粒数 35 粒以上、千粒重 40 克以上），三要素协调。

（三）具有良好的抗病性

南阳市小麦生产中病虫害种类较多，当前危害南阳市小麦的主要病虫有赤霉病、条锈病、纹枯病、吸浆虫、麦蚜、麦红蜘蛛、地下虫等，其中大部分病害和吸浆虫可以通过选择品种减轻甚至消除其危害，因此，选择品种必须是抗病品种。南阳小麦生产中的毁灭性病害主要是条锈病，20 世纪 70 年代前，南阳小麦品种更换的主要原因是抗条锈病不过关。近年频繁发生的赤霉病也上升为主要病害。

小麦生产不仅要追求高产，还要追求优质，做到高产和优质并重，才能提高种粮效益。

小麦品质主要决定于品种的遗传基因，环境因素只起辅助作用。种植优质强筋小麦品种，就奠定了生产优质强筋小麦的遗传基础。多年实践证明，南阳市完全能够生产符合国家规定标准的优质强筋小麦。

南阳市小麦品种更替的大趋势：一是抗逆性强，南阳会有春季的倒春寒造成冷害，所以小麦品种抗寒性要强；二是抗病性得过关。

第二节 南阳玉米品种利用

一、南阳玉米生产概况

玉米是南阳主要秋粮作物之一。中华人民共和国成立前，玉米种植主要分布在伏牛山区，集中种在镇平、内乡、西峡、淅川、南召、南阳西部和北部、方城东部和北部、邓州北部的山区和丘陵地带。20世纪50年代后，盆中地带逐步发展为新产区。现在，南阳全市各地都已大面积种植。

1949年后，玉米生产大致分为5个阶段：

第一阶段是1950—1957年。玉米播种面积与产量逐年稳步增加，面积由1949年的14.22万公顷增加到1957年的20.95万公顷，每667米^{2}产量由48千克增加到65.7千克。

第二阶段是1958—1965年。播种面积稳定，产量小幅增加，变化不是很大。

第三阶段是1966—1970年。播种面积逐年减少，每667米^{2}产量增幅较大，由50.6千克增加到84.7千克。

第四阶段是1971—2005年。播种面积稳定在13.33万公顷左右，每667米^{2}产量稳步上升，由80多千克升至400多千克。

第五阶段是2006年至今。播种面积迅速扩大，由13.33万公顷增至现在的53.33万公顷（包括邓州），每667米^{2}产量由400千克上升至500多千克。

二、南阳玉米品种更替情况

南阳玉米品种从1950年至今，经历了6次品种更换。品种每更换1次，在其他栽培措施的配合下，产量会大幅提高（表7-3）。

表7-3　南阳市玉米主导品种历年更替情况及产量水平

更换时间	新换品种	最大面积（万公顷）	总面积（万公顷/年）	每667米^{2}产量（千克）	比上阶段增加（%）
1950—1961年	金皇后 南阳金丝黄 内乡红火炭 南召火炼金 邓州四叶糙 方城七叶糙 淅川大京籽 黄马牙 白马牙	1.39	18.27	60.3	

（续）

更换时间	新换品种	最大面积（万公顷）	总面积（万公顷/年）	每667米²产量（千克）	比上阶段增加（％）
	威州416	5.47			
	双跃150	4.80			
1962—1970年	南杂1号、南杂2号	1.13	12.9	79.2	32
	新单1号	1			
	洛阳85	2			
1971—1985年	新单1号	8.67	15.25	149.3	89
	豫农69	3			
	豫农704	12			
1986—1996年	丹玉13	10.33	15.33	270	81
	丹玉11 豫农704	2			
	披单系列				
1997—2003年	豫玉22	9.70	16.67	350	30
	豫玉18	5.20			
	农大108	2.67			
	鲁单981	2			
	金海5号	2			
	正大12	2			
2004年至今	郑单958	9.4	33.33	450	29
	吉祥1号	2.77			
	中科4号	1.73			
	登海605	4.16			
	先玉335	4.2			
	蠡玉16	2			
	浚单20	4.55			
	浚单22	2			
	先科338	5.51			
	中单909	6.8			
	宇玉30	4.01			

第1次品种更换为1950—1961年。中华人民共和国成立初期，百业待兴，玉米生产沿用旧的种植模式稀植，每667米²种1 100株左右，不进行任何病虫防治，靠天收粮，种植品种多为传统的农家品种，主导品种有南阳金丝黄、内乡红火炭、南召火炼金、邓州四叶糙、方城七叶糙、淅川大京籽、内乡南召陷顶黄、淅川黄马牙等，产量增长缓慢。1956年，引入美国种金皇后推广种植1.33万公顷，因其晚熟，需大水肥，引起夏播严重减产，应用一年即淘汰。在这期间南阳地区农业科学研究所开始选育南杂系列。

第2次品种更换为1962—1970年。此时期为玉米杂交种及农家品种交替阶段，20世纪60年代初南阳引进原产美国的改良种威州416，增产幅度明显，迅速成为南阳的主要品种。1965年从山东引进"双跃150"杂交亲本材料，开始自繁自制杂交种。其间南阳地区农业科学研究所培育的南杂1号、南杂2号亦在全市大面积种植，搭配种植从新乡引进的新单1号和从洛阳引进的洛阳 85、英丽子、东北白。但种植技术尚无大的突破，玉米每 667 米² 产量平均在 80 千克左右。

第 3 次品种更换为 1971—1985 年。此时期为单交种大面积推广应用阶段，20 世纪 70 年代从新乡农业科学研究所、河南农学院先后引进杂交种新单 1 号、豫农 69。1973 年南阳市玉米大斑病大流行，豫农 69 感病严重，被淘汰，新单 1 号开始大面积种植。1975 年再从河南农学院引进豫农 704，增产幅度大，品质亦较优良，迅速成为南阳主导品种。此阶段每 667 米² 玉米产量突破 100 千克，增幅较大。

第 4 次品种更换为 1986—1996 年。此时期为丹玉 13 当家阶段，每 667 米² 产量突破 300 千克，连年高产稳产，1990 年种植面积达 10.33 万公顷，占玉米总种植面积的 61.5%，该品种在南阳持续利用多年，当时南阳搭配种植的品种有丹玉 11、豫农 704、掖单系列等单交种。掖单 4 号的引进推广，增大了南阳多年来的种植密度，同时产量大幅提高。

第 5 次品种更换为 1997—2003 年。此时期以豫玉 22、豫玉 18、农大 108、鲁单 981 为代表的品种群共同当家，这个阶段的品种共同的特点就是：高产、大穗、易稀植。这几个主导品种生育期普遍较长，植株及穗位高。穗长、穗行数、行粒数及千粒重增加。粒型以原来的硬粒型为主变为半马齿型为主，品质一般，抗病性好。此阶段玉米每 667 米² 产量水平已达 350 千克，高产地块突破 500 千克。豫玉 22 在 2003 年利用面积最大，达 9.7 万公顷，占当年玉米播种面积的 59.7%。搭配种植的品种有金海 5 号、新单 23、临奥 1 号、安玉 12、正大 12、济单 7 号、农大 3138。2003 年南阳大风雨导致豫玉 22 大面积倒伏，致其以后面积锐减。

第 6 次品种更换为 2004 年至今。以郑单 958、吉祥 1 号、中科 4 号、登海 605、先玉 335 为主导的耐密品种出现，逐步替代了稀植、大穗品种。郑单 958、吉祥 1 号以其适应性广、抗病性强、高产、稳产、耐密等优点，迅速在南阳市推广利用，其间搭配种植的品种有蠡玉 16、豫禾 988、浚单 20、浚单 22、中科 11、洛玉 8 号等。

当前南阳市玉米主要病害为叶锈病、青枯病。登海 605、蠡玉 16、德单 5 号等一批抗病性好、抗倒性强的品种在近几年迅速扩大利用，有望成为新一轮的主导品种。

第三节　南阳水稻品种利用

水稻是南阳粮食生产中重要的秋粮作物，面积和单产在河南省位居第二，稻米产业在南阳市农业和农村经济中占据重要份额。南阳种稻历史悠久，曾出现如西峡九月寒这样久负盛名的贡米。南阳地处亚热带向暖温带过渡地区，稻作条件兼有南北稻区之优点，十分有利于单季中籼中粳实现高产。近年来，南阳市农业部门积极引进示范水稻新品种，着力探索水稻品种利用的正确途径，取得了一些经验，但也有些教训值得今后借鉴。

一、南阳水稻品种利用现状

南阳市水稻品种利用及推广经历了地方良种评选期、矮化品种推广期、杂交品种利用和籼改粳 4 个发展阶段。其中杂交品种利用又分为三系品种利用和两系品种利用 2 个阶段。

1. 地方良种评选期（1949—1958 年）

此时期属于水稻恢复发展时期，种植面积从 2 万公顷发展到 2.82 万公顷，自选、自留、自用老品种胜利籼、大籼稻、南召 300 粒等，每 667 米^2 产量为 130 千克。

2. 矮化品种推广期（1963—1989 年）

这个时期属于结构调整时期，种植面积保持在 3.3 万公顷左右。20 世纪 60 年代先后引入了江选 1 号、南京 6 号、南京 11、农垦 58 等，每 667 米^2 产量 192 千克，种植面积 1.2 万公顷；20 世纪 70 年代引进了桂朝 2 号、梅桂稻等优良品种，降低了株高，克服了倒伏问题，大大提高了水稻单产，每 667 米^2 产量超过 350 千克；20 世纪 80 年代中期，为了提高大米品质，对水稻品种进行更换，先后引进了优质米品种皖引 1 号、粳稻品种郑粳 107 等；20 世纪 80 年代后期至 90 年代重点突破杂交水稻生产。

3. 杂交品种利用（1990—2005 年）

此阶段水稻进入快速发展期，种植面积从 3.3 万公顷发展到 8.6 万公顷，后期一直保持在 5.3 万公顷。从 1987 年引进威优 64、汕优 63，进行试验示范，水稻每 667 米^2 产量突破 500 千克，同时进行杂交水稻自制种试验。经过大力宣传和推广，群众逐渐认识到了杂交水稻的增产优势，1990 年后播种面积迅速发展。1992 年后又先后引入 II 优 838、II 优 501、II 优 725、D 优 527、冈优系列等，因其丰产性和抗病性较优，取代了汕优 63 和汕优 64 品种，而成为主导品种，到 20 世纪 90 年代末，杂交水稻种植面积达到了 90% 以上。两优系列品种品质较优，产量也有较大突破，陆续引种了 Y 两优 1 号、深两优 5814、Y 两优 6 号、丰两优 2 号、隆两优华占等，到 2017 年两系品种占到了 40% 以上，两系品种种植面积占到 65% 以上。目前，南阳市主推品种中三系杂交品种有 II 优 725、II 优 162、II 优 688、冈优 1237、冈优 188 等，两系杂交品种有深两优 5814、隆两优华占、Y 两优 6 号、Y 两优 302 等，粳稻品种 9 优 418 等。两系杂交稻品种的选育与推广，有效地缓解了杂交稻品种高产与优质的矛盾。

4. 籼改粳（2006 年至今）

此阶段属于新品种、新技术广泛应用期，水稻种植面积一直维持在 3.6 万公顷。随着粮食供求关系的根本改善和人们生活水平的提高，全国性籼稻大量积压，经济效益持续下降，南阳适时提出实施籼改粳工程，重视优质粳稻品种的引进示范，盐粳 2 号、黄金晴、卷叶粳、豫粳 6 号等新品种在南阳大面积推广，几经起伏，籼改粳一直没有大的发展。2011 年，河南省实施籼改粳攻关，又引进水晶 3 号、金世纪、9 优 138、津优 9702、徐优 201、郑稻 18、郑稻 19、华粳 2 号、新稻 35 等，在南阳示范表现较好，也出现了每 667 米^2 产量达到 750 千克的田块。近年来，科技人员利用籼粳杂交，培育出适应性强的新粳稻品种 9 优 418 等，表现较好。

据南阳市水稻办多年来调查表明，目前南阳水稻籼粳稻比为 4∶1，常规中粳稻以郑稻系列、宛粳 096、豫津优 9702 为主；杂交粳稻为 9 优 138、9 优 418 等；杂交稻以内 2 优 6 号、深两优 5814、川香优 8 号、绵 II 优 838、II 优 725、宜香 9 号、冈优 725 等为主导品种。

二、南阳水稻生产对品种的要求

1. 米质优

随着人民生活水平的提高，优质稻已成为未来发展的趋势，南阳市的气候环境决定了既能生产出优质的籼稻，也能生产出优质的粳稻。目前，籼型杂交稻正逐步从两系向三系杂交稻过度，同时粳稻品种也逐步被群众所接受。

2. 抗逆性强

近年来，南阳异常气候频繁发生，干旱年份较多，2013 年连续 40 天高温热害，多数品种结实率降低，产量降低；2014 年连续低温阴雨，稻瘟病、稻曲病大面积发生，尤其是两系品种，香型品种最为严重，减产幅度较大。因此，较强的抗逆性、抗病性也成为引种品种的基本要求。2017 年水稻生长中期长期高温干旱，生长后期连续阴雨，也给水稻生产造成了严重减产。

3. 适应机械化、轻简化要求

随着城镇化的发展，农村劳动力数量减少，劳动力成本提高，加上土地流转加速，要求农业机械化、轻简化生产加速发展，如抛秧、机插秧和直播等栽培技术和方式正迅速得到应用。

这就要求水稻品种具备以下几个特性：一是适宜的生育期，由于机插秧省去了育秧移栽环节，因此要求品种的生育期要稍短于育秧移栽品种；二是抗倒性强，利于机械收割，利于田间管理；三是穗、粒兼顾，穗、粒兼顾型品种更稳产，可在一定程度上降低种植风险；四是随着土地流转的加速，种植大户越来越多，水稻生产的农事活动会延长，特别是水稻播种期会延长，故籼稻和粳稻品种合理搭配至关重要。

三、南阳水稻品种的发展趋势

根据现代农业生产的要求，南阳市水稻品种发展趋势应以优质、高产、高效、多抗新品种引进试验示范为突破口，注重稻米外观品质、适口性、产量和综合抗性，以优质籼稻品种为主导，其他类型品种为辅的结构模式。今后的总体发展趋势是仍以优质籼稻品种为主，比例 60% 左右，其中三系品种占 45%，两系品质及其他品种占 15%。为解决种植大户农事活动合理安排，应积极推广粳稻品种，充分利用粳稻品种的晚播优势，发展面积应为水稻总面积的 40%，其中杂交粳稻品种 50%，常规粳稻品种 50%。

单季稻（白田稻）水源有保障的田块，可选择生育期较长（150 天左右）的优质籼稻品种，如两系优质品种。麦茬稻或水源没有保障的田块，可选择生育期较短（140 天以内）的品种，这类水稻尽量选择三系品种或粳稻品种，搭配两系品种。直播稻包括旱直播和水直播选择生育期时，籼稻在生育期选择上要比两段育秧短 10～15 天；粳稻品种生育期选择要充分考虑茬口的衔接。粳稻品种严格控制好播种期，一般在 5 月 15 日前后播种。

四、南阳水稻主要利用品种表现情况

1. Y 两优 6 号

平均株高 126.1 厘米，株型适中，剑叶长 25.4 厘米，穗长 25 厘米，熟相好，每穗粒数 160.7 粒，结实率 90.4%，生育期 141 天左右，每 667 米² 有效穗数为 17.6 万穗，千粒重 24 克，每 667 米² 产量 613.7 千克。无稻瘟病、纹枯病、白叶枯病，稻曲霉病零星发生，有轻度穗发芽现象。适宜南阳地区推广种植。

2. 冈优 6368

株高 140.7 厘米，株型适中，剑叶长 39.5 厘米，穗长 30.5 厘米，熟相好，每穗粒数 265.1 粒，结实率 74.8%，生育期 145 天，每 667 米² 有效穗数为 8.4 万穗，千粒重 29 克，每 667 米² 产量 483.3 千克。轻感稻瘟病、纹枯病，稻曲霉病零星发生，无白叶枯病，抗倒性好，有轻度穗发芽现象。南阳地区种植需注意栽培密度。

3. 优 418 粳稻

株高 127 厘米，株型紧凑，穗长 24.7 厘米，剑叶长 35.0 厘米，熟相好，每穗粒数 168.5 粒，结实率 80.2%，生育期 156 天，每 667 米² 有效穗数为 8.9 万穗，千粒重 27 克，每 667 米² 产量 324.6 千克。轻感稻瘟病、纹枯病，稻曲霉病零星发生，无白叶枯病，抗倒性好。适宜在南阳地区推广种植。

4. Y 两优 1 号

株高 126.1 厘米，株型紧凑，穗型松散，又称瀑布穗，剑叶长 29.08 厘米，穗长 27 厘米，熟相较好，灌浆速度快。每穗粒数 204 粒，结实率 82.4%，生育期 143 天，每 667 米² 有效穗数为 12.4 万穗，千粒重 26 克，每 667 米² 产量 541.9 千克。秧龄弹性大，纹枯病轻，稻曲霉病零星发生，无稻瘟病发生，有倒伏现象。在南阳籼稻区种植应注意把握好栽培密度，加强田间管理。

5. 深两优 5814

平均株高 121.6 厘米，株型适中，剑叶长 27.8 厘米，穗长 25.5 厘米，熟相好，每穗粒数 159.6 粒，结实率 73.2%，生育期 143 天左右，每 667 米² 有效穗数为 13.6 万穗，千粒重 23.5 克，每 667 米² 产量 373.40 千克。纹枯病轻，稻曲霉病零星发生，无白叶枯病，该品种感稻瘟病，部分田块发生青立病，且穗发芽较重。在南阳籼稻区种植应根据当地气象条件，控制好生产种植区域。

6. 郑稻 18

河南省农业科学院粮食作物研究所选育，2004 年参加河南省中晚粳区域试验及生产试验。试验结果：比豫粳 6 号增产，增幅 4.5%～28.3%，比黄金晴增产，增幅 8.5%～43%，每 667 米² 产量达 665 千克。经多点联合方差分析，比对照豫粳 6 号增产 10.7%，较黄金晴增产 27%，均达极显著。该品种全生育期平均 162 天，较豫粳 6 号晚熟 3 天，较黄金晴晚熟 13 天，株高 106.5 厘米。分蘖力较强，株型紧凑，较抗条纹叶枯病，穗长 14.4 厘米，着粒较密，易脱粒，千粒重 25.5 克，较豫粳 6 号、黄金晴分别高 1.2 克和 0.9 克，米质达国家标准 3 级以上。适宜南阳籼改粳稻区栽培种植，要做好生产布局。

7. 宛粳 096

南阳市农业科学院选育，在 2011 年、2012 年的河南省水稻区域试验中，连续两年较对照品种增产，均达极显著标准；2012 年、2013 年，农业部食品质量监督检验测试中心（武汉）进行的品质分析显示，米质均达国家优质稻米 2 级标准；2013 年参加河南省生产试验，7 点汇总全部增产，每 667 米² 产量 663 千克，较对照品种增产 9.9%，居试验第一位。该品种具有抗旱、节水、生长势强的特性，每 667 米² 产量在 750 千克以上时也不会倒伏，2013 年该品种正式通过河南省审。

8. 九优 418

杂交粳稻系，为徐州农业科学院育成，在南阳市已种植多年，种植面积超过 1 333.33 公顷。在南阳市全生育期 145 天，株高 103 厘米，株型好，茎秆粗壮抗倒，叶片宽而挺直，夹角小，光合能力强，抗纹枯病、曲霉病，灌浆速度快，落黄好，耐水耐肥，增产潜力大。适宜南阳籼改粳稻区栽培种植。

9. 国稻 6 号

该品种属于籼型三系超级杂交稻。在长江中下游作一季中稻种植，全生育期平均 137.8 天，比对照汕优 63 迟熟 3.2 天。株型紧凑，茎秆粗壮，长势繁茂，每 667 米² 有效穗数为 16.5 万穗，株高 114.2 厘米，穗长 26.1 厘米，每穗总粒数 159.7 粒，结实率 73.3%，千粒重 31.5 克。稻瘟病抗性平均 5.1 级，最高 9 级，抗性频率 70%。白叶枯病抗性 9 级。米质主要指标：整精米率 64.4%，长宽比 3.2，垩白粒率 29%，垩白度 3.9%，胶稠度 68 毫米，直链淀粉含量 15.1%，达到国家标准 3 级。适宜南阳籼稻区种植。

10. 深两优 862

平均株高 118.8 厘米，株型适中，剑叶长 35.1 厘米，穗长 24.7 厘米，熟相好，每穗粒数 157 粒，结实率 86.3%，生育期 143 天左右，每 667 米² 有效穗数为 24 万穗，千粒重 23 克，每 667 米² 产量 748.5 千克。轻感纹枯病，稻曲霉病零星发生，无白叶枯病，感稻粒瘟，对高温敏感，稻穗有白色空壳粒。抗倒性好，分蘖期注意防纹枯病，扬花灌浆期注意防稻曲霉病，注重防治稻瘟病。栽培上适宜宽窄行种植，必须平衡用肥，良种良法配套，才能发挥更大优势，适宜南阳籼稻区大面积推广种植。

11. 隆两优华占

平均株高 120.6 厘米，株型适中，剑叶长 32.1 厘米，穗长 24.7 厘米，熟相好，每穗粒数 172.5 粒，结实率 83.1%，生育期 141 天左右，每 667 米² 有效穗数为 15.9 万穗，千粒重 22.2 克，每 667 米² 产量 506.2 千克。轻感纹枯病，稻曲霉病零星发生，无白叶枯病，抗倒性好，有少量穗发芽现象，部分田块发生青立病。利用时注意防稻瘟病、青立病，分蘖期注意防纹枯病，扬花灌浆期注意防稻曲霉病，落粒性较强，要及时收获。栽培上可采用抛秧技术，必须平衡用肥，良种良法配套，才能发挥更大优势，建议加大示范。

12. 晶两优华占

该品种表现较好。平均株高 116.0 厘米，株型适中，剑叶长 30.9 厘米，穗长 27 厘米，熟相好，每穗粒数 216.5 粒，结实率 79.6%，生育期 143 天左右，每 667 米² 有效穗数为 17.5 万穗，千粒重 22.2 克，每 667 米² 产量 669.5 千克。稻曲霉病零星发生，稻瘟病及纹枯病轻，无白叶枯病，抗倒性好，无穗发芽。适宜南阳籼稻区种植，注意平衡施肥，防稻瘟病。

13. 两优 619

平均株高 137 厘米，株型适中，剑叶长 48.7 厘米，穗长 27 厘米，熟相一般，每穗粒数 310.1 粒，结实率 74.6%，生育期 144 天左右，每 667 米² 有效穗数为 11.5 万穗，千粒重 26 克，每 667 米² 产量 693.3 千克。稻曲霉病零星发生，感稻粒病、颈瘟病，纹枯病轻，无白叶枯病，穗发芽较重，抗倒性较好，对高温敏感，稻穗有白色空壳粒。南阳籼稻区种植，注意平衡施肥，防稻瘟病。

14. 晶两优 534

平均株高 120.3 厘米，株型适中，剑叶长 32.5 厘米，穗长 27.5 厘米，熟相好，每穗粒数 202.7 粒，结实率 80.4%，生育期 141 天左右，每 667 米² 有效穗数为 13.9 万穗，千粒重 21.5 克，每 667 米² 产量 486.8 千克，轻感稻瘟病、纹枯病，稻曲霉病零星发生，无白叶枯病，抗倒性好，无穗发芽现象。南阳籼稻区种植。

15. Y 两优 358

平均株高 114.37 厘米，株型适中，剑叶长 35 厘米，穗长 20.3 厘米，熟相好，每穗粒数 239.2 粒，结实率 85.2%，生育期 143 天左右，每 667 米^2 有效穗数为 10.2 万穗，千粒重 26 克，预计每 667 米^2 产量 540.5 千克。轻感稻瘟病、纹枯病，稻曲霉病零星发生，无白叶枯病，抗倒性好，有穗发芽现象。南阳籼稻区种植。

第四节　南阳花生品种利用

一、南阳花生生产概况

花生是南阳重要的油料作物和经济作物，常年种植面积 23.33 万公顷，是南阳排名第二、仅次于玉米的秋季作物，种植面积和总产量居河南省第一。南阳花生从明朝末年开始种植，历史上花生果主要用于供应城乡市场干果和外销。目前，花生主要用于鲜食、花生油提取、花生蛋白制取、食品加工等。

1949 年前，南阳花生生产大起大落，种植面积小、产量很低。1949 年后，花生生产大致分为 3 个阶段：第一阶段是 1950—1957 年，花生种植面积逐年扩大，由 1950 年的 0.15 万公顷增加到 1957 年的 0.66 万公顷，单产也有所提高。第二阶段是 1958—1975 年，花生种植面积逐年下降，到 1975 年南阳花生种植面积只有 0.1 万公顷，单产也逐年下降，最低每 667 米^2 产量只有 34.1 千克。第三阶段是 1976 年至今，花生种植面积和单产都有了迅速提高。1976—1980 年平均每年种植 0.44 万公顷，1981—1985 年迅速增加到 1.47 万公顷，1986—1990 年达到 4 万公顷。近年南阳花生种植发展更快，2001 年种植面积突破 13.33 万公顷，2009 年每 667 米^2 产量突破 300 千克，2010 年种植面积突破 20 万公顷。几乎为中华人民共和国成立初期种植面积的 150 倍，单产在 10 倍以上。1990—2000 年种植面积由 4 万公顷发展到 13.33 万公顷，2000—2010 年种植面积由 13.33 万公顷发展到 20 万公顷，2010 年至今每年花生种植面积都在 23.33 万公顷以上。每 667 米^2 产量从 1990—2010 年的 200~250 千克也提升到 300~320 千克，实现了从中低产到中高产的跨越。

二、南阳花生品种更替情况

历史上，南阳花生传统农家品种有大爬秧、小爬秧、老鸦座等，耐瘠耐旱，结果松散。20 世纪 50 年代开始引进改良品种。目前，南阳花生生产已经经历了 6 次品种更新换代（表 7-4）。

表 7-4　南阳市花生主导品种历年更替概况及产量水平

更换时间	新换品种	最大面积 （万公顷）	总面积 （万公顷/年）	每 667 米^2 产量（千克）	比上阶段 增长（%）
1950—1955 年	大爬秧	0.13	0.38	69.3	—
	小爬秧	0.13			
	老鸦座	0.07			
1956—1969 年	山东伏花生 油果	0.2	0.43	39	-44

（续）

更换时间	新换品种	最大面积（万公顷）	总面积（万公顷/年）	每667米²产量（千克）	比上阶段增长（%）
1970—1980年	开农27	0.16			
	徐州58-4	0.13	0.27	65.1	67
	罗江鸡窝	0.05			
1981—1990年	豫花1号	0.6	2.63	114	76
	白沙1016	8.67			
1991—2010年	豫花14号	1.33			
	海花1号	1.33	13.33	260	128
	鲁花系列	2			
	宛花2号	10			
	远杂9102	8.67			
	远杂9307	6.67			
2011年至今	豫花系列	5.33	21.33	310	20
	驻花2号	1.33			
	商花5号	0.67			
	郑农花7号	1.33			

第1次品种更换为1950—1956年，主导品种是河南农家品种。

第2次品种更换为1956—1969年，主导品种是山东伏花生、油果。

第3次品种更换为1970—1980年，主导品种是开农27、徐州58-4、四川农家品种罗江鸡窝。

第4次品种更换为1981—1990年，主导品种是河南自选品种开农27、豫花1号，引进品种海花1号、白沙1016等。

第5次品种更换为1991—2010年，主导品种有白沙1016（种植面积占60%～70%）、豫花14号、海花1号、鲁花3号、鲁花6号、鲁花8号等。

第6次品种更新为2010年至今，主导品种有宛花2号（种植面积占60%左右）、远杂9102（种植面积占30%左右）、远杂9307、远杂6号、豫花22、豫花23、驻花2号、商花5号、中花4号、漯花4号、花育20、鲁花8号、郑农花7号等。

据统计，南阳目前花生种植面积超过23.33万公顷，其中夏花生13.33万公顷左右，每667米²产量310千克左右，种植面积和总产量均居全国第一位，不仅形成了小麦-花生一年两熟轮作种植模式和产品交易的区位优势，并且成为继小麦、玉米之后的第三大作物。南阳市花生种植面积超过2.67万公顷的有3个县（市），生产上种植的主要品种有白沙1016、远杂9102、远杂9307、宛花2号、豫花系列、鲁花系列等。栽培的主要品种类型是小果型，由于地理位置、气候特点、种植习惯等原因，大果型品种种植面积较小，已经发展形成了南召皇路店、唐河上屯、方城广阳、桐柏毛集、新野沙堰等花生集散地和初加工基地。花生已经成为南阳主要的油料作物和经济作物，不仅对南阳农村经济的发展、农民收入的增加具有重大的影响，而且对于河南省花生乃至油料的生产都具有重大的影响。

第五节 南阳棉花品种利用

一、南阳棉花生产概况

南阳盆地是河南省重要的优质棉种植基地。南阳市植棉面积常年保持在 13.33 万～16.67 万公顷，棉花总产量占河南全省总产量的近 33.33%。品种的利用由农家品种、常规品种、杂交种发展到现在的抗虫杂交棉，栽培上由露地直播到育苗移栽。近年来，为提高棉花生产的经济效益，南阳市棉花科技工作者和棉农不断的引进棉花新品种，努力探索棉花高产优质栽培技术，棉花生产中涌现出了大批籽棉每 667 米^2 产量超过 350 千克、皮棉每 667 米^2 产量接近或达到 150 千克的高产典型。品种是棉花增产的内因，一般认为在正常情况下，棉花良种占增产份额的 20%～30%。

二、南阳棉花品种更替情况

中华人民共和国成立以来，南阳市棉区已进行了 8 次大规模的品种更换或更新（表 7-5）。

表 7-5　南阳市棉花主导品种历年更换概况及产量水平

更换时间	新换品种	最大种植面积（万公顷）	总面积（万公顷/年）	每 667 米^2 皮棉产量（千克）
1950—1956 年	大斯棉	3.33	7.38	7.36
	斯字棉 4 号	4.67		
1957—1969 年	岱字棉 15	5.33	7.77	18.5
	鄂光棉			
1970—1979 年	岱 16	4.67	9.13	32.1
	岱 45A			
	河南 79	4.67		
	宛棉 2 号	1.33		
1980—1990 年	豫棉 1 号	11.7	11.07	45.4
	中棉 10 号	1.5		
	鄂荆 92	3.4		
		0.3		
1991—1994 年	中棉 12	8.21	11.42	55.5
	中棉 16	1.57		
	鄂荆 1 号	0.58		
	中棉 17	1.65		
	豫棉 8 号	3.23		
	豫棉 4 号	1.06		
	川 98-30	0.5		

（续）

更换时间	新换品种	最大种植面积（万公顷）	总面积（万公顷/年）	每667米²皮棉产量（千克）
	豫棉8号	8.99		
	中棉19	1.48		
	泗棉3号	0.82		
	苏棉8号	30.07		
1995—1998年	苏棉9号	3.92	16.71	62.9
	苏棉12	6.45		
	宛棉5号	2.14		
	宛20	0.67		
	鄂抗棉系列	0.67		
	抗虫棉33B	15		
	中棉29	3.33		
	中棉38	2.33		
1999—2005年	视察3号	0.67	17.57	61
	鲁研棉16	1.41		
	南抗2号	0.8		
	湘杂棉3号	0.53		
		2.33		
	标杂A1	1		
	中棉46	0.67		
	鄂杂棉10号	1.67		
	银山2号	3		
	南抗3号	3.33		
	南农6号	4		
2006年至今	湘杂棉系列	5	4.33	70
	冀杂棉系列	4.33		
	鲁研棉系列	1.67		
	豫杂35	3		
	邓杂1号	1		
	百棉1号	1.67		
	宛棉9号、宛棉10号	3.67		

第一次换种为1950—1956年。明清时期，南阳市主要种植的是亚洲棉，由于亚洲棉绒粗、绒短，不适合机器纺织，为了适应纺织工业的发展，南阳在1920年首次引入美国陆地棉、金字棉和脱字棉，当时称为小洋花。20世纪50年代南阳第一次品种更换主要是引进美国陆地棉品种的斯字棉，取代本地长期种植的产量低、品质差、抗逆性好的亚洲棉和退化的陆地棉。代表品种为大斯棉、斯字棉4号。棉花种植面积由4万公顷增加到8.67万公顷，皮棉每667米²产量由5.5千克增加到10.5千克。

第二次换种为1957—1969年。此阶段仍以引进国外品种为主，美国的岱字棉因其具有高衣分、高产量的优点全面取代生产上的斯字棉系列品种。以岱字棉15为代表的陆地棉品种的引入，全面取代了南阳市长期种植的产量低、纤维短的中棉和退化洋棉，完成第二次棉花品种更新，显著地提高了棉花产量，棉花皮棉每 667 米^2 产量从 1956 年的 10.5 千克提高到 1957 年 17 千克，1958 年皮棉每 667 米^2 产量达到 23.5 千克，1969 年达到 28 千克，改变了南阳棉花生产的低产面貌，促进了南阳棉业的发展。棉花种植面积也由 1957 年的 7.5 万公顷发展到 1969 年的 8.91 万公顷。

第三次换种是杂交育种与我国棉种的更换。第三次换代在 20 世纪 70 年代，随着我国育种技术的提高，自育品种逐渐在生产上推广应用，到 70 年代末自育品种的种植面积达 50%以上，从此结束了外国品种在南阳市棉花生产中居主导地位的局面。南阳市农业科学院利用杂交育种方法培育的宛棉 1 号、宛棉 2 号、宛棉 3 号和宛杂 1 号、宛杂 2 号、宛杂 3 号、宛杂 4 号高产杂交棉以及鉴定引进的河南 79、中棉 7 号等国内自育棉花品种崭露头角，以突出的产量优势逐渐取代岱字棉，实现棉花第三次品种更新，皮棉每 667 米^2 产量也由 1970 年的 30.6 千克到 1979 年的 32.5 千克。

第四次品种更换为 1980—1990 年。该阶段的特点是杂交育种的两亲本杂交进一步发展为利用多亲本的复合杂交，把多个亲本的优良性状集合到一个品种中。经过这次系统的品种更换，国产品种完全取代国外引进品种，品种的熟性更加多元化，为棉花耕作制度改革提供了优质种源。代表品种是豫棉 1 号，豫棉 1 号产量高、品质优，品种审定后迅速在南阳大面积推广，使南阳棉花的种植面积、单产和总产量都得到了快速增长。豫棉 1 号在南阳累计种植 73.33 万公顷，仅 1988 年在南阳种植就达到 11.7 万公顷，占当年全市棉花种植面积的 92.95%，1984 年皮棉每 667 米^2 产量突破 58 千克。

第 5 次棉花品种更新换代为 1991—1994 年。20 世纪 80 年代末，棉花枯萎病和黄萎病呈快速发展态势，对棉花生产造成了严重损失，这时棉花抗枯萎病和黄萎病育种被列入攻关项目，在高产、早熟的基础上进行抗病育种。1987 年引进种植以中棉 12 为代表的丰产、中等纤维品质的抗病棉花新品种，在生产上大面积推广种植，病区棉田生产得以恢复，基本上控制了枯萎病的危害，取得了显著的成效，完成了南阳棉花品种的第五次更新。另外搭配种植的还有中棉 16、鄂荆 1 号、中棉 17、鄂荆 1 号、豫棉 8 号、豫棉 4 号、川 98-30 等，中棉 12 在南阳累计推广面积 33.32 万公顷，其中 1992 年中棉 12 在南阳种植面积达到 8.21 万公顷，占当年棉花种植面积的 53.2%。

第六次换种为 1995—1998 年。由于中棉 12 桃小、纤维色黄、品质一般，随后被丰产、优质、抗病的棉花品种豫棉 8 号、泗棉 3 号、苏棉 8 号、苏棉 9 号、苏棉 12、宛棉 5 号、宛 20、鄂抗棉系列等品种所取代，棉花产量向前迈了一大步，每 667 米^2 皮棉产量达到 62.9 千克，1997 年、1998 年棉花每 667 米^2 皮棉产量达到 70 千克以上。从此阶段开始，南阳棉花生产中没有明显的主导品种，种植的棉花品种呈现多、乱、杂现象。

第七次换种为 1999—2005 年。20 世纪 90 年代，由于食物气候条件适宜、种植的棉花抗药性剧增及棉田耕作制度改变等原因，棉铃虫在南阳连年暴发成灾，对棉花生产的持续稳定发展构成了极大的威胁，棉花产量持续下滑。1993、1994 年由于棉铃虫危害，棉花皮棉每 667 米^2 产量降低到 39.4、33.2 千克。1995 年南阳开始进行抗虫棉的引进试验，抗虫棉 33B 的引进推广解决了棉花生产中棉铃虫危害的问题，1999 年开始示范推广，推广面积、推广速度刷新了南阳棉花品种推广的历史。

随着分子技术与常规技术的结合，我国棉花品种科技含量进一步增加，先后育成了中棉 29、中棉 38、鲁研棉 16、南抗 3 号、湘杂棉 3 号等抗虫棉新品种，并逐步在南阳生产中应用。1999—2005 年南阳棉花每 667 米^2 皮棉产量达到 61 千克。

第八次换种为 2006 年至今。随着棉花育种目标迅速调整，国内自育抗虫棉迅速崛起，美国抗虫棉衣分低、铃小、赘芽多等缺陷明显，一步步退出南阳市场。南阳自育及引进了鄂杂棉 10 号、银山 2 号、南抗 3 号、南农 6 号、湘杂棉 2 号、冀杂 6268、冀杂 3268、湘杂棉 3 号、鲁研棉 28、豫杂 35、新植 1 号、冀杂 1 号、中棉 46、中棉 47、中棉 48、中棉 63、邓杂 1 号、百棉 1 号、宛棉 9 号、宛棉 10 号等一大批优良品种，使南阳的棉花产量更上一个台阶。南阳棉花每 667 米^2 皮棉产量每年都达到 70 千克以上。南阳自育的棉花品种宛棉 9 号、宛棉 10 号近几年连续被定河南省棉花主导品种。

当前南阳棉花事业处于低谷期，机械化程度低和农村劳动力匮乏是制约棉花产业发展的两大限制因素。未来南阳棉花产业发展的方向是机械化植棉，品种选育的重点放在机采和抗逆性上。

第八章

南阳主要利用品种介绍

本章介绍了南阳本地育种单位近十年在品种培育方面所取得的成绩，按照我国《种子法》规定，在充分考虑南阳的生态气候特点和生产条件下，结合南阳农业主管部门和技术推广部门每年农作物新品种多点次试验数据分析结果以及主要优良农作物品种利用、生产布局意见，归纳汇总了 2009—2019 年除南阳之外选育的国（省）品种中适宜南阳地区种植的优良农作物品种 101 个，范围涉及小麦、玉米、水稻、棉花、大豆、花生、油菜共 7 类农作物，供南阳市种子生产经营部门、农业技术推广部门和粮食生产者参考。

第一节　近十年南阳选育的新品种介绍

近十年（2009—2019 年）来，南阳地区选育的主要农作物新品种中通过河南省农作物品种审定委员会共审定并正式推广种植的作物品种共计 27 个，其中小麦新品种 14 个、玉米新品种 3 个、水稻新品种 1 个、棉花新品种 6 个、油菜新品种 2 个、花生新品种 1 个。涉及的主要农作物新品种选育单位有南阳市农业科学院（原南阳市农业科学研究所）、内乡县农业科学研究所、南阳市群英农作物科学研究所、河南先天下种业有限公司、南阳市惠丰农业科技有限公司、南阳市纯天然彩麦开发有限公司、南阳市利华种子有限公司。

一、小麦省审品种

1. 内麦 988

豫审麦 2009007，内乡县农业科学研究所从兰考 906 变异株×汾 33 中选育。内麦 988 属弱春性、早熟品种，全生育期 206 天，与对照品种豫麦 18 熟期相同。幼苗半直立，苗势壮，叶片细长、浅绿，抗寒性强；分蘖成穗率高；株高 79 厘米，株型半紧凑，长相清秀；茎秆弹性好，较抗倒伏；穗层整齐，长方形穗，籽粒半角质，灌浆速度快，较饱满，成熟落黄好。每 667 米² 穗数 34.7 万，穗粒数 35.3 粒，千粒重 44.7 克。对白粉病、叶锈病中感，对条锈病、纹枯病、叶枯病中抗。

产量表现：2005—2006 年、2006—2007 年度参加河南省南阳组区域试验，居当年参试品种第 3 位和第 2 位；2007—2008 年度河南省南部组生产试验，8 点汇总，每 667 米² 产量为 470.8 千克，比对照豫麦 18 增产 9.1%，居 6 个参试品种中第 1 位。

播期播量：10 月 18~25 日为最佳播种期，每 667 米² 播种量 5~7 千克，每 667 米² 基本苗 10 万~12 万为宜。

适宜地区：该品种适宜在河南省南部稻茬麦区中晚茬地种植。

2. 宛麦 19

豫审麦 2011007，南阳市农业科学研究所选育，品种来源：陕优 225×南阳 75-6 的 F_3 代进行辐射处理。宛麦 19 属弱春性、大穗型、早熟稻茬麦区品种，平均全生育期 214 天，比对照偃展 4110 晚熟 0.8 天。幼苗半直立，苗壮，耐寒性一般，分蘖力一般；春季起身较慢，两极分化慢；株高 79.4 厘米左右，成株有蜡质，茎秆弹性好，抗倒伏能力强；旗叶偏长，下披，叶片稍卷曲，穗下节较长；长方形穗，长芒，结实性好，每 667 米² 穗数偏多，穗层整齐，籽粒角质，饱满度较好；耐后期高温，成熟落黄较好。每 667 米² 穗数 40.1 万，穗粒数 33.2 粒，千粒重 42.8 克。中感条锈病、叶锈病和纹枯病，中抗白粉病和叶枯病。

产量表现：2007—2008 年度、2008—2009 年度参加河南省信阳稻茬组区域试验，居当年参试品种第 2 位和第 1 位；2009—2010 年度河南省南部稻茬组生产试验，8 点汇总，全部增产，每 667 米² 产量 440.2 千克，比对照偃展 4110 增产 5%，居 3 个参试品种中第 1 位。

播期播量：10 月 15～30 日均可播种，最佳播期为 10 月 20 日左右，每 667 米² 播种量 7～10 千克，10 月 30 日后播种，每推迟 3 天，每 667 米² 增加播种量 0.5 千克为宜，中低肥力地块适当增加播量。

适宜地区：该品种适宜在河南省南部稻茬麦区中晚熟中高肥力地种植。

3. 宛麦 20

豫审麦 2011012，南阳市农业科学研究所选育，品种来源：（漯珍 1 号×豫麦 18）×漯珍 1 号。宛麦 20 属弱春性、中熟、黑色类型品种，平均全生育期 232.3 天，比对照漯珍 1 号早熟 0.5 天。幼苗半直立，叶色深绿，长势旺，分蘖力一般，成穗率较高；株高 81.7 厘米，株型较紧凑，茎秆弹性一般，抗倒性一般；叶片较大，上举，成熟后叶片下披；穗层较整齐，小穗排列较密，无芒，黑粒，籽粒小；受倒春寒影响，有虚尖缺位现象；根系活力好，耐后期高温，成熟落黄好。每 667 米² 穗数 38.5 万，穗粒数 26.3 粒，千粒重 37.8 克。中感白粉病和叶枯病，中抗条锈病、叶锈病和纹枯病。

产量表现：2006—2007 年度、2007—2008 年度、2008—2009 年度参加河南省特色组区域试验，分别居当年参试品种第 3 位、第 4 位和第 3 位；2009—2010 年度河南省特色组生产试验，7 点汇总，全部增产，每 667 米² 产量 409 千克，比对照漯珍 1 号增产 13.1%，居 6 个参试品种中第 1 位。

播期播量：10 月 15～30 日均可播种，最佳播期 10 月 20 日左右，最晚可延迟到 11 月 10 日播种；每 667 米² 播种量 8～10 千克，10 月 30 日后每推迟 3 天，播种量增加 0.5 千克为宜，中低肥力地块适当增加播量。

适宜地区：该品种适宜作为特用类型品种以订单农业形式在河南省麦区（南部稻茬麦区除外）中晚茬地种植。

4. 先麦 8 号

豫审麦 2011027，河南先天下种业有限公司选育，品种来源：宛麦 369×郑麦 9023。先麦 8 号属弱春性、大穗型、早熟品种，平均全生育期 210.8 天，比对照品种偃展 4110 早熟 2.2 天。幼苗直立，叶色黄绿，长势旺，冬季抗寒能力差；分蘖成穗率高，春季返青起身快，两极分化快，抽穗较早；成株期株型松散，蜡质层厚，旗叶宽大半披，下部通风透光性差，株高 66.9～80.7 厘米，抗倒伏能力一般；长方形穗，长芒，穗偏大，穗码稀，成熟早，落黄好，受倒春寒影响有缺粒现象；籽粒角质，饱满度中等，黑胚率低。2009 年每 667 米²

穗数 36.6 万，穗粒数 29.3 粒，千粒重 45.1 克。2010 年每 667 米^2 穗数 32.4 万，穗粒数 33 粒，千粒重 48.4 克。中抗叶枯病、条锈病、叶锈病，中感白粉病、纹枯病。

产量表现：2008—2009 年度参加河南省信阳组区域试验，比对照品种豫麦 18-99 增产 4.79%，不显著；2009—2010 年度续试，比对照品种豫麦 18-99 增产 7.68%，达显著水平。2010—2011 年度参加河南省南部稻茬麦组生产试验，8 点汇总，7 点增产，每 667 米^2 产量 393.6 千克，比对照品种偃展 4110 增产 5.5%。

播期播量：10 月 15～30 日播种，最佳播期 10 月 25 日左右；高肥力地块亩播量 7～8 千克，中低肥力 9～10 千克，如延期播种，以每推迟 3 天增加 0.5 千克播种量为宜。

适宜地区：该品种适宜在河南省南部稻茬麦区中晚茬中高肥力地种植。

5. 先麦 10 号

豫审麦 2012015，河南先天下种业有限公司选育，品种来源：温麦 6 号×偃展 1 号-1。先麦 10 号属弱春性、早熟品种，平均生育期 220 天，比对照品种偃展 4110 早熟 0.2 天。幼苗匍匐，苗期叶长下披，冬季抗寒性差，分蘖力弱，成穗率高；春季起身偏晚且慢，拔节后发育速度快，抽穗早，抗倒春寒能力弱；成株期株型偏紧凑，穗下节长，叶片较大、半披，株行间通风透光性一般，平均株高 75 厘米，茎秆弹性好；纺锤形穗，长芒，穗码稀，穗层整齐，受倒春寒影响结实性差；长粒，大小均匀，饱满度中等，角质率高，黑胚率低，商品性好。叶功能期长，耐后期高温，灌浆速度快，成熟早落黄好。2010—2011 年度每 667 米^2 成穗数 50 万，穗粒数 27.6 粒，千粒重 41.8 克。中抗叶锈病、纹枯病和叶枯病，中感白粉病和条锈病，高感赤霉病。

产量表现：2009—2010 年度、2010—2011 年度河南省春水 Ⅱ 组区试，居当年参试品种中第 6 位和第 9 位；2011—2012 年度河南省春水组生产试验，11 点汇总，11 点增产，每 667 米^2 产量 453.6 千克，比对照品种偃展 4110 增产 5.1%，居 4 个参试品种中的第 1 位。

播期播量：10 月 15～30 日播种。高肥力地块每 667 米^2 适宜播种量为 7～8 千克，中低肥力地块适当增加播种量。

适宜地区：该品种适宜在河南省（南部稻茬麦区除外）中晚茬中高肥力地种植。

6. 宛麦 98

豫审麦 2014028，南阳市惠丰农业科技有限公司选育，品种来源：宛麦 369×郑麦 9023。宛麦 98 属弱春性、早熟品种，全生育期 209.7 天。幼苗半直立，叶片宽短，叶色浓绿，冬季抗寒性好；春季生长迅速，分蘖多；株型偏紧凑，旗叶小而上冲，茎秆、穗部蜡质厚，株高 74～79 厘米，茎秆弹性好，较抗倒伏；纺锤形穗，穗层整齐，小穗排列稀，长芒，白壳，白粒，角质，饱满度较好，黑胚率低。每 667 米^2 穗数 36.9 万～38.3 万，穗粒数 30.5～38.3 粒，千粒重 38.8～49.7 克。中抗条锈病，中感叶锈病、白粉病和纹枯病，高感赤霉病。

产量表现：2011—2012 年度、2012—2013 年度河南省南部组区域试验，比对照品种偃展 4110 分别增产 4.8%、7.1%，2013—2014 年度河南省南部组生产试验，8 点汇总，7 点增产，每 667 米^2 产量 460.8 千克，比对照品种偃展 4110 增产 9.7%。

播期播量：该品种适播期 10 月 10—25 日，每 667 米^2 播种量以 7～9 千克为宜，每 667 米^2 基本苗 15 万株左右。

适宜地区：该品种适宜在河南省南部稻茬麦区中等以上肥力地种植。

7. 先麦 12

豫审麦 2014029，河南先天下种业有限公司选育，品种来源：邓麦 1 号×陕 225。先麦 12 属弱春性、中早熟品种，生育期 211～212.9 天。幼苗半直立，叶片较宽，叶色浓绿，冬季抗寒性一般；春季起身早，两极分化快，分蘖力中等，成穗率高；株型偏松散，旗叶偏大半披，茎秆蜡质厚，株高 77～79 厘米，茎秆粗壮，抗倒性较好；长方形穗，小穗排列稀，长芒、白壳、白粒，半角质，饱满度较好，黑胚率低。每 667 米^2 穗数 35.7 万～37.2 万，穗粒数 32～33.7 粒，千粒重 36.4～49.3 克。中感条锈病、叶锈病和白粉病，中抗纹枯病，高感赤霉病。

产量表现：2011—2012 年度、2012—2013 年度河南省南部组区域试验，比对照品种偃展 4110 分别增产 5.3%、6.8%；2013—2014 年度河南省南部组生产试验，8 点汇总，7 点增产，1 点减产，每 667 米^2 产量 453.6 千克，比对照品种偃展 4110 增产 8%。

播期播量：10 月 15～28 日播种，最佳播期 10 月 18 日左右。高肥力地块每 667 米^2 播种量 8～9 千克，中低肥力地块 9～10 千克，如延期播种，以每推迟 3 天增加 0.5 千克播种量为宜。

适宜地区：该品种适宜河南省南部稻茬麦区中等以上肥力地种植。

8. 宛麦 969

豫审麦 2015023，南阳市农业科学院选育，品种来源：宛 030176×宛麦 981。宛麦 969 属弱春性、早熟品种，全生育期 207.6～213.7 天。幼苗半直立，叶片较窄，叶色深绿；冬季抗寒性好，分蘖力强，成穗率一般，春季返青早，两极分化快；株型松紧适中，旗叶宽、略披，穗下节长，株高 75.2～81.9 厘米，茎秆弹性中等，抗倒性一般；纺锤形穗，长芒、白壳、白粒，籽粒半角质；后期叶功能好，熟相中等。产量三要素协调每 667 米^2 穗数 34.9 万～37.3 万，穗粒数 30.4～34.2 粒，千粒重 42.1～45.7 克。中感条锈病、叶锈病、白粉病、纹枯病，高感赤霉病。

产量表现：2012—2013 年度、2013—2014 年度河南省南部组区域试验，比对照品种偃展 4110 分别增产 5.5%、9.3%；2014—2015 年度河南省南部组生产试验，7 点汇总，6 点增产，1 点减产，每 667 米^2 产量 416.6 千克，比对照品种偃展 4110 增产 4.8%，居 5 个参试品种中第 4 位。

播期播量：播期 10 月 15～30 日，最佳播期 10 月 20 日左右，每 667 米^2 播种量 7.5～10 千克，每推迟 3 天，每 667 米^2 增加播量 0.5 千克为宜。

适宜地区：该品种适宜河南省南部稻麦两熟区中高肥力地种植。

9. 宛 1643

豫审麦 2015025，南阳市农业科学院选育，品种来源：西农 953×新麦 18。宛 1643 属弱春性、早熟品种，全生育期 207.3～213.3 天。幼苗半匍匐，叶片窄小，叶色深绿；冬季抗寒性好，分蘖成穗率高，春季起身早，两极分化快；株型紧凑，旗叶上举、有干尖，株高 75～81 厘米，茎秆弹性弱，抗倒性一般；纺锤形穗，偏小，长芒、白壳、白粒，籽粒半角质，饱满度较好；成熟较早熟好。每 667 米^2 穗数 38.2 万～41.7 万，穗粒数 30.6～33.6 粒，千粒重 41.2～43.9 克。中抗条锈病、中感叶锈病、白粉病、纹枯病，高感赤霉病。

产量表现：2012—2013 年度、2013—2014 年度河南省南部组区域试验，比对照品种偃展 4110 分别增产 7.7%、11.8%，2014—2015 年度河南省南部组生产试验，7 点汇总，7 点增产，每 667 米² 产量 423.6 千克，比对照品种偃展 4110 增产 6.6%，居 5 个参试品种中第 2 位。

播期播量：10 月 15～30 日均可播种，每 667 米² 播种量 8～10 千克，如延期播种，以每推迟 3 天增加 0.5 千克播种量为宜，20～23.3 厘米等行距种植。

适宜地区：该品种适宜河南省南部稻麦两熟区中高肥力地种植。

10. 宛麦 21

豫审麦 2017023，南阳市农业科学院选育，品种来源：（Taiwk43×宛 798）×郑麦 9023。宛麦 21 属弱春性、早熟品种，全生育期 209～212.2 天。幼苗半直立，叶色浓绿，分蘖力一般，成穗率较高；春季返青早，起身快，两极分化快；株型偏紧凑，叶片宽大，株高 66～73 厘米，茎秆有弹性，抗倒性好；纺锤形穗，长芒，白壳，白粒，籽粒粉质；成熟早，熟相中等，耐湿性好。每 667 米² 穗数 37.3 万～38.9 万，穗粒数 27.7～30.8 粒，千粒重 46.2～51.3 克。中感条锈病、叶锈病、白粉病、纹枯病，高感赤霉病。

产量表现：2013—2014 年度、2014—2015 年度河南省南部组区域试验，比对照品种偃展 4110 分别增产 5.2%、4.07%，差异不显著；2015—2016 年度河南省南部组生产试验，9 点汇总，9 点增产，每 667 米² 产量 443.3 千克，比对照品种偃展 4110 增产 6.1%。

播期播量：播期 10 月 15～30 日，最佳播期 10 月 20 日左右。每 667 米² 播种量 7.5～10 千克。延期播种以每推迟 3 天，每 667 米² 增加播量 0.5 千克为宜。

适宜地区：该品种适宜河南省南部长江中下游麦区种植。

11. 宛麦 202

豫审麦 20180049，南阳市纯天然彩麦开发有限公司选育，品种来源：（自育品系×中711）×（自育品系×蓝粒 108）。宛麦 202 属半冬性、特殊用途类型小麦品种，全生育期 228～229 天，与对照品种周黑麦 1 号熟期相当。幼苗半匍匐，苗期叶片宽，叶青绿，苗势较壮，分蘖力较强；春季起身迟，发育慢，耐倒春寒能力一般；株高 72～84.8 厘米，株型松散，茎秆弹性一般，抗倒性一般。穗层整齐，熟相中等；穗纺锤形，籽粒半角质、墨绿色，饱满度较好。每 667 米² 穗数 30.6 万～37.1 万，穗粒数 36.4～40.5 粒，千粒重 37.4～39.2 克。中感条锈病、白粉病和纹枯病，高感叶锈病和赤霉病。

产量表现：2014—2015 年度参加河南省特色麦组区域试验，增产点率 12.5%，每 667 米² 产量 365.8 千克，比对照减产 6.1%；2015—2016 年度续试，增产点率 100%，每 667 米² 产量 419 千克，比对照增产 4.4%；2016—2017 年度生产试验，增产点率 85.7%，每 667 米² 产量 477.9 千克，比对照增产 3.6%。

栽培技术要点：适宜播种期为 10 月上中旬，每 667 米² 适宜基本苗 16 万～20 万。注意防治蚜虫、条锈病、叶锈病、白粉病、赤霉病和纹枯病等病虫害，高水肥地块注意防止倒伏。

适宜地区：该品种适宜作为特殊用途类型品种以订单农业形式在河南省（南部长江中下游麦区除外）旱中茬地种植。

12. 宛麦 632

豫审麦 20190045，南阳市农业科学院选育，品种来源：西农 953×新麦 18。宛麦 632 属半冬性品种，全生育期 218.5～232.6 天。幼苗匍匐，叶色浓绿，苗势壮，分蘖力较强，成穗率一般；春季起身拔节较晚；株高 69.8～79 厘米，株型稍松散，抗倒性一般。旗叶长，穗层整齐，熟相较好；穗长方形，长芒，白壳，白粒，籽粒半角质，饱满度较好。

每667米²穗数34.7万～35.4万，穗粒数30～31.2粒，千粒重40.4～45.5克。中感条锈病、叶锈病和白粉病，高感纹枯病和赤霉病。

产量表现：2015—2016年度河南省旱地组区域试验，12点汇总，每667米²产量397.8千克，比对照品种洛旱7号增产2.6%；2017—2018年度生产试验，10点汇总，达标点率90%，每667米²产量348.4千克，比对照品种洛旱7号增产3.7%。

栽培技术要点：适宜播种期为10月上中旬，每667米²适宜基本苗18万～22万。注意防治蚜虫、纹枯病、赤霉病、条锈病、叶锈病和白粉病等病虫害，注意预防倒春寒，高水肥地块种植注意防止倒伏。

适宜地区：该品种适宜河南省丘陵及旱肥地麦区种植。

13. 先麦19

豫审麦20190049，河南先天下种业有限公司、西北农林科技大学农学院选育，品种来源：（西农979×宛麦369）×百农AK58。先麦19属弱春性品种，全生育期193.9～215.4天。幼苗半直立，叶色浅绿，苗势弱，分蘖力一般，成穗率中等，冬季抗寒性弱；春季起身拔节早，两极分化快；株高68.9～74.1厘米，株型紧凑，抗倒性一般；旗叶下披，穗层整齐；耐渍性一般，熟相一般；穗纺锤形，长芒，白壳，白粒，籽粒粉质，饱满度较好。每667米²穗数34.8万～37万，穗粒数30.3～33.3粒，千粒重40.6～47.8克。中感条锈病、叶锈病和纹枯病，高感白粉病和赤霉病。

产量表现：2015—2016年度、2016—2017年度河南省南部组区域试验，每667米²产量415.8、365.4千克，比对照品种偃展4110增产10.6%、10.3%；2017—2018年度生产试验，10点汇总，每667米²产量346.9千克，比对照品种偃展4110增产5%。

栽培技术要点：适宜播种期为10月中下旬，每667米²适宜基本苗20万～22万。注意防治蚜虫、白粉病、赤霉病、条锈病、叶锈病和纹枯病等病虫害，注意预防倒春寒，高水肥地块种植注意防止倒伏。

适宜地区：该品种适宜河南省南部长江中下游麦区种植。

14. 宛麦66

豫审麦20190054，河南先天下种业有限公司、河南大方种业科技有限公司选育，品种来源：中育12×百农AK58。宛麦66属半冬性品种，全生育期200～215.4天。幼苗半匍匐，叶色黄绿，苗势较弱，分蘖力弱，成穗率较高；春季起身拔节慢，两极分化慢；株高67.8～73.1厘米，株型紧凑，抗倒性一般；旗叶窄短，穗下节长，耐渍性一般，熟相一般；穗纺锤形，长芒，白壳，白粒，籽粒半角质，饱满度较好。每667米²穗数32.4万～35.3万，穗粒数32.7～36.6粒，千粒重35.8～42.6克。中抗白粉病、条锈病、中感纹枯病、高感叶锈病和赤霉病。

产量表现：2015—2016年度、2017—2018年度河南省南部组区域试验，每667米²产量394.2、291千克，比对照品种偃展4110增产4.9%、3.6%；2017—2018年度生产试验，9点汇总，达标率100%，每667米²产量362千克，比对照品种偃展4110增产8.2%。

栽培技术要点：适宜播种期为10月中下旬，每667米²适宜基本苗20万左右。注意防治蚜虫、叶锈病、赤霉病、纹枯病和条锈病等病虫害，注意预防倒春寒，高水肥地块种植注意防止倒伏。

适宜地区：该品种适宜河南省南部长江中下游麦区种植。

二、玉米省审品种

1. 先科 338

豫审玉 2012002，河南先天下种业有限公司选育；品种来源：邓 316×邓 286。该品种夏播生育期 93～101 天。株型紧凑，全株叶片 19 片左右；株高 265～294 厘米，穗位高 104～117 厘米；幼苗叶鞘紫色，第一叶尖端卵圆形，叶色浓绿；雄穗分枝中等，花药黄色，花丝紫色；果穗圆筒型，穗长 15.2～15.6 厘米，穗粗 5.1～5.2 厘米；穗行数 12～16 行，行粒数 32.5～35 粒；穗轴白色，籽粒黄色、半马齿型，千粒重 296.7～336 克，出籽率 86.5%～87.7%。中抗茎腐病、弯孢菌叶斑病，抗大斑病，感矮花叶病、瘤黑粉病，感玉米螟（7 级）。

产量表现：2009 年河南省玉米品种区域试验，每 667 米² 种 3 500 株，比对照浚单 18 增产 9.7%，差异极显著；2010 年续试，比对照郑单 958 增产 9.1%，差异极显著；2010 年河南省生产试验，每 667 米² 种 4 000 株，11 点汇总，11 点增产，每 667 米² 产量 581.9 千克，比对照郑单 958 增产 10.6%，居 9 个参试品种中第 2 位。

播期和密度：夏播于 6 月 10 日前播种，密度为每 667 米² 3 500 株。

适宜地区：该品种适宜在河南各地推广种植。

2. 宛玉 868

豫审玉 2012004，南阳市农业科学院选育，品种来源：L852×L313。该品种夏播生育期 99～105 天。株型半紧凑，全株总叶片数 20～21 片，株高 244～284 厘米，穗位高 121～125 厘米；叶色深绿，叶鞘浅紫色，第一叶尖端卵圆形；雄穗分枝 13～15 个，雄穗颖片微紫，花药浅紫色，花丝绿色；果穗筒型，穗长 18.4～19 厘米，穗粗 4.6～4.7 厘米，穗行数 12～14 行，行粒数 39.4～40.6 粒；穗轴红色，籽粒黄色、半马齿型，千粒重 336.5～367.1 克，出籽率 86.4%～87.5%。高抗矮花叶病，中抗大小斑病，抗弯孢菌叶斑病、茎腐病，高感瘤黑粉病，感玉米螟。

产量表现：2008 年河南省玉米品种区域试验，每 667 米² 种 3 500 株，比对照浚单 18 增产 5.6%，差异显著；2009 年续试，比对照浚单 18 增产 7.8%，差异极显著；2010 年河南省生产试验，每 667 米² 种 3 500 株，8 点汇总，8 点增产，每 667 米² 产量 542.9 千克，比对照浚单 18 增产 10.6%，居 11 个参试品种中第 6 位。

播期和密度：5 月 25 日至 6 月 10 日播种，密度为每 667 米² 3 500 株。

适宜地区：该品种适宜在河南省各地推广种植。

3. DZ386

豫审玉 20180036，河南先天下种业有限公司选育，品种来源：RL2046×QL0883。夏播生育期 103～105 天。芽鞘浅紫色，叶片颜色，第一叶条形，主茎叶片数 19～20 片，株型紧凑，株高 263.3～284 厘米，穗位高 110.6～131 厘米；雄穗分枝中等，雄穗颖片浅紫色，花药绿色，花丝绿色；果穗筒型，穗长 16.2～16.6 厘米，穗粗 4.9～5 厘米，穗行数 12～16 行，行粒数 33.7～33.6 粒，秃尖长 0.3～1.3 厘米；穗轴红色，籽粒黄至红色、半马齿型，千粒重 316.5～365.1 克，出籽率 84.8%～88.2%。平均田间倒折率 0.2%～1.8%，倒伏率 0.9%～2.1%，空秆率 0.8%～2.7%，双穗率 0.2%～0.4%。高抗茎腐病，中抗小斑病、瘤黑粉病，感弯孢菌叶斑病、穗腐病、锈病。

产量表现：2015、2016 年河南省玉米区域试验，每 667 米² 种 5 000 株，每 667 米² 产量分别为 691.3 千克、648.3 千克，比对照郑单 958 分别增产 10.7%、8.5%；2017 年河南省玉米生产试验，12 点汇总，11 点增产，增产点率 91.7%，每 667 米² 产量 621.2 千克，比对照郑单 958 增产 5.5%。

栽培技术要点：①播期与密度。河南省夏播为 6 月上中旬播种。中等水肥地种植密度为每 667 米² 4 500 株，高水肥地每 667 米² 不超 5 000 株。②田间管理。注意防治玉米穗腐病等，苗期注意防治蓟马、地老虎、蚜虫，中后期注意防治玉米螟和蚜虫。科学施肥，浇好拔节、孕穗、灌浆水。③适时收获。玉米籽粒尖端出现黑色层时收获。

适宜地区：该品种适宜在河南玉米种植区种植。

三、棉花省审品种

1. 豫棉杂 2 号

豫审棉 2010011，南阳市利华种子有限公司选育。品种来源：邯郸 109×鲁棉研 21。豫棉杂 2 号属单价转基因抗虫杂交春棉品种，生育期 124 天。出苗一般，前中期长势强健，后期长势较弱，整齐度一般；植株塔型，松散，株高 105.3 厘米，茎秆有茸毛；叶片中等大小，叶色深绿；结铃性一般，铃卵圆形；第一果枝节位为 6.6 节，单株果枝数 14.3 个，单株结铃数 26.4 个，铃重 6.1 克，籽指 11.3 克，衣分 40.5%，霜前花率 93.3%；吐絮畅，易采摘，纤维色泽洁白。抗枯萎病，耐黄萎病，抗棉铃虫。

产量表现：2006 年参加河南省杂交春棉区域试验，比对照豫杂 35 增产 9%、6.9% 和 7.8%；2007 年续试，比对照豫杂 35 增产 7.1%、3.8% 和 2.9%；2008 年参加河南省杂交春棉生产试验，8 点汇总，每 667 米² 籽棉、皮棉和霜前皮棉产量分别为 231.1 千克、96.7 千克和 90.1 千克，比对照豫杂 35 增产 5.8%、3.5% 和 2.9%；2009 年续试，8 点汇总，每 667 米² 籽棉、皮棉和霜前皮棉产量分别为 218.8 千克、88.6 千克和 83.5 千克，比对照豫杂 35 增产 11.8%、8.6% 和 9.7%，均居春棉 1 组 7 个参试品种中第 2 位。

播期和密度：营养钵育苗 4 月上旬播种，地膜覆盖 4 月中旬播种；中高肥力地块种植密度为每 667 米² 1 500～1 800 株，一般肥力地块每 667 米² 种 2 000 株左右。

适宜地区：河南省各棉区春直播或麦棉套作种植，应严格按照农业转基因生物安全证书允许的范围推广。

2. 宛 198

豫审棉 2014008，南阳市农业科学院选育，品种来源：宛棉 9 号×宛棉 10 号。宛 198 属转抗虫基因常规春棉品种，生育期 121～123 天。植株塔型，稍松散，株高 103.9～108.5 厘米，茎叶多绒毛；叶片掌状，中等大小，叶色较深；铃卵圆型，结铃性较强；第一果枝节位 6.1～7.2 节，单株果枝数 13.6～13.8 个，单株结铃 18.9～20.1 个，铃重 6.3～6.6 克，衣分 39.2%～41.8%，籽指 10.6～11.5 克，霜前花率 92.3%～95.2%；吐絮畅，易收摘，纤维色泽洁白。耐枯萎病、黄萎病，抗棉铃虫。

产量表现：2009 年河南省常规春棉品种区域试验（Ⅳ组），比对照品种鲁棉研 28 增产 6.2%、5.3%、5.8%，皮棉增产极显著；2010 年续试（Ⅰ组），比对照品种鲁棉研 28 增产 9.2%、7.9%、8.3%，皮棉增产极显著；2011 年河南省常规春棉品种生产试验，7 点汇总，皮棉全部增产。每 667 米² 籽棉、皮棉和霜前皮棉产量分别为 216.2 千克、88 千克、81.3 千克，比对照品种鲁棉研 28 增产 10.6%、7.6%、6.8%。

播期和密度：露地直播 4 月 25～30 日，地膜覆盖播期 4 月 15～25 日为宜，麦棉套种育苗期为 4 月 5～10 日，移苗时间为 5 月 5～15 日；一般棉田密度为每 667 米²2 000～2 500 株，高水肥棉田为每 667 米²1 700～2 000 株，土壤肥力较差的棉田为每 667 米²2 500～3 000 株。

适宜地区：该品种适宜河南省各棉区春直播和麦棉套作种植，应严格按照农业转基因生物安全证书允许的范围推广。

3. 先棉 66

豫审棉 2014011，河南先天下种业有限公司选育，品种来源：Y203×F97。先棉 66 属转抗虫基因常规春棉品种，生育期 121～123 天。植株塔型，稍松散，株高 103.8～113.5 厘米，茎秆粗壮有茸毛；叶片中等稍大，缺刻一般，皱褶明显，叶色深绿；铃卵圆型，中等偏大，结铃性较强；第一果枝节位 6.4～7 节，单株果枝数 13.6～14.3 个，单株结铃 19.3～21.7 个，铃重 6.3～6.8 克，衣分 38.9%～42.7%，籽指 10～11.7 克，霜前花率 93.6%～96%。高抗枯萎病，耐黄萎病，高抗棉铃虫。

产量表现：2009 年河南省常规春棉品种区域试验（Ⅳ组），分别比对照品种鲁棉研 28 增产 10.3%、11.7%、13%，皮棉增产极显著；2010 年续试（Ⅱ组），分别比对照品种鲁棉研 28 增产 6.2%、5.1%、6.8%，皮棉增产极显著；2011 年河南省常规春棉品种生产试验，每 667 米² 籽棉、皮棉和霜前皮棉产量分别为 215.5 千克、88.8 千克和 83.2 千克，比对照品种鲁棉研 28 增产 10.3%、8.6% 和 9.4%。

播期和密度：露地直播 4 月 25～30 日，地膜覆盖播期 4 月 15～25 日为宜，营养钵育苗移栽 4 月 10～15 日，移栽时间为 5 月 10～15 日。高水肥地块播种密度为每 667 米²1 800 株左右，一般每 667 米² 2 000～2 500 株。

适宜地区：该品种适宜河南省各棉区春直播和麦棉套作种植，应严格按照农业转基因生物安全证书允许的范围推广。

4. 宛 268

豫审棉 2015004，南阳市农业科学院选育，品种来源：宛棉 5 号×宛棉 10 号。宛 268 属转抗虫基因常规春棉品种，生育期 119.8～121 天。植株塔型，稍松散，株高 98.1～108.3 厘米，茎秆毛密；叶片掌状，中等大小，叶色浓绿；铃卵圆型，偏大。第一果枝节位 6.6～7 节，单株果枝数 12.7～14.3 个，单株结铃数 19.8～20.8 个，铃重 5.9～6.2 克，衣分 38.9%～41.3%，籽指 10.6～11.1 克，霜前花率 87.5%～93.5%。耐枯萎病、黄萎病，抗棉铃虫。

产量表现：2011 年河南省常规春棉品种区域试验，分别比对照鲁棉研 28 增产 7.8%、8.4%、15.4%，皮棉增产极显著；2012 年续试，分别比对照鲁棉研 28 增产 10.6%、9.5%、8.5%，皮棉增产极显著；2013 年河南省常规春棉品种生产试验，10 点汇总，皮棉 9 点增产，每 667 米² 籽棉、皮棉和霜前皮棉产量分别为 266.3 千克、103.8 千克、97.1 千克，分别比对照鲁棉研 28 增产 9.4%、8.6%、8.7%。

播期和密度：露地直播 4 月 25～30 日，地膜覆盖播期 4 月 15～25 日，麦棉套种育苗期为 4 月 5～15 日，移苗时间为 5 月 5～15 日。一般棉田密度为每 667 米²2 000～2 500 株，高水肥棉田为每 667 米²1 700～2 000 株。

适宜地区：该品种适宜河南省各棉区春直播和麦棉套作种植，应严格按照农业转基因生物安全证书允许的范围推广。

5. 宛杂 218

豫审棉 2015009，南阳市农业科学院选育，品种来源：宛 217×宛棉 10 号。宛杂 218 属转抗虫基因杂交春棉品种，生育期 119～123 天。植株塔型，松散，株高 93.7～112.2 厘米，茎秆毛多；叶片掌状，中等偏大，叶色浅绿；铃卵圆形，偏大。第一果枝节位 6.4～7.7 节，单株果枝数 12.3～13.9 个，单株结铃数 20.2～24.7 个，铃重 6.5～6.9 克，衣分 35%～40.3%，籽指 10.5～12.2 克，霜前花率 84%～95%。抗枯萎病，耐黄萎病，高抗棉铃虫。

产量表现：2010 年河南省杂交春棉品种区域试验，分别比对照豫杂 35 增产 18.3%、13.4%、11.3%，皮棉增产极显著；2011 年续试，分别比对照鲁棉研 28 增产 10%、8%、9%，皮棉增产极显著；2012 年河南省杂交春棉品种生产试验，8 点汇总，皮棉 7 点增产，每 667 米² 籽棉、皮棉和霜前皮棉产量分别为 273.5 千克、110.4 千克和 104.9 千克，比对照鲁棉研 28 增产 10.7%、9.3% 和 8.2%。

播期和密度：露地直播 4 月 25～30 日，地膜覆盖播期 4 月 15～25 日，麦棉套种育苗期为 4 月 5～15 日，移苗时间为 5 月 1～10 日；一般棉田密度为每 667 米² 1 800～2 200 株，高水肥棉田为每 667 米² 1 500～1 800 株。

适宜地区：该品种适宜河南省各棉区春直播和麦棉套作种植，应严格按照农业转基因生物安全证书允许的范围推广。

6. 宛杂 167

豫审棉 20190007，南阳市农业科学院选育，品种来源：宛 231×宛 198。宛杂 167 属转单价抗虫基因常规春棉品种，生育期 116 天。植株塔型，松散，株高 107.3 厘米；叶片掌状，较大，叶色深绿；结铃性较强，铃卵圆型中等大小。平均第一果枝节位 6 节，单株果枝数 14.7 个，单株结铃 19 个，单铃重 6.5 克，籽指 11.4 克，衣分 40.2%，霜前花率 91.4%。吐絮畅，易收摘，纤维色泽洁白。高抗枯萎病，抗黄萎病，抗虫株率 100%。

产量表现：2016 年参加河南省常规春棉区域试验，每 667 米² 籽棉、皮棉和霜前皮棉产量为 299.5 千克、120.8 千克和 110 千克，分别比对照鲁棉研 28 增产 7.8%、8.9% 和 8.4%；2017 年续试，每 667 米² 籽棉、皮棉和霜前皮棉产量为 269.9 千克、108.7 千克和 99.8 千克，分别比对照鲁棉研 28 增产 8.8%、9.2% 和 11.9%；2018 年参加河南省常规春棉生产试验，每 667 米² 籽棉、皮棉和霜前皮棉产量为 239.1 千克、94.9 千克和 88.7 千克，分别比对照鲁棉研 28 增产 8.3%、6.4% 和 5.3%。

栽培技术要点：一般营养钵育苗 4 月上旬播种，每 667 米² 播种量 0.6 千克；地膜覆盖适宜播期为 4 月中旬，每 667 米² 播种量 3 千克；露地直播 4 月下旬到 5 月上旬，每 667 米² 播种量 3 千克。一般棉田密度为每 667 米² 2 200～2 500 株，高水肥棉田为每 667 米² 2 000～2 200 株，土壤肥力较差的棉田为每 667 米² 2 500～3 000 株。该品种花铃期长势强、结铃集中，但苗期长势稍弱，应施足底肥，早施花铃肥。

适宜地区：该品种适宜河南省各棉区春直播和麦棉套作种植，并严格按照农业转基因生物安全证书允许的黄河流域范围推广。

四、油菜省审品种

1. 群英油 801

豫审油 2011003，南阳市群英农作物科学研究所选育，品种来源：286A×R801。群英油 801 属甘蓝型、半冬性、中早熟、双低杂交种，全生育期 231 天。叶片深绿色，叶被有蜡粉，叶形琴状裂叶；长相稳健，茎秆粗壮，幼茎绿色，花黄色；株高 157.1 厘米，一次分枝数 9.1 个，分枝高度 31.4 厘米，单株总角数 326.14 个，角粒数 21.54 粒，千粒重 3.59 克，单株产量 23.2 克，不育株率 2.1%。受冻率 54.7%，菌核病病害率 27.3%，病害指数 2.1%；病毒病病害率 2.1%，病害指数 1.2%，较抗倒伏。

产量表现：2007—2008 年度参加河南省油菜区域试验，每 667 米² 产量 210.75 千克，比对照杂 98009 增产 16.13%，差异极显著；2009—2010 年度续试，每 667 米² 产量 199.6 千克，比对照杂 98009 增产 8.35%，差异极显著；2009—2010 年度河南省油菜生产试验，每 667 米² 产量 171.74 千克，比对照杂 98009 增产 15%，居 6 个参试品种中第 1 位。

播期和密度：适宜播期 9 月 15～30 日，育苗田为 9 月 10～20 日。一般田块密度为每 667 米²1.5 万株，旱薄地或晚播田块每 667 米²2 万株。

适宜地区：该品种适宜在河南省冬油菜区种植。

2. 群英油 802

豫审油 2015003，南阳市群英农作物科学研究所选育，品种来源：199A×R652。群英油 802 属甘蓝型、半冬性、双低杂交种，生育期 220.8～235.6 天。幼茎绿色，花黄色，叶形琴状裂叶，叶色深绿；株高 151.9～167.8 厘米，一次有效分枝 7.6～7.9 个，单株有效角果 256.3～329.1 个，角粒数 23.2～25.2 个，千粒重 3.1～3.8 克，单株产量 13.8～25.4 克，不育株率 0.4%～3.1%。综合两年 17 点次抗性鉴定，对菌核病表现低抗类型（菌核病发病率和病情指数平均为 12.15% 和 7.13%），对病毒病表现抗病类型（田间未发病），霜霉病和白锈病田间未见发病。

产量表现：2012—2013 年度河南省油菜区域试验，每 667 米² 产量 225.4 千克，比对照品种杂 98009 增产 9.4%，极显著；2013—2014 年度续试，每 667 米² 产量 190.4 千克，比对照品种杂 98009 增产 3.2%，不显著；2014—2015 年度河南省油菜生产试验，每 667 米² 产量 220 千克，比对照品种杂 98009 增产 17.3%，居 4 个参试品种中第 1 位。

播期和密度：直播田宜在 9 月 15～30 日播种，育苗宜在 9 月 10～20 日播种，一般田块种植密度为每 667 米²1.5 万株，旱薄地或晚播田每 667 米²2 万株。

适宜地区：该品种适宜河南黄河流域及南部冬油菜区种植。

五、花生省审品种

宛花 2 号

豫审花 2012005，南阳市农业科学院选育，品种来源：P12×宛 8908。宛花 2 号属直立疏枝型品种，夏播生育期 112 天。一般主茎高 40 厘米，侧枝长 43.3 厘米，总分枝 8.9 个，结果枝 7.1 个，单株饱果数 12.8 个；叶片黄绿色、长椭圆形、中等大小；荚果茧形，果嘴钝、不明显，网纹细、稍深，缩缢浅，百果重 160.8 克；籽仁桃形，种皮粉红色，百仁重 68.4 克，出仁率 75%。抗网斑病（2 级），感叶斑病（6 级），中抗病毒病（发病率 25%），感根腐病（发病率22％）。

产量表现：2009年河南省珍珠豆型花生品种区域试验，每667米² 荚果产量298.7千克、籽仁产量224.5千克，分别比对照豫花14增产5.8％和6.5％，荚果比对照豫花14号增产达显著；2010年续试，每667米² 荚果产量302.2千克、籽仁产量226.4千克，分别比对照豫花14增产14.4％和13.7％，荚果比对照豫花14增产达极显著；2011年河南省生产试验，每667米² 荚果产量298.5千克、籽仁产量226.9千克，分别比对照远杂9102增产13.6％和14.6％，分居6个参试品种中第2位和第1位。

播期和密度：4月中旬至6月上旬播种，不可过早或过晚，地膜覆盖可在4月10日左右播种。春播每667米² 8 000～10 000穴，夏播每667米² 10 000～12 000穴，每穴双粒，播种不宜过深，以3厘米为宜。

适宜地区：该品种适宜河南各地春、夏播种植。

六、水稻省审品种

宛粳096

豫审稻2014003，南阳市农业科学院选育，品种来源：宛粳28×花育446。宛粳096属粳型常规水稻品种，全生育期156～166天。株高107.2～113.5厘米，株型紧凑，剑叶挺直，茎秆粗壮，分蘖力强；主茎叶片数17～18片，半散穗，着粒较密，穗长18.1～18.9厘米，每667米² 有效穗数18.8万～20.4万，每穗总粒数172.8～196.6粒，实粒数134.3～160.6粒，结实率73.5％～82.5％，千粒重24～24.5克。抗稻瘟病菌，中感穗颈瘟，中抗白叶枯病。

产量表现：2011年河南粳稻区域试验，每667米² 稻谷产量584.2千克，较对照新丰2号增产7.3％，差异极显著；2012年续试，每667米² 稻谷产量663.4千克，较对照新丰2号增产6.7％，差异极显著；2013年河南粳稻生产试验，每667米² 稻谷产量663千克，较对照新丰2号增产9.9％。

播期和播量：适期早播，培育壮秧，进行麦茬稻栽培，4月中下旬至5月上旬播种，豫南稻区可推迟到5月中下旬播种。一般湿润育秧播种量每667米² 2～2.5千克，秧田和大田面积比约为1∶10。秧田施足基肥，三叶期补施促蘖肥，移栽前5天适量追施送嫁肥，以培育适龄多蘖壮秧。

栽插方式：6月上中旬移栽，一般中上等肥力田块栽插株行距为13.3厘米×30厘米，每穴3～4株；高肥力田块株行距可增大至13.3厘米×33厘米，每穴3株左右；肥水条件差、迟栽田适当降低密度，增加每穴基本苗，做到浅插、匀栽，防止漂苗、缺穴断行。

适宜地区：该品种适宜河南沿黄稻区及豫南籼改粳稻区种植。

第二节　近十年南阳主推的外地品种介绍

近十年南阳主推的外地国（省）审品种共计74个，其中小麦品种28个、玉米品种18个、棉花品种9个、水稻品种7个、大豆品种6个、花生品种6个。

一、小麦外地品种

1. 郑麦9023

豫审麦2001003，国审麦2003027，河南省农业科学院小麦所选育。郑麦9023属弱春性、强筋优质、早熟品种。幼苗半直立，分蘖力中等，春季生长迅速，株高82厘米左右，株型紧凑直立，穗层整齐，落黄较好。穗纺锤形，长芒，白壳，硬质白粒，每667米^{2}穗数40万左右，穗粒数32粒左右，千粒重42克以上。冬春长势旺，抗寒力弱，耐后期高温，灌浆快，熟相好，中抗条锈病，中感叶锈病和秆锈病，高感赤霉病、白粉病和纹枯病，注意散黑穗病的防治。

品种利用意见：该品种适宜在南阳市中晚茬种植，10月20日后播种，后期注意防治白粉病和穗蚜，每667米^{2}播种量9～10千克，每晚播2天，每667米^{2}增播量0.5千克，每667米^{2}最多播量不超过12.5千克。该品种产量稳定，品质优，综合抗性好。

该品种10年来一直是南阳市建议推广种植的中晚茬稳产型小麦品种。

2. 偃展4110

原名矮早4110，国审麦2003032，河南省豫西农作物品种展览中心选育。偃展4110属弱春性、早熟品种，成熟期与对照豫麦18相同。幼苗直立，分蘖力强，叶色浓绿，叶片宽短。株高75厘米，株型较紧凑，旗叶上冲，抗倒性较好。穗层较整齐，穗纺锤形，长芒，白壳，白粒，籽粒粉质，外观商品性好。分蘖成穗率高，每667米^{2}穗数42万穗，穗粒数28粒，千粒重44克。苗期长势壮，耐寒性较好，耐后期高温，灌浆快，熟相好。中至高抗条锈病，中感纹枯病，高感白粉病、赤霉病和叶锈病。产量表现：2002年参加黄淮冬麦区南片水地晚播组区域试验，每667米^{2}产量483.4千克，比对照豫麦18增产10.4%（极显著）；2003年续试，每667米^{2}产量459.3千克，比对照豫麦18增产5.2%（显著）。2003年参加生产试验，每667米^{2}产量460.1千克，比对照豫麦18增产9.5%。

品种利用意见：该品种适宜在南阳市中晚茬中上等水肥地种植，10月20日后播种种植，后期注意防治白粉病和穗蚜，每667米^{2}播种量9～10千克，每晚播2天，每667米^{2}增播量0.5千克，每667米^{2}最多播种量不超过12.5千克，该品种产量稳定，早熟性好。

该品种是南阳市多年建议推广种植的中晚茬品种。

3. 濮麦9号

豫审麦2004009，国审麦2005012，濮阳市农业科学研究所选育。濮麦9号属弱春性、多穗型、中熟品种。长芒，白壳，白粒，棍棒形穗。幼苗半匍匐，长势较壮，抗寒性较好。分蘖力中等，成穗率高，成穗数多。春季起身早，两极分化快。株高75厘米左右，茎秆弹性好，抗倒伏，株型紧凑，穗层厚，穗大小较均匀，小穗排列紧密，结实性好，穗粒数多，旗叶短宽、上冲，根系活力强，较耐旱、耐瘠。产量三要素协调每667米^{2}穗数41万～45万，穗粒数39～42粒，千粒重38～42克。丰产性、稳产性好，接种抗性鉴定，中抗白粉病、叶锈病、叶枯病、条锈病和纹枯病。籽粒半角质，短圆粒，饱满度好，黑胚率低，容重高（800克/升），籽粒商品性好。抗干热风，落黄佳。

品种利用意见：该品种适宜在南阳市中高产水肥地中晚茬种植，适播期为10月20～25日，该品种分蘖成穗好，播种时要控制播量，每667米^{2}播种量7～8千克为宜，晚播应适当增加播量。该品种产量稳定，综合抗性较好。

该品种是南阳市多年建议北部冷风区、盆中平原区重点推广的中高产水肥地小麦品种。

4. 西农 979

国审麦 2005005，豫引麦 2014001，西北农林科技大学选育。西农 979 属半冬性、早熟品种，成熟期比豫麦 49 早 2～3 天。幼苗匍匐，叶片较窄，分蘖力强，成穗率较高。株高 75 厘米左右，茎秆弹性好，株型略松，穗层整齐，旗叶窄长、上冲。穗纺锤形，长芒，白壳，白粒，籽粒角质，粒饱色亮，黑胚率低，商品性好。每 667 米^2 穗数 42.7 万穗，穗粒数 32 粒，千粒重 40.3 克。苗期长势一般，越冬抗寒性好，抗倒春寒能力稍差；抗倒力强；不耐后期高温，有早衰现象，熟相一般。接种抗病性鉴定：中抗至高抗条锈病，中感秆锈病和纹枯病，高感赤霉病、叶锈病和白粉病。田间自然鉴定，高感叶枯病。品质达国家优质强筋小麦标准，属强筋品种。

品种利用意见：该品种适宜在南阳市种植，适播期为 10 月 10～22 日，最佳播期为 10 月 15～20 日，每 667 米^2 播种量 7～8 千克，晚播应适当增加播量。在利用上注意防治白粉病等病害。

该品种是南阳市多年建议推广品种。

5. 矮抗 58

国审麦 2005008，河南科技学院小麦育种中心选育。矮抗 58 属半冬性、中熟品种。幼苗匍匐，冬季叶色淡绿，分蘖多，抗冻性强，春季生长稳健，蘖多秆壮。株高 70 厘米左右，高抗倒伏，饱满度好。产量三要素协调，每 667 米^2 穗数 45 万左右，穗粒数 38～40 粒，千粒重 42～45 克。高抗白粉病、条锈病、叶枯病，中抗纹枯病，根系活力强，成熟落黄好。一般每 667 米^2 产量 500～550 千克，最高可达 700 千克。

品种利用意见：该品种适宜在南阳市（稻茬麦区除外）早茬种植，适播期为 10 月 10～15 日，每 667 米^2 播种量 8～9 千克，晚播时应适当增加播量。该品种冬季抗寒性好，根系活力强，矮秆抗倒，成穗率高，耐后期高温，丰产、稳产性好，是多地种植的主导品种。在利用上注意防治赤霉病、纹枯病、叶锈病等病害。

该品种是南阳市多年建议在东北部风口冷凉区、盆中平原高产麦区早茬推广种植的品种。

6. 众麦 2 号

豫审麦 2006020，河南省天宁种业有限公司选育。众麦 2 号属弱春性、多穗型、中早熟品种，生育期 219 天，比对照豫麦 18 晚熟 1 天。幼苗半直立，苗期生长健壮，抗寒性中等；起身拔节慢，抽穗晚；分蘖力强，成穗数多；株型较松散，长相清秀，株高 69 厘米，较抗倒伏；旗叶短宽直立，干尖较明显，后期不耐高温，成熟落黄一般；穗层整齐，穗纺锤形，大穗，穗码密，结实性好，穗粒数多；籽粒偏粉质，黑胚率 7% 左右。每 667 米^2 穗数 40 万左右，穗粒数 35 粒左右，千粒重 35 克左右。

品种利用意见：该品种适宜在南阳市中晚茬（稻茬麦区除外）种植，适播期为 10 月 20～25 日，每 667 米^2 播种量 9～10 千克，晚播时应适当增加播量。

2009—2013 年度南阳市中高水肥地块建议推广品种。

7. 中育 12

豫审麦 2008003，中国农业科学院棉花研究所、中国农业科学院作物科学研究所联合选育。中育 12 属半冬性、多穗型、中熟品种，全生育期 226 天，比对照豫麦 49 晚熟 1 天。幼苗半直立，叶片短宽直，苗势壮，冬季抗寒性较好；分蘖力强，成穗率中等，春季起身拔节早，两极分化较快，抽穗较迟；株高 86 厘米，茎秆较粗壮，秆质硬，抗倒性好；株型紧凑，旗叶直立，穗层整齐，长相清秀；耐后期高温，成熟落黄好；长方形大穗，穗较匀称，结实性好，穗粒数多；受倒春寒的影响，穗上部有缺粒现象；长芒，白壳，白粒，籽粒半角质，较饱满。每 667 米² 穗数 37.8 万，穗粒数 35 粒，千粒重 47.2 克。中抗白粉病、叶枯病，中感条锈病、叶锈病、纹枯病。

品种利用意见：该品种适宜南阳市（南部稻茬麦区除外）高中肥力地块早中茬种植，适宜播期 10 月 10~15 日，高肥力地块每 667 米² 播种量 8~9 千克，中低肥力地块可适当增加播量。在利用上，多雨年份注意防治白粉病、赤霉病，灌浆期喷施磷酸二氢钾，后期结合天气情况及时防治叶锈病、蚜虫和麦蜘蛛。

该品种是南阳市 2010—2017 年度建议在东北部冷风阴凉区、盆中平原高产区重点推广种植的早中茬品种。

8. 泛麦 8 号

豫审麦 2008007，河南黄泛区地神种业有限公司。泛麦 8 号属半冬性、中熟品种，全生育期 228 天，比对照豫麦 49 晚熟 1 天。幼苗匍匐，抗寒性一般，分蘖成穗率高；起身拔节慢，抽穗晚；株高 73 厘米，较抗倒伏；株型略松散，叶片较大，穗层整齐，穗大、均匀，成熟落黄好；纺锤形穗，长芒，白粒，籽粒半角质，饱满。每 667 米² 穗数 39.5 万，穗粒数 37.4 粒，千粒重 43.5 克。高抗叶锈病，中抗条锈病、叶枯病，中感白粉病、纹枯病。

品种利用意见：该品种适宜南阳市（南部稻茬麦区除外）早中茬中高肥力地种植，适宜播期 10 月 5~25 日，最佳播期 10 月 12 日左右；高肥力地块每 667 米² 播种量 6~7.5 千克，中低肥力地块可适当增加播量。在利用上注意春季防治纹枯病、锈病，后期及时防治赤霉病、蚜虫。

该品种是南阳市 2015—2017 年度建议在东北部风口冷凉区、盆中平原高产麦区重点推广种植的早中茬品种。

9. 豫农 416

豫审麦 2009001，河南农业大学选育。豫农 416 属半冬性、多穗型、中熟品种，全生育期 225 天，比对照周麦 18 早熟 2 天。幼苗半匍匐，苗势壮，分蘖力强，抗寒性较好；春季起身快，拔节抽穗早，长势偏旺，春季抗寒性一般；株高 84 厘米，株型偏松散，抗倒性一般；穗层较厚，对春季低温较敏感，受倒春寒的影响，穗上部结实性会下降；纺锤形大穗，长芒，护颖白色，籽粒白粒，角质，饱满，成熟落黄好。每 667 米² 穗数 38 万，穗粒数 34.6 粒，千粒重 48.6 克。中抗白粉病、条锈病、叶枯病，中感纹枯病、叶锈病。

品种利用意见：该品种适宜南阳市（南部稻茬麦区除外）早中茬中高肥力种植，适播期为 10 月 5~20 日，最适播期 10 月 8~13 日，每 667 米² 播种量 7~8 千克，高肥地块严格控制播量，晚播时可适当增加播量。在利用上注意防治条锈病、白粉病、赤霉病等。

该品种是南阳市 2011、2016、2017 年建议在东北部风口冷凉区早中茬地块重点推广种植的品种。

10. 汝麦 0319

豫审麦 2009003，汝州市农业科学研究所选育。汝麦 0319 属半冬性、多穗型、中熟品种，全生育期 225 天，与对照豫麦 49 熟期相同。幼苗半直立，叶片长宽，苗势较健壮，分蘖成穗率中等，春季起身拔节快，抽穗较早；株高 78 厘米，株型半紧凑，叶片上举，植株蜡质重，茎秆弹性好，较抗倒伏；穗纺锤形，穗层整齐，小穗排列密；穗粒数较多，耐后期高温，籽粒灌浆快，落黄好；长芒，白粒，籽粒半角质，饱满，黑胚率偏高。每 667 米² 穗数 35 万，穗粒数 39.2 粒，千粒重 46.4 克。高感白粉病，中感纹枯病，中抗条锈病、叶锈病、叶枯病。

品种利用意见：该品种适宜南阳市（南部稻茬麦区除外）早中茬中高肥力种植，适播期为 10 月 10～20 日，最佳播期 10 月 15 日左右，每 667 米² 播种量 7～9 千克，中高肥力地块每 667 米² 播种量 7～8 千克，中低肥力地块适当增加播量，如延期播种，以每推迟 3 天增加 0.5 千克播量为宜。在利用上，注意做好田间除草、地下害虫防治，保证全苗，后期进行一喷三防，注意防治白粉病、赤霉病和纹枯病。为促进灌浆提高粒重，可叶面喷施磷酸二氢钾每 667 米² 200 克。

该品种是南阳市 2011 年、2013 年建议在东北部风口冷凉区早中茬地块重点推广种植的品种。

11. 许科 316

豫审麦 2011001，河南省许科种业有限公司选育。许科 316 属半冬性、大穗型、中熟品种，全生育期 234.3 天，比对照周麦 18 早熟 1.5 天。幼苗半直立，苗壮，叶宽，抗寒性较好，分蘖成穗率一般；春季起身拔节较早，两极分化快；成株期叶色浓绿，旗叶较小、上冲，穗下节较长，穗层不整齐；株高 82.8 厘米，株型紧凑，茎秆粗，但弹性一般，抗倒伏能力较弱；穗大，均匀，籽粒半角质，有黑胚，饱满度较好；根系活力强，耐后期高温，成熟落黄好。每 667 米² 穗数 35.8 万，穗粒数 38.9 粒，千粒重 48.3 克。2009 年经南阳市农业科学院植物保护研究所成株期综合鉴定：中感白粉病和条锈病，中抗叶锈病、叶枯病和纹枯病。

品种利用意见：该品种适宜南阳市（南部稻茬麦区除外）早中茬中高肥力地种植，最佳播期 10 月 15 日左右；高肥力地块每 667 米² 播种量 6～8 千克，中低肥力地块 8～10 千克，如延期播种，以每推迟 3 天增加 0.5 千克播种量为宜。在利用上，注意化学除草时适当化控，以降低株高。灌浆期喷施磷酸二氢钾，结合天气情况及时防治白粉病、赤霉病和小麦穗蚜。

该品种是南阳市 2013—2017 年度建议在东北部风口冷凉区、盆中平原高产麦区早中茬中高肥力地块重点推广种植的品种。

12. 豫教 5 号

豫审麦 2011002，河南教育学院小麦育种研究中心与河南滑丰种业科技有限公司选育。豫教 5 号属半冬性、中晚熟品种，全生育期 237.8 天，比对照周麦 18 晚熟 0.3 天。幼苗半匍匐，苗势壮，叶宽短，黄绿色，冬季抗寒性较好，分蘖力强，春季起身拔节早；株高 75.5 厘米，株型松散，抗倒伏能力一般；旗叶宽大上举，叶色灰绿；长方形穗，小穗排列较密，穗层整齐，穗下节短，抽穗偏迟，受倒春寒影响，有虚尖现象，不耐后期高温；籽粒半角质，均匀，饱满度较好，外观商品性较好。每 667 米² 穗数 37.2 万，穗粒数 34.4 粒，千粒重 47.5 克。中感白粉病、条锈病和叶枯病，中抗叶锈病和纹枯病。

品种利用意见：该品种适宜南阳市（南部稻茬麦区除外）早中茬中高肥力地种植，最佳播期 10 月 15 日左右；高肥力地块每 667 米² 播种量 8～9 千克，中低肥力地块 9～10 千克，早播和足墒播种时宜降低播量，晚播和底墒不足时宜提高播量。在利用上，注意要根据土壤肥力、墒情和苗情，酌情、适量追施冬肥和春肥及灌水。扬花后用磷酸二氢钾、粉锈宁间隔 7 天田间喷雾两次，防病治虫，延长叶片功能期。适当控制群体，防止倒伏，蜡熟末期及时收割。拔节前进行化学除草，并适当化控，以降低株高。

该品种是南阳市 2014—2015 年度建议在东北部风口冷凉区、盆中平原高产麦区早中茬中高肥力地块重点推广种植的品种。

13. 郑麦 7698

豫审麦 2011008，河南省农业科学院小麦研究中心选育。郑麦 7698 属弱春性、多穗型、强筋类型品种，全生育期 229.3 天，与对照偃展 4110 熟期相同。幼苗半直立，苗势壮，冬季耐寒性好；春季起身拔节慢，抽穗迟，穗层不整齐，旗叶偏大上举，株行间通风透光性好；株高 76 厘米左右，株型紧凑，茎秆粗壮，抗倒伏能力强；长方形穗，均匀，结实性好，籽粒角质，饱满度好，黑胚率低。每 667 米² 穗数 33.4 万，穗粒数 35.2 粒，千粒重 47 克。2008 年该品种经南阳市农业科学院植物保护研究所成株期综合鉴定：中抗白粉病、条锈病和叶枯病，中感叶锈病和纹枯病。

品种利用意见：该品种适宜南阳市（南部稻茬麦区除外）中晚茬中高肥力地种植，适播期为 10 月 15—20 日，每 667 米² 播种量 9～10 千克，中低肥力地块适当增加播量。在利用上，注意拔节孕穗期要进行"一喷三防"，可用粉锈宁和磷酸二氢钾混合喷施，重点防治穗蚜、白粉病、纹枯病、赤霉病。灌浆中期，每 667 米² 使用 2％尿素水溶液 50 千克进行根外追肥。

该品种是南阳市 2013—2018 年度建议在东北部风口冷凉区、盆中平原高产麦区中晚茬中高肥力地块重点推广种植的品种。

14. 平安 8 号

豫审麦 2011020，河南平安种业有限公司选育。平安 8 号属半冬性、多穗型、中晚熟品种，生育期 230.9 天，比对照品种周麦 18 早熟 0.7 天。幼苗半匍匐，苗期叶偏长，色浓绿，长势较好，冬季抗寒性一般，分蘖力强，成穗率一般；春季返青起身慢，抽穗偏晚；成株期株型略松散，旗叶宽短上冲，穗下节长，下部叶片偏小，株行间通风透光性好，平均株高 73.6～85.2 厘米，茎秆弹性好，较抗倒伏；纺锤形穗，短芒，穗码密，受倒春寒影响穗上部有缺粒现象；籽粒半角质，大小均匀，饱满度较好，黑胚率高。2009 年每 667 米² 穗数 40.9 万，穗粒数 33.3 粒，千粒重 41.3 克。2010 年每 667 米² 穗数 40.9 万，穗粒数 31.9 粒，千粒重 46.7 克。中抗条锈病、叶枯病和叶锈病，中感白粉病和纹枯病。

品种利用意见：该品种适宜南阳市（南部稻茬麦区除外）早中茬中高肥力地种植，10 月 5～25 日播种，最佳播期 10 月 7～15 日。高肥力地块每 667 米² 播种量 6～8 千克，中低肥力地块 8～10 千克，如延期播种，以每推迟 2 天增加 0.5 千克播量为宜。在利用上，注意 4 月下旬和 5 月中旬及时用粉锈宁、氯氰菊酯、吡虫啉防治白粉病、叶锈病、赤霉病及蚜虫。

该品种是南阳市 2013 年、2014 年度建议在东北部风口冷凉区、盆中平原高产麦区早中茬中高肥力地块重点推广种植的品种。

15. LK198

豫审麦 2011023，河南天民种业有限公司选育。LK198 属弱春性、大穗型、早熟品种，生育期 224.6 天，比对照品种偃展 4110 早熟 0.5 天。幼苗半直立，长势壮，苗期叶色浓绿，冬季抗寒性好，分蘖力强，成穗率一般；春季起身发育快，苗脚干净利索，抽穗早，抗倒春寒能力一般；成株期株型松紧适中，长相清秀，旗叶小而上举，倒二叶窄长，穗下节略短，株行间通风透光性好，株高 67～80.5 厘米，茎秆弹性好，抗倒伏能力强；穗长方形，蜡质层厚，穗粗码稀，结实性一般；籽粒半角质，卵圆，饱满度好，黑胚少；根系活力强，耐后期高温，灌浆速度快，成熟落黄好。2009 年每 667 米^2 穗数 38.6 万，穗粒数 36.8 粒，千粒重 38.7 克。2010 年每 667 米^2 穗数 39 万，穗粒数 32.6 粒，千粒重 45 克。2010 年经南阳市农业科学院植物保护研究所成株期综合抗病性鉴定和接种试验：中抗叶锈病、叶枯病，中感白粉病、条锈病、纹枯病。

品种利用意见：该品种适宜南阳市（南部稻茬麦区除外）中高肥力地中晚茬种植。适当晚播，最佳播期 10 月 20 日左右；高肥力地块每 667 米^2 播种量 10 千克，中等肥力地块 12.5 千克。在利用上，注意及时收获和防穗发芽。冬前分蘖盛期进行化学除草；齐穗期及时喷洒粉锈宁、抗蚜威防治白粉病和穗蚜虫。

该品种是南阳市 2013—2017 年度建议在东北部风口冷凉区、盆中平原高产麦区中高肥力地块重点推广种植的中晚茬品种。

16. 漯麦 18

审定编号为国审麦 2012011，漯河市农业科学院选育。漯麦 18 属弱春性、中穗型、中晚熟品种，成熟期比对照偃展 4110 晚熟 1.7 天。幼苗半直立，长势较壮，叶片短宽，叶色浓绿，分蘖力弱，成穗率高，冬季抗寒性较好。春季起身拔节早，两极分化快，对倒春寒较敏感，虚尖、缺粒现象较重。株高平均 75 厘米，株型稍松散，旗叶宽短上冲，长相清秀。茎秆弹性一般，抗倒性中等。根系活力强，较耐高温干旱，叶功能期长，灌浆速度快，落黄好。穗层较整齐，穗较大。穗纺锤形，长芒，白壳，白粒，籽粒半角质，饱满度好，黑胚率偏高。2010、2011 年区域试验每 667 米^2 穗数 38 万、44.9 万，穗粒数 32.1 粒、32.9 粒，千粒重 46.9 克、43.4 克。中感纹枯病，高感条锈病、叶锈病、白粉病和赤霉病。

品种利用意见：该品种适宜南阳市（南部稻茬麦区除外）高中水肥地块中晚茬种植。10 月中下旬播种，每 667 米^2 基本苗 18 万～24 万。在利用上，注意防治白粉病、叶锈病、赤霉病等病虫害。

该品种是南阳市 2015—2018 年度建议在东北部风口冷凉区、盆中平原高产麦区中高肥力地块中晚茬重点推广种植的品种。

17. 郑麦 379

豫审麦 2012009，国审麦 2016013，河南省农业科学院小麦研究所选育。郑麦 379 属半冬性、中晚熟品种，生育期 224.4 天，与对照品种周麦 18 相当。幼苗半直立，苗期叶片宽长，叶色浓绿，长势好，冬季抗寒性一般，分蘖力一般，成穗率偏高；春季返青早，起身快，两极分化快，春季抗寒性一般；成株期茎秆、穗部蜡质厚，株型偏松散，旗叶偏长、卷曲，穗下节长，穗层整齐；平均株高 79.5 厘米，弹性一般，抗倒性中等。长方形穗，长芒，结实性稍差；籽粒椭圆形，大小均匀，黑胚少，角质率高，饱满度中等，外观商品性好。2011—2012 年度每 667 米^2 穗数 37.7 万，穗粒数 34.9 粒，千粒重 44.9 克。中抗叶锈病、纹枯病和叶枯病，中感白粉病和条锈病，高感赤霉病。

品种利用意见：该品种适宜南阳市（南部稻茬麦区除外）早中茬中高肥力地种植。适宜播期为 10 月上中旬，晚播适当增加播量。品种利用上，注意抽穗期至灌浆期结合"一喷三防"正常防治病虫害即可，注意防治蚜虫。

该品种是南阳市 2015—2017 年度建议在东北部风口冷凉区、盆中平原高产麦区中高肥力地块重点推广种植的中晚茬品种。

18. 中洛 1 号

豫审麦 2012014，中国农业科学院作物科学研究所和洛阳农林科学院选育。中洛 1 号属弱春性、早熟品种，生育期 220.4 天，比对照品种偃展 4110 晚熟 0.2 天。幼苗半直立，苗期叶片宽大，长势好，冬季抗寒性较好，分蘖力弱，成穗率较高；春季发育快，抽穗早，抗倒春寒能力一般。株型偏紧凑，旗叶宽短，有干尖，穗色发黄，穗层整齐；平均株高 76.6 厘米，茎秆弹性一般。近长方形穗，受倒春寒影响，顶端结实性差，长芒；籽粒半角质，大小均匀，黑胚率低，商品性好。2011—2012 年度每 667 米^2 穗数 41.1 万，穗粒数 32.1 粒，千粒重 39.9 克。中抗纹枯病，中感白粉病、条锈病、叶锈病和叶枯病，高感赤霉病。

品种利用意见：该品种适宜南阳市（南部稻茬麦区除外）中晚茬中高肥力地种植。10 月 15～25 日播种，最佳播期 10 月 20 日左右。高肥力地块每 667 米^2 播种量 6～8 千克，中低肥力地块 8～10 千克，如延期播种，以每推迟 3 天增加 0.5 千克播量为宜。品种利用上，注意拔节前进行化学除草，并适当化控，以降低株高。灌浆期喷施磷酸二氢钾，结合天气情况及时防治白粉病、赤霉病和小麦穗蚜。

该品种是南阳市 2013—2016 年度建议在东北部风口冷凉区、盆中平原高产麦区中高肥力地块重点推广种植的中晚茬品种。

19. 百农 207

国审麦 2013010，河南百农种业有限公司、河南华冠种业有限公司选育。百农 207 属半冬性、中晚熟品种，全生育期 231 天，比对照周麦 18 晚熟 1 天。幼苗半匍匐，长势旺，叶宽大，叶深绿色；冬季抗寒性中等；分蘖力较强，分蘖成穗率中等；早春发育较快，起身拔节早，两极分化快，抽穗迟，耐倒春寒能力中等；中后期耐高温能力较好，熟相好。株高 76 厘米，株型松紧适中，茎秆粗壮，抗倒性较好；穗层较整齐，旗叶宽长、上冲；穗纺锤形，短芒，白壳，白粒，籽粒半角质，饱满度一般。每 667 米^2 穗数 40.2 万，穗粒数 35.6 粒，千粒重 41.7 克。高感叶锈病、赤霉病、白粉病和纹枯病，中抗条锈病。

品种利用意见：该品种适宜南阳市（南部稻茬麦区除外）高中水肥地块早中茬种植。10 月 5～15 日播种，每 667 米^2 播种量 8～9 千克，生产上不宜晚播。在利用上，注意防治赤霉病、纹枯病、白粉病等病虫害。

该品种是南阳市 2015—2018 年度推广种植面积较大的品种。

20. 衡观 35

国审麦 2006010，豫引麦 2014002，河北省农林科学院旱作农业研究所选育。衡观 35 属半冬性偏春、中早熟品种，全生育期 216～219 天。幼苗半匍匐，叶宽，分蘖力中等；春季起身拔节早，对低温干旱较敏感，两极分化快，抽穗早，成穗率中等；平均株高 77 厘米，株型紧凑，旗叶宽大，卷曲，茎秆弹性较好，抗倒性较强；穗长方形，长芒，白粒，籽粒半角质；耐后期高温，耐穗发芽，熟相较好。2014 年每 667 米^2 穗数 38.4 万～45.5 万，穗粒数 32.2～36.6 粒，千粒重 41.6～50.5 克。中抗秆锈病，中感白粉病和纹枯病，中感至高感条锈病，高感叶锈病和赤霉病。

品种利用意见：该品种适宜南阳市高中水肥地块早中茬种植。适宜播种期 10 月 10～15 日，每 667 米² 播种量 8～9 千克。在利用上，注意防治叶枯病、赤霉病、白粉病和纹枯病等病虫害，高水肥地注意防倒伏。

该品种是南阳市 2014—2017 年度建议在东北部风口冷凉区、盆中平原高产麦区中高肥力地块重点推广种植的早中茬品种。

21. 洛麦 26

豫审麦 2014018，洛阳农林科学院与洛阳市中垦种业科技有限公司选育。洛麦 26 属半冬性、多穗型、中晚熟品种，全生育期 223.5～233.8 天。幼苗半匍匐，叶色浅绿，长势壮，抗寒性好；分蘖力强，成穗率一般，春季生长稳健，起身略迟，两极分化慢，抽穗晚，抗倒春寒能力一般；株型紧凑，旗叶宽大，穗下节短，穗层整齐；株高 68～73 厘米，茎秆粗，弹性弱，抗倒伏能力一般；纺锤形穗，短芒，结实性一般，籽粒角质，大小不匀，黑胚少，饱满度较好；根系活力强，后期叶功能好，耐高温，成熟落黄好。每 667 米² 穗数 41.5 万～41.9 万，穗粒数 31.2～35.2 粒，千粒重 39.4～48 克。中感条锈病、叶锈病、白粉病、纹枯病，高感赤霉病。

品种利用意见：该品种适宜南阳市（南部稻茬麦区除外）早中茬中高肥力地种植。播种期 10 月 5～15 日，最佳播期在 10 月 8～10 日。高肥力地块每 667 米² 播种量 7～8 千克，中低肥力地块可适当增加播量。利用上要施足底肥，拔节期结合田间化学除草适当进行化控，以降低株高，灌浆期喷施磷酸二氢钾，后期注意结合天气情况及时防虫治病。

该品种是南阳市 2015—2017 年度建议在东北部风口冷凉区、盆中平原高产麦区中高肥力地块重点推广种植的早中茬品种。

22. 中麦 875

豫审麦 2014027，中国农业科学院作物科学研究所、中国农业科学院棉花研究所选育。中麦 875 属半冬性、中晚熟品种，全生育期 226.5～236.9 天。幼苗半匍匐，叶片细长，叶色浅绿，冬季抗寒性较好；春季起身拔节早，两极分化快，分蘖力强，成穗率中等；株型偏紧凑，旗叶偏小、上冲，穗下节较短，株高 75～78 厘米，茎秆弹性弱，抗倒性中等。长方形穗、较大，穗层整齐，小穗排列松散，中芒，白壳，白粒，籽粒角质，饱满度好；根系活力强，叶功能期长，耐旱性较好，耐后期高温，落黄好。每 667 米² 穗数 38.7 万～44.5 万，穗粒数 29.9～30.6 粒，千粒重 47.6～48.8 克。中抗条锈病，中感叶锈病、白粉病和纹枯病，高感赤霉病。

品种利用意见：该品种适宜南阳市（南部稻茬麦区除外）早中茬中高肥力地种植。播期以 10 月上中旬为宜，每 667 米² 播种量 8～10 千克，如延期播种，以每推迟 3 天增加 0.5 千克播种量为宜。利用上要浇好越冬水，在拔节期防治纹枯病，中后期要注意防治白粉病、赤霉病和蚜虫。

该品种是南阳市 2016—2017 年度建议在东北部风口冷凉区、盆中平原高产麦区中高肥力地块重点推广种植的早中茬品种。

23. 中育 1123

国审麦 2016019，中棉种业科技股份有限公司选育。中育 1123 属弱春性品种，全生育期 217 天，比对照品种偃展 4110 晚熟 1 天。幼苗半匍匐，苗势壮，叶片宽卷，叶色浓绿，冬季抗寒性中等；春季起身拔节早，两极分化快，耐倒春寒能力一般；分蘖力中等，成穗率中等；耐后期高温中等，熟相较好；株型稍松散，株高 77.2 厘米，茎秆弹性好，抗倒性较好；蜡质层厚，旗叶宽短、上冲；穗纺锤形，穗层厚，长芒，白壳，白粒，籽粒半角质，饱满度较好。每 667 米^2 穗数 39.3 万，穗粒数 31.5 粒，千粒重 47.1 克。抗病性鉴定：条锈病近免疫，高感叶锈病、白粉病、赤霉病、纹枯病。

品种利用意见：适宜南阳市（南部稻茬麦区除外）高中水肥地块中晚茬种植。适宜播种期 10 月 15～25 日，每 667 米^2 适宜基本苗 16 万～24 万。利用上，注意防治蚜虫、叶锈病、纹枯病、赤霉病和白粉病等病虫害。

该品种是南阳市 2016 年建议在东北部风口冷凉区、盆中平原高产区中高肥力地块重点推广种植的中晚茬品种。

24. 中原 18

国审麦 2016020，河南锦绣农业科技有限公司选育。中原 18 属弱春性品种，全生育期 217 天，与对照品种偃展 4110 熟期相当。幼苗半直立，叶片宽，长势旺，叶色浓绿，冬季抗寒性一般；分蘖力中等，成穗率较高；春季起身拔节早，两极分化快，耐倒春寒能力一般；根系活力强，耐后期高温，灌浆快，熟相较好；株型稍紧凑，株高 78.8 厘米，茎秆弹性中等，抗倒性较弱；旗叶宽长；穗纺锤形，穗层厚，长芒，白壳，白粒，籽粒半角质，饱满度中等。每 667 米^2 穗数 41 万，穗粒数 27.5 粒，千粒重 52 克。抗病性鉴定：高抗条锈病，中感叶锈病，高感白粉病、赤霉病、纹枯病。

品种利用意见：适宜南阳市（南部稻茬麦区除外）高中水肥地块中晚茬种植。适宜播种期 10 月 20～30 日。利用上，注意防治蚜虫、白粉病、纹枯病和赤霉病等病虫害，高水肥地块注意防止倒伏。

25. 百农 4199

豫审麦 2017003，河南科技学院选育。百农 4199 属半冬性、中早熟品种，全生育期 229～230.9 天。幼苗半匍匐，叶片短宽，叶色浓绿，冬季抗寒性好；分蘖力一般，成穗率高，春季起身拔节早，两极分化快，抽穗早；株型偏紧凑，旗叶小、上举，株高 68.1～75 厘米，茎秆弹性弱，抗倒伏能力一般，对春季低温较敏感，有虚尖现象；纺锤形穗，上部穗码较密，长芒，白壳，白粒，籽粒角质，饱满度好；不耐后期高温，熟相一般。每 667 米^2 穗数 41.1 万～46.1 万，穗粒数 30.5～32.8 粒，千粒重 45～47.5 克。中抗条锈病，中感叶锈病、白粉病和纹枯病，高感赤霉病。

品种利用意见：该品种适宜南阳市（南部长江中下游麦区除外）早中茬地种植。播期 10 月 5～15 日。高肥力地块每 667 米^2 播种量 7～8 千克，中低肥力地块可适当增加播量，如延期播种以每推迟 3 天增加 0.5 千克播量为宜。利用上，注意拔节期结合田间化学除草适当进行化控，以降低株高；抽穗扬花期结合天气情况及时喷施多菌灵或甲基硫菌灵可湿性粉剂等杀菌剂防治赤霉病，灌浆期喷施磷酸二氢钾。

该品种是南阳市 2017—2018 年度建议在北部地区和南部盆中平原高产区中高肥力地块重点推广种植的早中茬品种。

26. 中育 1211

豫审麦 2017006，中棉种业科技股份有限公司选育。中育 1211 属半冬性、晚熟品种，全生育期 229.7～231.4 天。幼苗半匍匐，叶片较宽，冬季抗寒性较好；分蘖力强，成穗率高，春季返青起身早，两极分化快，抽穗早；株型松散，旗叶上举，株高 76.4～81 厘米，茎秆弹性好，较抗倒伏；穗纺锤形，长芒，白壳，白粒，籽粒半角质；根系活力强，叶功能期长，耐高温，熟相好。每 667 米² 穗数 39.2 万～44.5 万，穗粒数 32.2～34.5 粒，千粒重 44.9～50.3 克。中抗条锈病，中感叶锈病、白粉病和纹枯病，高感赤霉病。

品种利用意见：该品种适宜南阳市（南部长江中下游麦区除外）早中茬地种植。10 月 5—15 日播种，最佳播期 10 月 10 日左右。高肥力地块每 667 米² 播种量 8～9 千克，中低肥力地块 9～10 千克，如延期播种以每推迟 3 天增加 0.5 千克播量为宜。利用上，注意根据墒情、雨量确定全生育期浇水 3～4 次，加强对小麦蚜虫、赤霉病、纹枯病、白粉病的防治。

该品种是南阳市 2017—2018 年度建议在北部地区和南部盆中平原高产区中高肥力地块重点推广种植的早中茬品种。

27. 天民 184

豫审麦 2017017，河南天民种业有限公司选育。天民 184 属弱春性、早熟品种，全生育期 222.9～225.5 天。幼苗直立，叶片长，冬季抗寒性中等；分蘖力一般，成穗率较高；春季起身早，两极分化较快，抽穗早，抗倒春寒能力较弱；株型偏紧凑，旗叶宽大、上冲，株高 76.9～86 厘米，茎秆弹性好，较抗倒伏；纺锤形穗，结实性较好，长芒，白壳，白粒，籽粒半角质，耐后期高温，熟相中等。每 667 米² 穗数 36.5 万～39.2 万，穗粒数 32.6～35.5 粒，千粒重 46.2～47.4 克。中抗条锈病，中感叶锈病、白粉病、纹枯病，高感赤霉病。

品种利用意见：该品种适宜南阳市（南部长江中下游麦区除外）中晚茬地种植。播期 10 月 15～30 日，最佳播期在 10 月 15～20 日。高肥力地块每 667 米² 播种量 10 千克，中肥力地块 12.5 千克，利用上，注意冬前分蘖盛期进行化学除草；拔节期结合田间化学除草适当进行化控；抽穗后及时喷施多菌灵、粉锈宁预防赤霉病、白粉病。

该品种是南阳市 2018—2019 年度建议在北部地区和南部盆中平原高产区中高肥力地块重点推广种植的早中茬品种。

28. 郑麦 136

豫审麦 20180008，河南省农业科学院小麦研究所选育。郑麦 136 属半冬性品种，全生育期 230～233 天。幼苗匍匐，苗期叶片窄，苗势壮，分蘖力强，冬季抗寒性好；耐倒春寒能力一般；株高 74.7～80.4 厘米，株型松紧适中，茎秆弹性好，抗倒性较好；旗叶宽、上举，茎、叶蜡质重，穗层较整齐；穗纺锤形，长芒，白壳，白粒，籽粒半角质，饱满度较好。每 667 米² 穗数 41.3 万～44.9 万，穗粒数 30.2～34.2 粒，千粒重 44.6～47 克。中抗白粉病，中感条锈病、叶锈病和纹枯病，高感赤霉病。2016—2017 年度河南省小麦冬水组生产试验，每 667 米² 产量 563.7 千克，比对照增产 6.7%。

品种利用意见：该品种适宜南阳市早中茬地种植。10 月上中旬播种，每 667 米² 适宜基本苗 15 万～24 万。注意防治蚜虫、条锈病、叶锈病、赤霉病和纹枯病等病虫害。

该品种 2019 年列入南阳市建议重点推广品种，适宜在南阳市北部地区和南部盆中平原高产区中高肥力地块早中茬种植。

二、玉米外地品种

1. 郑单 958

国审玉 20000009。河南农业科学院粮食作物研究所选育。株型紧凑，叶片上冲，夏播生育期 96 天左右；幼苗叶鞘紫色，株高 250 厘米，穗位 110 厘米；果穗筒型，有双穗现象，穗长 16.9 厘米，穗粗 4.8 厘米，穗行 14～16 行，行粒数 36 粒，结实性好，穗轴白色，轴细；黄粒，半马齿型，出籽率 90%，千粒重 350～440 克。籽粒蛋白质 9.78%，粗脂肪 4.45%，粗淀粉 73.36%，容重 766 克/升。中抗小斑病、矮花叶病，感茎腐病、瘤黑粉病、弯孢菌叶斑病，感玉米螟。一般每 667 米² 产量 550～600 千克，高产可达 750 千克。

品种利用意见：该品种适宜南阳市种植，每 667 米² 种植密度 4 000～4 500 株。5 月下旬麦垄点种或 6 月上旬麦收后足墒直播，苗期发育较慢。利用上，注意增施磷、钾肥提苗，重施拔节肥，大喇叭口期防治玉米螟。该品种耐密性、适应性强，产量稳定。

该品种是南阳市多年建议推广种植的品种。

2. 先玉 335

国审玉 2004017，豫审玉 2004014，铁岭先锋种子研究有限公司选育。株型半紧凑，夏播生育期 102 天。株高 285 厘米，穗位高 100 厘米；果穗筒型，穗长 18 厘米，穗行数 14～16 行，行粒数 34 粒，红轴；黄粒，半马齿型，千粒重 339.1 克，出籽率 86.8%。籽粒蛋白质 10%，粗脂肪 3.96%，粗淀粉 74.14%，赖氨酸 0.31%，容重 760 克/升，品质达普通玉米 1 等级国标，饲料玉米 1 等级国标。高抗茎腐病，抗大斑病、弯孢菌叶斑病、瘤黑粉病、矮花叶病，中抗小斑病，感玉米螟。一般每 667 米² 产量 600 千克左右，高产可达 750 千克左右。

品种利用意见：该品种适宜南阳市夏播种植，每 667 米² 适宜密度 4 000～4 500 株。利用上，注意防治大斑病、小斑病、矮花叶病和玉米螟；苗期注意适当蹲苗、控旺，提高抗倒性，预防后期倒伏，高产田要增施磷肥、钾肥和锌肥，以发挥其高产潜力。该品种轴细、出籽率高、成熟脱水快、产量高、抗性好。

该品种是南阳市 2009—2017 年度建议推广种植的品种。

3. 中科 4 号

豫审玉 2004006，河南省中科华泰玉米研究所、北京中科华泰科技有限公司、河南科泰种业有限公司联合选育。株型半紧凑，夏播生育期 99 天。株高 270 厘米，穗位 105 厘米；果穗中间型，穗长 19 厘米，穗行数 14～16 行，行粒数 36 粒，穗轴白色；偏硬粒型，黄白粒，千粒重 350 克左右，出籽率 84%。籽粒粗蛋白质 10.54%，粗脂肪 4.07%，粗淀粉 72.38%，容重 764 克/升，品质达普通玉米 1 等级国标，饲料玉米 1 等级国标。高抗小斑病、弯孢菌叶斑病、瘤黑粉病、矮花叶病，中抗玉米螟，感茎腐病。一般每 667 米² 产量 600 千克左右。

品种利用意见：该品种适宜南阳市种植，5 月下旬麦垄套种或 6 月上中旬麦后直播。每 667 米² 适宜密度 3 000～3 500 株。利用上，苗期注意适当蹲苗，依肥力水平控制种植密度，提高抗倒性，预防倒伏。高产田要增施磷肥、钾肥和锌肥，以发挥其高产潜力。

该品种是南阳市 2006—2012 年度建议推广种植的品种。

4. 蠡玉 16

冀审玉 2003001，豫引玉 2006022，河北石家庄蠡玉科技有限公司选育。株型半紧凑，夏播生育期 99 天。株高 253 厘米，穗位高 110 厘米；穗长 17 厘米，穗粗 5 厘米，穗行数 14～16 行，行粒数 33.7 粒，秃尖轻，白轴；黄粒，半马齿型，千粒重 323.7 克，出籽率 88.3%。籽粒蛋白质含量 8.7%，粗脂肪含量 3.72%，粗淀粉含量 75.24%，赖氨酸 0.26%。高抗矮花叶病，抗大斑病、小斑病，中抗黑粉病，感玉米螟。一般每 667 米² 产量 550～600 千克，高产可达 700 千克。

品种利用意见：该品种适宜南阳市夏播种植，5 月下旬麦垄套种或 6 月上旬麦后直播。每 667 米² 适宜密度 3 500 株左右。利用上，追肥要以前轻、中重、后补为原则，采取稳氮、增磷、补钾措施，喇叭口期及时防治玉米螟。苗期注意适当蹲苗，依肥力水平控制种植密度，提高抗倒性，预防倒伏。高产田要增施磷肥、钾肥和锌肥，以发挥其高产潜力。活秆成熟，适当迟收，发挥其产量潜力。

该品种是南阳市 2007—2017 年度建议推广种植的品种。

5. 豫禾 988

豫审玉 2008001，河南省豫玉种业有限公司选育。夏播生育期 96 天。株型紧凑，株高 248 厘米，穗位高 105 厘米；果穗中间型，穗长 18.1 厘米，穗粗 5 厘米，穗行数 14～16 行，行粒数 27 粒，黄粒，白轴，半马齿型，千粒重 316.2 克，出籽率 89.5%。高抗茎腐病、矮花叶病，中抗小斑病、大斑病、瘤黑粉病、南方锈病，抗弯孢霉叶斑病（3 级），感玉米螟。一般每 667 米² 产量 550～650 千克。

品种利用意见：该品种适宜南阳市麦后铁茬直播。6 月 10 日前播种，每 667 米² 密度 4 500 株。利用上，大喇叭口期重施肥，用辛硫磷颗粒丢芯，防治玉米螟。籽粒乳腺消失，出现黑色层时收获，以充分发挥该品种的高产潜力。

该品种是南阳市 2012—2016 年度建议推广种植的品种。

6. 郑单 988

豫审玉 2009001，河南省农业科学院粮食作物研究所选育。夏播生育期 96 天。株型半紧凑，株高 255 厘米，穗位高 105 厘米；果穗圆筒型，穗长 19.2 厘米，穗粗 5.2 厘米，穗行数 16.3 行，行粒数 36 粒；黄粒，红轴，半马齿型，千粒重 345 克，出籽率 88.7%。高抗茎腐病、瘤黑粉病，中抗南方锈病、大斑病、玉米螟，抗弯孢菌叶斑病，感小斑病，高感矮花叶病、粗缩病。一般每 667 米² 产量 550～650 千克，高产可达 700 千克。

利用意见：该品种适宜南阳市麦后铁茬直播。5 月下旬麦垄点种或 6 月 10 日前适时趁墒播种。一般肥力地块每 667 米² 3 500 株，上等肥力地块每 667 米² 3 800～4 000 株。利用上，在苗期可增施磷、钾肥，拔节期重施氮肥，灌浆期补施氮肥，在喇叭口期注意防治玉米螟。

该品种是南阳市 2012—2016 年度建议推广种植的品种。

7. 吉祥 1 号

豫审玉 2009015，武威市农业科学研究所选育。夏播生育期 96 天。株型紧凑，株高 261 厘米，穗位高 118 厘米；果穗筒型，穗长 17.1 厘米，穗粗 5.1 厘米，穗行数 15.6 行，行粒数 35.4 粒；黄粒，白轴，半马齿型，千粒重 328.3 克，出籽率 89.5%。高抗瘤黑粉病、矮花叶病，中抗小斑病、大斑病、弯孢菌叶斑病、茎腐病，感玉米螟。一般每 667 米² 产量

550～600 千克。

品种利用意见：该品种适宜南阳市麦后铁茬直播。播期 6 月 15 日以前，每 667 米² 播种密度 4 000 株。利用上，及时定苗和中耕除草，防治病虫害。重施拔节肥，大喇叭口期注意防治玉米螟。籽粒乳腺消失，出现黑色层时收获，以充分发挥该品种的高产潜力。

该品种为 2011—2012 年度南阳市建议推广种植的品种。

8. 登海 605

国审玉 2010009，山东登海种业股份有限公司选育。夏播生育期 100～101 天，比郑单 958 晚 1 天，株高 259 厘米，穗位高 99 厘米；果穗长筒型，穗长 18 厘米，穗行数 16～18 行，穗轴红色，籽粒黄色、马齿型，百粒重 34.4 克。高抗茎腐病，中抗玉米螟，感大斑病、小斑病、矮花叶病和弯孢菌叶斑病，高感瘤黑粉病、褐斑病和南方锈病。一般每 667 米² 产量 600 千克，高产可达 750 千克左右。

品种利用意见：该品种适宜南阳市麦后铁茬直播。播期 5 月下旬至 6 月上旬，每 667 米² 密度 4 000～4 500 株。利用上，大喇叭口期重施肥，适时晚收，籽粒乳腺消失，出现黑色层时收获，以充分发挥该品种的高产潜力。该品种穗大，轴细，活秆成熟，抗倒能力强，产量高。

该品种是南阳市 2011—2017 年度建议推广种植的品种。

9. 德单 5 号

豫审玉 2010021，北京德农种业有限公司选育。夏播生育期 100 天。株型紧凑，株高 257 厘米，穗位高 110～121 厘米；果穗筒型，穗长 14.5～15 厘米，穗粗 4.9～5 厘米，穗行数 14.9～15.1 行，行粒数 33.5～34.7 粒；黄粒，白轴，半马齿型，千粒重 294.7～311.6 克，出籽率 89.5%～90%。高抗大斑病，中抗小斑病、弯孢菌叶斑病，抗矮花叶病，感瘤黑粉病、茎腐病，高抗玉米螟（1 级）。一般每 667 米² 产量 600～650 千克，高产可达 750 千克。

品种利用意见：该品种适宜南阳市麦后铁茬直播，适宜机收。播期 6 月 12 日以前，种植密度以每 667 米² 4 500～5 000 株为宜。利用上，及时间苗、定苗和中耕锄草，及时防治病虫害。重施拔节肥和孕穗肥。籽粒乳腺消失，出现黑色层时收获，以充分发挥该品种的高产潜力。此品种抗病性好，丰产潜力大，耐高温，抗锈病突出，宜密植，活秆成熟。

该品种是南阳市 2015—2019 年度建议推广种植的品种。

10. 隆平 208

豫审玉 2011007，安徽隆平高科种业有限公司选育。夏播生育期 95～100 天。株型紧凑，株高 255～284 厘米，穗位高 108～121 厘米；果穗筒型，穗长 15.5～15.8 厘米，穗粗 5.2 厘米，穗行数 14～16 行，行粒数 31.2～34.3 粒，穗轴白色；籽粒黄色，半马齿型，千粒重 328.1～346.2 克，出籽率 88.7%～89.7%。高抗矮花叶病，中抗小斑病、弯孢菌叶斑病、瘤黑粉病，抗茎腐病，高感大斑病，中抗玉米螟（5 级）。一般每 667 米² 产量 550～650 千克。

品种利用意见：该品种适宜南阳市麦后铁茬直播。播期 6 月 10 日以前，每 667 米² 密度 4 000 株。利用上，大喇叭口期重施肥，同时用辛硫磷颗粒丢芯，防治玉米螟。籽粒乳腺消失，出现黑色层时收获，以充分发挥该品种的高产潜力。

该品种是南阳市 2012—2013 年度建议重点推广的品种。

11. 伟科 702

豫审玉 2011008，郑州伟科作物育种科技有限公司、河南金苑种业有限公司选育。夏播生育期 97～101 天。株型紧凑，叶片数 20～21 片，株高 246～269 厘米，穗位高 106～112 厘米；果穗筒型，穗长 17.5～18.0 厘米，穗粗 4.9～5.2 厘米，穗行数 14～16 行，行粒数 33.7～36.4 粒，穗轴白色；籽粒黄色，半马齿型，千粒重 334.7～335.8 克，出籽率 89％～89.8％。高抗大斑病、矮花叶病，中抗茎腐病，抗小斑病、弯孢菌叶斑病，高感瘤黑粉病，中抗玉米螟。一般每 667 米^2 产量 550～650 千克。

品种利用意见：该品种适宜南阳市麦后铁茬直播。播期在 6 月 15 日以前，每 667 米^2 密度 4 000 株。利用上，苗期注意防治蓟马、棉铃虫、黏虫、玉米螟等害虫，大喇叭口期重施肥，用辛硫磷颗粒丢芯，防治玉米螟。玉米籽粒乳腺消失，籽粒尖端出现黑色层时收获。

该品种是南阳市 2012—2014 年度建议重点推广的品种。

12. 桥玉 8 号

豫审玉 2011010，河南省利奇种子有限公司、沈阳雷奥现代农业科技开发有限公司选育。夏播生育期 96～98 天。株型紧凑，株高 289～294 厘米，穗位高 112～123 厘米；果穗筒型，穗长 17～17.3 厘米，穗粗 4.7～4.9 厘米，穗行数 12～16 行，行粒数 35.5～37.4 行，穗轴红色；黄白粒，半马齿型，千粒重 323.4～354.1 克，出籽率 86.1％～86.7％。高抗大斑病、瘤黑粉病，抗小斑病、弯孢菌叶斑病，感茎腐病，高感矮花叶病，中抗玉米螟。一般每 667 米^2 产量 550～650 千克。

品种利用意见：该品种适宜南阳市麦后铁茬直播，适宜机收。5 月 25 日至 6 月 10 日播种，密度每 667 米^2 4 000～4 500 株。利用上，浇好三水，即拔节水、孕穗水和灌浆水；苗期注意防止蓟马、蚜虫、地老虎；大喇叭口期用辛硫磷颗粒丢芯，防治玉米螟。玉米籽粒乳腺消失，籽粒尖端出现黑色层时收获。

该品种是 2012 年、2013 年南阳市机收区建议重点推广的品种。

13. 良硕 88

豫审玉 2013004，河南省南海种子有限公司选育。夏播生育期 98～103 天。株型紧凑，株高 265～273 厘米，穗位高 102～107 厘米；果穗柱型，穗长 17.7 厘米，秃尖长 0.7 厘米，穗粗 5 厘米，穗行数 12～16 行，行粒数 34.8 粒；穗轴红色，籽粒黄色，半马齿型，千粒重 330～405 克，出籽率 88.8％，田间倒折率 2％。高抗弯孢菌叶斑病，中抗茎腐病、小斑病、瘤黑粉病，抗大斑病，高感矮花叶病，感玉米螟。一般每 667 米^2 产量 550～600 千克，高产可达 700 千克。

品种利用意见：该品种适宜南阳市夏直播。6 月 15 日以前播种，每 667 米^2 密度 4 000 株。利用上，科学施肥，浇好三水，苗期注意蹲苗，防止蓟马、黏虫、地老虎；大喇叭口期用辛硫磷颗粒丢芯，防治玉米螟。籽粒乳腺消失，出现黑色层时收获，以充分发挥该品种的高产潜力。

该品种是南阳市 2014—2017 年度建议重点推广的品种。

14. 裕丰 303

国审玉 2015010，北京联创种业股份有限公司选育。黄淮海夏玉米区出苗至成熟 102 天，与郑单 958 相当。株高 270 厘米，穗位高 97 厘米，成株叶片数 20 片，花丝淡紫到紫色；果穗筒型，穗长 17 厘米，穗行数 14～16 行；穗轴红色，籽粒黄色，半马齿型，百粒重

33.9 克。中抗弯孢菌叶斑病，感小斑病、大斑病、茎腐病，高感瘤黑粉病、粗缩病和穗腐病。2013—2014 年参加黄淮海夏玉米品种区域试验，两年平均每 667 米² 产量 684.6 千克，比对照增产 4.7%；2014 年生产试验，每 667 米² 产量 672.7 千克，比对照郑单 958 增产 5.6%。

品种利用意见：该品种适宜南阳市夏直播。6 月 15 日前播种，种植密度每 667 米² 3 800～4 200 株。利用上，注意防治粗缩病、穗腐病和瘤黑粉病。

该品种是南阳市 2016—2017 年度建议重点推广的品种。

15. 农大 372

国审玉 2015014，北京华奥农科玉育种开发有限公司选育。黄淮海夏玉米区出苗至成熟 103 天，与对照郑单 958 相当。幼苗叶鞘紫色，叶片绿色，叶缘浅紫色，花药浅紫色，颖壳浅紫色；株型半紧凑，株高 280 厘米，穗位高 105 厘米，成株叶片数 21 片；花丝绿色，果穗长筒型，穗长 21 厘米，穗行数 14～16 行，穗轴红色，籽粒黄色，半马齿型，百粒重 35.7 克。中抗小斑病和腐霉茎腐病，抗镰孢茎腐病和大斑病，感弯孢叶斑病、茎腐病和穗腐病，高感瘤黑粉病和粗缩病。2013—2014 年参加黄淮海夏玉米品种区域试验，两年平均每 667 米² 产量 691.1 千克，比对照增产 6.1%；2014 年生产试验，每 667 米² 产量 689.3 千克，比对照郑单 958 增产 8.3%。

品种利用意见：该品种适宜南阳市中等肥力以上地块夏直播。6 月上中旬播种，种植密度每 667 米² 4 500～5 000 株，每 667 米² 施农家肥 2 000～3 000 千克或三元复合肥 30 千克作为基肥，大喇叭口期每 667 米² 追施尿素 30 千克。注意防治瘤黑粉病、粗缩病。

该品种是南阳市 2016—2017 年度建议重点推广的品种。

16. 联创 808

国审玉 2015015，北京联创种业股份有限公司选育。夏播生育期生育期 100～102 天，比郑单 958 早熟 1 天。株型半紧凑，株高 285 厘米，穗位高 102 厘米；果穗筒型，穗长 18.3 厘米，穗行数 14～16 行；穗轴红色，籽粒黄色，半马齿型，百粒重 32.9 克。中抗大斑病，感小斑病、粗缩病和茎腐病，高感弯孢叶斑病、瘤黑粉病和粗缩病。一般每 667 米² 产量 600 千克。

品种利用意见：该品种适宜南阳市麦后铁茬直播。5 月下旬至 6 月上旬播种，种植密度每 667 米² 4 000 株左右。利用上，大喇叭口期重施肥，用辛硫磷颗粒丢芯，防治玉米螟。籽粒乳腺消失，出现黑色层时收获，以充分发挥该品种的高产潜力。

该品种是南阳市 2016 年、2017 年建议重点推广的品种。

17. 迪卡 653

豫审玉 2015011，中种国际种子有限公司选育。夏播生育期 98～105 天。株型半紧凑，株高 270～281.2 厘米，穗位高 118～123 厘米，田间倒折率 0.1%～5.2%；果穗筒形，穗长 16.3～17.2 厘米，秃尖长 0.4 厘米，穗粗 4.6～4.7 厘米，穗行数 12～16 行，行粒数 36.4～38.8 粒；穗轴白色，籽粒黄色，半马齿型，千粒重 348.7～353.3 克，出籽率 89.2%～91.1%。中抗大斑病，抗弯孢菌叶斑病、茎腐病、小斑病，感瘤黑粉病，高感矮花叶病，感玉米螟。一般每 667 米² 产量 600～650 千克，高产可达 750 千克。

品种利用意见：该品种适宜南阳市夏直播。播期在 6 月 15 日以前，密度以每667 米² 4 500～5 000 株为宜。利用上，及时防治病虫害，苗期喷施农药防治蓟马和地下害虫，大喇叭口期丢心，防治玉米螟。籽粒乳腺消失，籽粒尖端出现黑色层时收获。该品种耐密性好，抗倒性强，产量高。

该品种是南阳市 2017—2019 年度重点推广的品种。

18. 中科玉 505

豫审玉 2016002，北京联创种业股份有限公司选育。夏播生育期 98～104 天。株型半紧凑，株高 275～279.1 厘米，穗位高 98～116.4 厘米；果穗筒型，穗长 18～18.9 厘米，穗粗 4.5～5 厘米，穗行数 14～18 行，行粒数 35～35.4 粒，出籽率 87.1%～88.3%，秃尖长 1.2～1.3 厘米；籽粒黄色，半马齿型，穗轴红色；千粒重 329～388.2 克。平均田间倒折率 0.2%～1%，倒伏率 0～2.7%，空秆率 0.4%～1.1%，双穗率 1.2%。高抗瘤黑粉病，中抗小斑病和穗腐病，抗弯孢菌叶斑病、锈病，感茎基腐病，抗玉米螟。一般每 667 米² 产量 600～650 千克，高产可达 750 千克。

品种利用意见：该品种适宜南阳市麦后铁茬直播。6 月上旬麦后直播，每 667 米² 密度 4 000 株。利用上，科学施肥，浇好三水，即拔节水、孕穗水和灌浆水；苗期注意防止蓟马、蚜虫、地老虎；大喇叭口期用辛硫磷颗粒丢芯，防治玉米螟。玉米籽粒乳腺消失，尖端出现黑色层时收获。机械化籽粒直收在成熟后 3～5 天收获最好。该品种穗大，轴细，产量高，籽粒脱水快，抗倒性好。

该品种是南阳市 2018 年、2019 年大面积重点推广的品种。

三、棉花外地品种

1. 冀杂 3268

冀审棉 2005005，河北省农林科学院棉花研究所、河北冀丰棉花科技有限公司选育。春播生育期约 129 天。株高 84.9 厘米，植株塔型，较紧凑，茎秆多绒毛；叶片大小中等，叶色淡绿；铃较大，卵圆型，结铃性强；单株果枝数 12.4，第一果枝着生节位 6.3 节，单株结铃数 14.1 个，铃重 6.2 克，籽指 11.2 克，衣分 41.7%，霜前花率 93.8%。衣分高，吐絮畅，早熟性好，高抗枯萎病，耐黄萎病，适应性广，纤维品质优良。抗棉铃虫、红铃虫等鳞翅目害虫。一般每 667 米² 籽棉产量 200～300 千克，高产可达 350 千克以上。

品种利用意见：该品种属转基因抗虫杂交一代春棉品种，适宜南阳市棉区春棉种植。4 月上中旬拱棚育苗，5 月上旬移栽，地膜棉田 4 月 15～25 日。高水肥地块种植密度为每 667 米² 1 500～2 000 株，中等地力地块每 667 米² 2 000～2 500 株。及时防治棉田害虫，加强后期肥水管理和化控，注意后期防早衰。

2. 鄂杂棉 10 号

又名太 D5，国审棉 2005014，鄂审棉 2005003，湖北惠民种业有限公司、中国农业科学院生物技术研究所选育。该品种为转基因抗虫棉杂交种，春播生育期约 135 天。植株塔形，株高 107.1 厘米，茎秆粗壮、茸毛较多；叶片较大、深绿色；第一果枝节位 7.1 节，单株果枝数 17.2 个，单株结铃 24.4 个，铃卵圆形，单铃重 5.5 克，吐絮畅，籽指 10.6 克，衣分 41.3%，霜前花率 79.9%。耐枯萎病、黄萎病，高抗棉铃虫、红铃虫。纤维长度 30.9 毫米，马克隆值 4.7。一般每 667 米² 籽棉产量 250～300 千克，高产可达 350 千克以上。

品种利用意见：该品种属转基因抗虫杂交一代春棉品种，适宜南阳市棉区春棉种植。4 月上旬育苗播种。中等肥力地块移栽密度每 667 米² 1 500～1 800 株。利用上，早施重施花铃肥，早施多施盖顶肥，防止早衰。化控遵循少量多次的原则，注意防治三、四代棉铃虫，同时做好其他病虫害防治工作。

3. 冀杂 1 号

国审棉 2006010，河北省农林科学院棉花研究所、中国农业科学院生物技术研究所选育。该品种为转基因抗虫杂交一代品种，黄河流域棉区春播全生育期 135 天。株型较紧凑，株高 95.1 厘米，叶片中等偏大、深绿色，第一果枝节位 7.4 节，单株结铃 16.2 个，铃卵圆形，铃壳薄，苞叶大，吐絮畅而集中，单铃重 5.8 克，衣分 40.1%，籽指 11 克，霜前花率 91.2%。出苗较快，前中期长势健壮、整齐，高抗枯萎病，抗黄萎病，抗棉铃虫。HVICC 纤维上半部平均长度 30.7 毫米，断裂比强度 31.3 厘牛/特克斯，马克隆值 4.7，断裂伸长率 6.5%，反射率 74.2%，黄色深度 8.1，整齐度指数 85.4%。一般每 667 米² 籽棉产量 250～300 千克，高产可达 350 千克以上。

品种利用意见：该品种属转基因抗虫杂交春棉品种，适宜南阳市棉区春棉种植。地膜覆盖育苗 4 月中旬，露地直播 4 月下旬播种。中等地力田块移栽密度每 667 米² 2 500～3 500 株。利用上，施足底肥，重施花铃肥，适时喷施叶面肥；根据长势适时适量化控；注意防治蚜虫、红蜘蛛、盲蝽象等非鳞翅目害虫。

4. 石杂 101

国审棉 2009012，石家庄市农业科学研究院、中国农业科学院生物技术研究所选育。该品种属转抗虫基因中熟杂交一代品种，黄河流域棉区春播生育期 120 天。出苗较快，前、中期长势和整齐度好，后期一般。株高 105.5 厘米，株型松散，茎秆粗壮、茸毛稀，叶片较大、色浅绿，子叶肥大，第一果枝节位 7.1 节，单株结铃 18.6 个，铃长卵圆形，吐絮畅，单铃重 6.3 克，衣分 38.6%，籽指 11.2 克，霜前花率 93.1%。耐枯萎病，耐黄萎病，抗棉铃虫。一般每 667 米² 籽棉产量 200～300 千克，高产可达 350 千克以上。

品种利用意见：该品种适宜南阳市棉区春直播或麦棉套作种植。营养钵育苗移栽 4 月初，地膜覆盖 4 月中旬，露地直播 4 月 20 日前后播种。高肥水地块密度为每 667 米² 1 500～2 000 株，中等肥水地块每 667 米² 2 500 株，旱薄地每 667 米² 3 000 株以上。利用上，以有机肥和磷、钾肥为主，追肥以氮肥和钾肥为主，根据天气和棉花长势合理化控，二代棉铃虫一般年份不需防治，三、四代棉铃虫当每百株二龄以上幼虫超过 5 头时应及时防治，全生育期注意防治棉蚜、红蜘蛛、盲蝽象等其他害虫。

5. 新科棉 2 号

豫审棉 2009012，河南省新乡市农业科学院选育。该品种属单价转基因抗虫杂交春棉品种，生育期 120 天。出苗好，前期长势强，后期长势稳；植株塔形，松散，株高 104.8 厘米；叶片大小适中，叶色较深；结铃性强，铃卵圆形，铃重 5.8 克；吐絮畅，易采收。平均第一果枝节位 6 节，单株果枝数 14.8 个，单株结铃数 27.1 个，籽指 11 克，衣分 38.1%，霜前花率 92.9%。抗枯萎病，耐黄萎病。二代棉铃虫蕾铃被害减退率 53.8%，三代棉铃虫幼虫死亡率 80%，叶片受害级别 2 级，抗棉铃虫。一般每 667 米² 籽棉产量 200～300 千克。

品种利用意见：该品种适宜南阳市棉区春直播或麦棉套作种植。露地直播 4 月 20～25 日，地膜覆盖播期 4 月 15～20 日，麦棉套种育苗期为 4 月 5～15 日，移苗时间为 5 月 10～20 日。一般棉田密度每 667 米² 1 800～2 200 株，高水肥棉田每 667 米² 1 300～1 600 株，土壤肥力较差的棉田每 667 米² 2 200～2 500 株。利用上，早施、重施花铃肥，适当补施盖顶肥，适时化控，高水肥棉田化控 2～3 次。防后期早衰，加强病情预测与防治，苗期做好棉花蚜虫和红蜘蛛的防治，中期注意棉花伏蚜、盲椿象、棉粉虱等的防治。

6. 银山 8 号

豫审棉 2010005，河南省农业科学院经济作物研究所选育。该品种属单价转基因抗虫常规春棉品种，生育期 124 天。出苗较快，健壮，整个生育期长势强；植株塔型，稍松散，株高 111.8 厘米；叶片中等大小，叶色深绿；结铃性强，铃卵圆形中等大小；平均第一果枝节位 6.6 节，单株果枝数 13.7 个，单株结铃 20.1 个，铃重 5.7 克，籽指 10.5 克，衣分 42.6%，霜前花率 92%；吐絮畅，易采摘，纤维色泽洁白。一般每 667 米^2 籽棉产量 200～300 千克。

品种利用意见：该品种适宜南阳市棉区春直播或麦棉套作种植，营养钵育苗 4 月上旬播种，地膜覆盖 4 月中旬播种。中高肥力地块种植密度为每 667 米^2 1 500～1 800 株，一般肥力地块每 667 米^2 2 000 株左右。利用上，早施、重施花铃肥，适当补施盖顶肥，适时化控，防后期早衰。一般年份二代棉铃虫不需防治，三、四代棉铃虫当每百株二龄以上幼虫超过 5 头时，应及时防治。棉花全生育期应注重防治红蜘蛛、盲蝽象等非鳞翅目害虫。

7. 国欣棉 10 号

豫审棉 2012001，河间市国欣农村技术服务总会选育。该品种属双价转抗虫基因杂交春棉品种，生育期 124 天。植株塔型、松散，株高 107.5 厘米，果枝上举；叶片掌状，中等大小，叶色深绿，后期叶功能好；茎秆粗壮，茸毛较多；结铃性强，铃卵圆形偏大；吐絮畅，集中，易收摘，纤维色泽洁白；抗病性较好。平均第一果枝节位 6.5 节，单株果枝数 14.7 个，单株结铃数 23.7 个，铃重 6.9 克，籽指 11 克，衣分 42.1%，霜前花率 91.6%。枯萎病情指数 6.3，黄萎病情指数 26，抗枯萎病，耐黄萎病。抗虫株率 100%，Bt 蛋白表达量 2 314，高抗棉铃虫。一般每 667 米^2 籽棉产量 200～250 千克。

品种利用意见：该品种适宜南阳市各棉区春直播和麦棉套作种植。露地直播 4 月 20～30 日，地膜覆盖 4 月 10～20 日，育苗移栽 4 月 1～10 日育苗、5 月 10～25 日移栽。一般棉田种植密度每 667 米^2 2 000～2 500 株。利用上，重施有机肥，增施磷、钾肥，合理施用氮肥，蕾铃期注意喷施硼肥。花铃期酌情化控，一般每 667 米^2 每次用缩节胺 1～1.5 克，根据棉田密度、长势去除叶枝与赘芽，7 月 20 日左右打顶。及时防治棉蚜、盲蝽象等害虫。

8. 郑杂棉 6 号

豫审棉 2013003，郑州市农林科学研究所、河南省中创种业短季棉有限公司、荆州市晶华种业科技有限公司选育。该品种属单价转抗虫基因杂交春棉品种，生育期 125 天。植株塔型，较紧凑，株高 106.5 厘米；叶片较大，叶色浓绿，茎叶绒毛中等；结铃性强，铃卵圆形，较大；平均第一果枝节位 6.7 节，单株果枝数 14.4 个，单株结铃 24.6 个，铃重 6.3 克，衣分 42.3%，籽指 11.3 克，霜前花率 93.6%；吐絮畅，易采摘，纤维色泽洁白。抗枯萎病，耐黄萎病。抗虫株率 100%，抗棉铃虫。一般每 667 米^2 籽棉产量 250～300 千克。

品种利用意见：该品种适宜南阳市棉区春直播和麦棉套作种植。露地直播 4 月 25 日前后播种，地膜覆盖 4 月 15～25 日，营养钵育苗移栽 4 月 5～15 日。高水肥地块种植密度为每 667 米^2 1 500～2 000 株，中等肥力地块每 667 米^2 2 000～2 500 株，旱薄地每 667 米^2 2 500～3 000 株。利用上，重施花铃肥，补施盖顶肥。根据棉花长势及天气情况，合理化控。二代棉铃虫一般年份不需防治，三、四代棉铃虫当每百株幼虫达到 10 头时应及时防治，全生育期注意防治棉蚜、红蜘蛛、盲蝽象等其他害虫。

9. 百棉 15

豫审棉 2016008，河南科技学院选育。该品种属单价转基因常规春棉品种，生育期110～122天。植株塔型，较松散，株高 92.9～101.7 厘米；叶色绿，叶片大小适中，茎秆茸毛稀；铃卵圆形，结铃较好，吐絮畅，易收摘。第一果枝节位 6.3～6.5 节，单株果枝数13.3～14.3 个，单株结铃 19～21.5 个，单铃重 5.8～6.4 克，籽指 10.5～11.4 克，衣分39.2%～41%，霜前花率 83.8%～94.9%。高抗枯萎病，感黄萎病。抗虫株率 98%，Bt 蛋白表达量 704，抗棉铃虫。一般每 667 米² 籽棉产量 250～300 千克。

品种利用意见：该品种适宜南阳市棉区春棉种植。春直播或地膜覆盖要求 4 月 15～20日播种；营养钵育苗要求 4 月初播种，4 月底 5 月初移栽。适宜的密度为每 667 米² 2 500～3 000株；高水肥田，适宜密度为每 667 米² 1 800～2 500 株。利用上，增施有机肥和磷、钾肥，同时花铃期适当早施肥，提高铃重。适时化控，防后期早衰，加强病情预测，提前喷杀菌剂防治，注意棉田第四代棉铃虫及鳞翅目以外的棉田害虫的防治。前期注意防治蚜虫、红蜘蛛、蓟马；中期注意防治夜蛾类及介壳类害虫；后期注意第四代棉铃虫防治。

四、水稻外地品种

1. 豫农粳 6 号

豫审稻 2010006，河南农业大学农学院、河南米禾农业有限公司选育。豫农粳 6 号属中晚熟常规粳稻品种，全生育期 162 天。株高 94.9 厘米，茎秆粗壮，剑叶宽长，光叶，分蘖力、成穗率中等；平均每 667 米² 有效穗 21.6 万，每穗粒数 102.9 粒，结实率 76.6%，千粒重 26.4 克，具香味。对稻瘟病菌代表菌株 ZC15、ZD7、ZE3 和 ZF1 均表现为免疫（0级），对 ZB10 和 ZG1 表现为中抗（3 级）；对穗颈瘟表现为中抗（2 级）；对白叶枯病 4 个不同致病型代表菌株 JS-49-6 表现为抗病（1 级），PX079 表现为中抗（3 级），浙 173 表现为中感（5 级），对 KS-6-6 表现为感病（7 级）；对纹枯病表现为中感（MS）。田间条纹叶枯病自然鉴定感病率为 2%。一般每 667 米² 产量 550～650 千克。

品种利用意见：该品种适宜南阳市籼改粳稻区种植。5 月上旬播种，采用浸种消毒，秧田每 667 米² 用种量 30 千克左右。秧龄应控制在 30～40 天，稀播培育带蘖壮秧。该品种分蘖力中等，应适当密植，栽插规格 30 厘米×13.3 厘米，每穴 3～4 株苗，每 667 米² 基本苗7.5 万～8 万。利用上，本田期注意氮、磷、钾配合施用，早施分蘖肥，促进分蘖早生快发。本田管理采取深水返青、浅水分蘖、够苗晒田、深水抽穗及灌浆前以湿为主、灌浆后期以干为主的灌溉方法。

2. 冈优 737

豫审稻 2010010，四川中科种业有限责任公司选育。冈优 737 属中籼"三系"杂交稻品种，全生育期 151 天。株高 127.7 厘米，株型紧凑，分蘖力强，长势繁茂，叶色淡绿，剑叶上举，茎秆粗壮，穗大粒多，熟相好，穗层整齐；每 667 米² 有效穗 13.9 万，每穗粒数193.7 粒，结实率 81.6%，千粒重 30.6 克。对稻瘟病菌代表菌株 ZB10、ZC15、ZD7、ZE3、ZF1 和 ZG1 均表现为免疫（0 级）；对穗颈瘟表现为抗病（1 级）；对白叶枯病 4 个不同致病型代表菌株 KS-6-6 表现为中抗（3 级），对 JS-49-6 表现为中感（5 级），对PX079 和浙 173 表现为中感（7 级）；对纹枯病表现为中抗（MR）。一般每 667 米² 产量

600~650 千克，高产可达 700 千克以上。

品种利用意见：该品种适宜南阳市籼稻区种植。4 月中下旬至 5 月上旬播种，秧龄 35~40 天，培育多蘖壮秧，适时移栽。一般每 667 米² 栽 1.5 万穴左右。利用上，合理施肥，氮、磷、钾配合施用。浅水勤灌促早发，适时晒田控生长，干湿交替保水扬花。科学施药，加强防治病虫害。

3. 新粳优 1 号

豫审稻 2011001，河南省新乡市农业科学院选育。新粳优 1 号属三系杂交粳稻品种，平均全生育期 161.2 天，比对照 9 优 418 早熟 0.8 天。株高 125.4 厘米，分蘖力较强，穗大粒多，穗长 19.7 厘米，平均每穗总粒数 211.5 粒，实粒数 154.3 粒，结实率 73.4%，千粒重 23.7 克。抗苗瘟，中抗穗颈瘟，中抗纹枯病，抗白叶枯病。一般每 667 米² 产量 600~650 千克。

品种利用意见：该品种适宜南阳市籼改粳稻区种植。一般进行麦茬稻栽培，4 月底至 5 月初播种，南部稻区可推迟到 5 月中下旬播种。秧田每 667 米² 播种量为 20~30 千克，秧龄 30~35 天，稀播培育壮秧。6 月上中旬移栽，中上等肥力地块栽插规格 13.3 厘米×30 厘米，每穴 2~3 苗；高肥力田块行距可增大至 13.3 厘米×33 厘米，每穴 2~3 苗。利用上，在施足底肥的基础上，并配以磷、钾肥；追肥以尿素为主。早施、重施分蘖肥，促蘖早生快发，提高成穗数，收获前 7 天左右断水，适期收获。在整个生长季节及时防治病虫草害，做好稻飞虱、二化螟、稻纵卷叶螟以及纹枯病等的防治工作。

4. D 优 2035

豫审稻 2012007，江苏省大华种业集团有限公司选育。D 优 2035 属中籼迟熟型三系杂交水稻品种，平均全生育期 152.5 天，比对照 Ⅱ 优 838 晚熟 2.7 天。株型紧凑，株高 131.3 厘米，长势繁茂；叶色浓绿，叶片短而上举，后期转色好；大田基本苗 7.6 万株，最高分蘖 25 万株，有效穗 16.6 万，穗长 26.5 厘米，平均每穗总粒数 178.4 粒，实粒数 147.6 粒，结实率 83%，千粒重 30.4 克。抗稻瘟病（0 级），中抗穗颈瘟（2 级），抗纹枯病，对水稻白叶枯病代表菌株浙 173 和 KS-6-6 和 JS49-6 表现感病（5 级），对 PX079 表现中抗（3 级）。一般每 667 米² 产量 600~650 千克，高产可达 700 千克以上。

品种利用意见：该品种适宜南阳市南部稻区种植。春稻栽培在 4 月 20 日左右播种，麦茬稻栽培以 4 月 25 日左右播种为宜。大田每 667 米² 用种 1 千克，秧龄控制在 35 天左右。两段育秧可适当提早播种，每 667 米² 用种量 0.5~0.75 千克。移栽密度以 16.7 厘米×26.7 厘米或 16.7 厘米×23.3 厘米为宜，每 667 米² 插 1.5 万~1.7 万穴，每穴 2 株苗。利用上，在增施有机肥的基础上，重施底肥，并注意氮、磷、钾肥的搭配使用，分蘖肥要在移栽后 4~6 天施入，力争早施促早发，结合追肥的施用进行化学除草。水分管理采用前期注意浅水勤灌促分蘖，中期适时晒田，灌浆中后期干湿交替至成熟，保根养叶增加粒重。移栽前主要是加强对稻蓟马的防治，做到带药下田，水稻生长的中后期加强对稻纵卷叶螟和三化螟三代的防治。

5. 冈优 808

豫审稻 2012013，绵阳市奎丰种业有限公司选育。冈优 808 属三系杂交籼稻品种，平均全生育期 152.8 天，比对照 Ⅱ 优 838 晚熟 1.4 天。株高 139.6 厘米，株型适中，长势繁茂；叶色淡绿，叶片宽大上举；大田基本苗每 667 米² 7.1 万株，最高分蘖 21.8 万株，有效穗 14.6 万；穗长 25.6 厘米，平均每穗总粒数 207.3 粒，实粒数 165.6 粒，结实率 80.3%，千粒重 30.4 克。抗稻瘟病（0 级），中抗穗颈瘟（2 级），抗纹枯病，对水稻白叶枯病代表菌株浙 173 和 KS－6－6 和 PX079 表现为感病（5 级），对 JS49－6 表现中抗（3 级）。一般每 667 米² 产量 600～650 千克，高产可达 700 千克以上。

品种利用意见：该品种适宜南阳市稻区高水肥地种植。4 月中下旬播种，水育秧秧龄以 30 天为宜，最多不超过 35 天；5 月上旬播种，秧龄以 25 天为宜，最多不超过 30 天。实行旱育秧或盘育秧，培育多蘖壮秧，每 667 米² 用种量 1～1.25 千克，合理密植，以每 667 米² 栽 1.2 万～1.5 万穴为宜，每穴 2 粒，每 667 米² 有效穗控制在 15 万～18 万。利用上，注意合理施肥：重底肥，氮、磷、钾肥配合施用，忌偏施氮肥，后期应控制氮肥施用，超高产栽培应适当增施磷、钾肥。大田采取浅水栽秧、寸水活棵、薄水促蘖、每 667 米² 18 万～20 万苗晒田、深水孕穗扬花、湿润灌浆到成熟的灌溉方法，尽量促其早发分蘖成穗，争取高产，及时防治病虫害。

6. 广两优 18

豫审稻 2013002，四川嘉禾种子有限公司选育。广两优 18 属中籼迟熟两系杂交水稻品种，全生育期 147 天。株型紧凑，株高 120 厘米，茎秆粗壮，分蘖力强；主茎叶片数 16～18 片，剑叶短而上举，叶色浓绿；穗长 26～28 厘米，每 667 米² 有效穗数 15 万～17 万，每穗总粒数 195.2 粒，结实率 85% 以上，千粒重 30 克。对稻瘟病苗瘟代表菌株 ZB29、ZC15、ZD1、ZE3、ZF1 和 ZG1 表现为免疫（0 级）；对穗颈瘟人工鉴定为中抗（2 级），田间鉴定为抗病（1 级）；对水稻白叶枯病代表菌株 PX079、JS－49－6、KS－6－6 均表现为中感（5 级），对浙 173 表现为感病（7 级）；对纹枯病中等致病力菌株 RH－2 表现抗病。一般每 667 米² 产量 600～650 千克。

品种利用意见：该品种适宜南阳市稻区种植。一般 4 月中下旬播种，秧田每 667 米² 播种量 7.5～10 千克，大田用种量 0.75 千克左右。最佳秧龄 35 天左右，稀播培育壮秧。一般中等地力大田栽插规格 16.7 厘米×26.6 厘米，每 667 米² 栽 1.5 万穴左右；高肥力田块栽插规格 16.7 厘米×33.3 厘米，每 667 米² 栽 1.2 万穴左右，每穴 2 株苗。利用上，合理施肥，重施底肥，早追分蘖肥，氮、磷、钾合理配比施肥。科学灌水，做到寸水活棵、浅水分蘖、够苗及时晒田、抽穗扬花期保持深水层、灌浆期干干湿湿到成熟，后期忌断水过早。根据病虫测报，及时防治二化螟、稻纵卷叶螟、稻曲病以及纹枯病等病虫害。

7. Y 两优 551

豫审稻 2014006，长沙利诚种业有限公司选育。Y 两优 551 属籼型两系杂交水稻品种，全生育期 138～149 天。株高 124.1～128.8 厘米，株型紧凑，茎秆粗壮；叶片上举、内卷，主茎叶片数 16 片，穗长 26～27.2 厘米，每 667 米² 有效穗 14.3 万～16 万穗，每穗总粒数 173.4～203.7 粒，实粒数 135.6～163.1 粒，结实率 78.2%～88%，千粒重 27.7～28.7 克。2012 年经江苏农业科学院植物保护研究所鉴定，对稻瘟病各代表菌株表现为免疫；纹枯病人工接种表现为感病；对水稻白叶枯病代表菌株浙 173、JS－49－6、KS－6－6 表现为感病（7 级）；对 PX079 表现为中感（5 级）；纹枯病表现为感；2013 年对稻瘟病表现为中抗，对水稻白叶枯病代表菌株浙 173 表现为感（7 级），对 KS－6－6、JS－49－6 表现为中感（5 级），对 PX079 表现为中抗（3 级），对纹枯病表现为抗。一般每 667 米² 产量 550～650 千克，高产可达 700 千克以上。

品种利用意见：该品种适宜南阳市籼稻区种植。4 月底至 5 月初播种为宜，秧田播种量每 667 米^2 10 千克，秧龄控制在 30 天以内。栽插采用宽行窄距，20 厘米×26.7 厘米为宜，保证成穗率和有效大穗，每穴插 1～2 株谷苗，确保每 667 米^2 15 万～16 万穗。利用上，科学施肥，重施底肥，早施分蘖肥，兼顾穗肥，中后期增施钾肥。水田管理要浅水栽秧、寸水活棵、薄水分蘖、深水孕穗扬花，后期干干湿湿，切忌断水过早，以免影响结实率及充实度。注意螟虫、稻飞虱和稻曲病的综合防治工作，特别是在抽穗破口前和灌浆后期注意防治稻曲病。

五、大豆外地品种

1. 豫豆 22

国审豆 20000005，河南省农业科学院经济作物研究所选育。豫豆 22 属夏大豆中早熟品种，有限结荚习性，夏播生育期 100～103 天。株高 85.2 厘米，分枝 2.5 个；叶形圆，叶色绿；紫花，灰毛；单株荚 45 个，荚熟色褐；粒形圆，种皮色黄，有光泽，脐色褐，百粒重 19.3 克左右。抗花叶病毒病，抗裂荚。南阳市一般每 667 米^2 产量 140～200 千克。

品种利用意见：该品种适宜南阳市麦后铁茬直播种植。6 月上中旬为适宜播期，每 667 米^2 播种量 4～5 千克，出苗后人工间苗，每 667 米^2 留苗 1.2 万～1.5 万株。适时中耕，注意排灌治虫。高肥水地块苗期注意蹲苗，以防倒伏。

2. 中黄 13

国审豆 2001008，中国农业科学院作物所选育。有限结荚习性，夏播生育期 100～105 天，春播为 130～135 天。株高 50～70 厘米，主茎节数 14～16 节，结荚高度在 10～13 厘米，有效分枝 3～5 个；籽粒椭圆形，种皮黄色，百粒重为 24～26 克，脐褐色，紫斑率和虫蚀率低，商品品质较好。中抗孢囊线虫，抗大豆花叶病毒病和根腐病。成熟时全部落叶，不裂荚。抗倒伏，抗涝，属于高产、高蛋白、抗病品种，本品种增产潜力大，南阳市一般每 667 米^2 产量 150～200 千克，如肥水等管理措施得当，每 667 米^2 产量可达 250 千克左右。

品种利用意见：该品种适宜南阳市麦后铁茬直播种植。6 月上中旬为适宜播期，每 667 米^2 播种量 4～5 千克，每 667 米^2 密度 1.7 万～2 万株，肥地宜稀，瘦地宜密。利用上，每 667 米^2 施磷酸二铵 10～15 千克、钾肥 5 千克。开花前后注意防治蚜虫，整个生育期注意防治病虫害。注意前期锄草，后期及时拔大草。本品种属大粒型，在出苗及鼓粒期需要充足水分，应及时灌溉。

3. 濮豆 206

豫审豆 2011003，河南省濮阳农业科学研究所选育。有限结荚习性，生育期 106 天。叶卵圆形，深绿色，株高 82.2 厘米，有效分枝 2.6 个；紫花，灰毛，灰褐色荚，单株有效荚数 36.7 个，单株粒数 171.9 粒，百粒重 20.4 克；籽粒椭圆形，种皮黄色，褐色脐。抗花叶病 SC-3，抗 SC-7，紫斑率 0.5%，褐斑率 0.8%。南阳市一般每 667 米^2 产量 140～200 千克，具有达到 250 千克的增产潜力。

品种利用意见：该品种适宜南阳市麦后铁茬直播种植。适播期 6 月上中旬，每 667 米^2 播种量 5 千克，行距 0.4 米，株距 0.13 米，密度每 667 米^2 1.25 万株左右。利用上，注意氮、磷、钾合理配比施肥，适时中耕，注意排灌治虫。遇弱苗或肥力不足地块，可在 7 月中旬分枝期每 667 米^2 追施磷酸二铵 10 千克左右、氯化钾 3 千克左右、尿素 2 千克左右，或每 667 米^2 追氮、磷、钾复合肥 15～20 千克。可用菊酯类和有机磷类农药防治害虫。

4. 周豆 20

豫审豆 2013005，周口市农业科学院选育。周豆 20 属有限结荚中熟品种，全生育期 107.7 天。株型紧凑，株高 93.4 厘米；叶椭圆形，叶色深绿；有效分枝 2.5 个，主茎节数 16～17 个；紫花，灰毛，荚黄褐色；单株有效荚数 56.6 个，单株粒数 118.8 粒，百粒重 19 克；籽粒椭圆形，种皮黄色，脐褐色，有微光；整齐度好，成熟落叶性好；抗倒伏性 1.7 级，症青株率 0.8％，对大豆花叶病毒病 SC3 表现中感，对 SC7 表现感病。南阳市一般每 667 米^2 产量 150～200 千克。

品种利用意见：该品种适宜南阳市麦后铁茬直播种植。适播期 6 月上中旬，每 667 米^2 播种量 5～6 千克，行距 0.4 米，株距 0.13 米，密度为每 667 米^2 1.3 万～1.6 万株。利用上，要早间、定苗，早中耕除草，注意排灌治虫。

5. 驻豆 19

豫审豆 2015002，驻马店市农业科学院选育。驻豆 19 属有限结荚中熟品种，生育期 109.5～118 天。株型紧凑，株高 65.4～80.4 厘米；叶绿色，叶片卵圆形；主茎节数 15.6～16.8 节，有效分枝数 2.6～3 个；紫花，灰毛，荚灰褐；单株有效荚数 47.1～54.4 个，单株粒数 93.4～100.9 粒，百粒重 20.5～22.4 克；籽粒椭圆形，种皮黄色，脐褐色；成熟时不裂荚，落叶性好。抗倒性 0.7～0.8 级。对花叶病毒病 SC3 表现中抗，对 SC7 表现中感。南阳市一般每 667 米^2 产量 140～200 千克。

品种利用意见：该品种适宜南阳市麦后铁茬直播种植。适宜播期为 6 月上中旬，每 667 米^2 播种量 4～5 千克。行距 30～40 厘米，株距 13～15 厘米，留苗密度每 667 米^2 1.2 万～1.4 万株。一般每 667 米^2 施尿素 4～5 千克、磷酸二铵 15～20 千克、氯化钾 6～8 千克。开花结荚期遇旱及时浇水，提高百粒重，花荚期及时防治虫害。

6. 洛豆 1 号

豫审豆 2017001，洛阳农林科学院选育。洛豆 1 号为有限结荚品种，生育期 109～116.5 天。株型紧凑，株高 51.5～70.3 厘米；叶片卵圆形，有效分枝 2.6～2.8 个，主茎节数 12.1～14.7 个；紫花，棕毛，荚黄褐；单株有效荚数 42～45.3 个，单株粒数 77.5～93.5 粒，百粒重 23.6～24.9 克，籽粒圆形，种皮黄色，脐浅褐色；成熟落叶性好，倒伏 0.4 级。对大豆花叶病毒病 SC3 表现中抗，对 SC7 表现抗病。南阳市一般每 667 米^2 产量 150～200 千克。

品种利用意见：该品种适宜南阳市麦后铁茬直播种植。6 月上中旬为适宜播期，6 月 15 日前足墒播种最佳，每 667 米^2 播种量 4～5 千克，留苗密度每 667 米^2 1.25 万株。每 667 米^2 施氮、磷、钾复合肥（10 - 20 - 15）20～25 千克或者每 667 米^2 施二铵 20～25 千克，肥力较高地块尽量少施尿素。开花结荚期遇旱及时浇水，提高百粒重；花荚期及时防治虫害，提高商品质量。

六、花生外地品种

1. 白沙 1016

广东省澄海区白沙农场选育，1984 年通过河北省认定。白沙 1016 属早熟中粒珍珠豆型品种，生育期春播 110～120 天，夏播 95 天左右。株高 35 厘米左右，分枝约 8 个；出苗快而整齐，幼苗直立；叶片淡绿较大，宽椭圆形；节间短，茎秆粗壮；果柄短而韧，开花早而集中，不易落果；荚果整齐饱满，为茧形，双仁果多，百果重 190 克，百仁重约 80 克，出仁率 75％左右；种皮粉红色，有光泽，含油率 52.7％；抗逆性强，耐黏耐涝，抗旱抗病，耐瘠性较差。试种春播每 667 米² 荚果产量达 350～400 千克，高产可达 500 千克以上。夏播一般每 667 米² 产量 250～300 千克。

品种利用意见：该品种适宜南阳市春播或夏播种植。4 月中旬至 6 月上旬播种，地膜覆盖可在 4 月 10 日左右播种。春播每 667 米² 8 000～10 000 穴，夏播每 667 米² 10 000～12 000 穴，每穴双粒，播种深度 3 厘米为宜。利用上，每 667 米² 施氮、磷、钾花生专用肥 40 千克左右，生育期间采用前促、中控、后保的福达高产管理措施。注意防治病虫害，达到高产稳产、优质、高效。

2. 远杂 9102

豫审花 2002002，河南省农科院棉油所选育。珍珠豆型，夏播生育期 100 天左右。植株直立疏枝，主茎高 30～25 厘米，侧枝长 34～38 厘米，总分枝 8～10 个，结果枝 5～7 个；荚果茧形，果嘴钝，网纹细深，籽仁桃形，粉红色种皮，有光泽，百仁重 66 克，出仁率 73.8％。一般夏播每 667 米² 荚果产量 240.1 千克，春播每 667 米² 荚果产量 350 千克以上，籽仁 180 千克。粗脂肪含量 57.4％，粗蛋白含量 24.15％，油酸含量 41.1％，亚油酸含量 37.17％。

品种利用意见：该品种适宜南阳市夏播种植。夏直播种植 6 月 10 日左右，每 667 米² 1.2 万～1.4 万穴。

3. 远杂 9847

豫审花 2010006，河南省农业科学院经济作物研究所选育。远杂 9847 属直立疏枝型品种，夏播生育期 110 天左右。连续开花，主茎高 44.6 厘米，侧枝长 46.1 厘米，总分枝 7.7 个，结果枝 6.2 个，单株饱果数 10.2 个；叶片绿色、椭圆形、中大；荚果普通形，果嘴锐，网纹粗、稍深，缩缢较浅，果皮硬，百果重 174.2 克，饱果率 80.3％；籽仁椭圆形，种皮粉红色，有光泽，百仁重 68.2 克，出仁率 68.5％。春播一般每 667 米² 荚果产量 350～400 千克，高产可达 500 千克以上。

品种利用意见：该品种适宜南阳市春播种植。4 月 20～25 日播种，每 667 米² 密度 9 000～10 000 穴，每穴 2 粒。利用上，注意平衡施肥，做好前促、中控和后期根叶养护及病虫害防治。

4. 开农 1715

豫审花 2014002，开封市农林科学研究院选育。开农 1715 属高油酸花生品种，直立疏枝型，连续开花，生育期 122～123 天。主茎高 35.7～38.6 厘米，侧枝长 40.8～42.8 厘米，总分枝 7.1～7.6 个；结果枝 6.3～6.5 个，单株饱果数 10.8～11.2 个；叶片深绿、长椭圆形；荚果普通型，果嘴无，网纹浅、缩缢浅，百果重 194.7～214.9 克；籽仁椭圆形、种皮粉红色，百仁重 74.6～84.1 克，出仁率 67.5％～72.6％。抗网斑病（2 级），抗叶斑病（3 级），耐锈病（5 级），高抗颈腐病（发病率 6.7％）。粗脂肪含量 51.53％，蛋白质含量 24.48％，油酸含量 77.8％，亚油酸含量 5.5％，油酸亚油酸比值为 14.15。南阳市一般春播每 667 米² 荚果产量 400 千克左右，高产可达 500 千克以上。

品种利用意见：该品种适宜南阳市春播和麦套种植。春播 4 月中下旬播种，每 667 米² 10 000 穴左右；麦套 5 月上中旬播种，每 667 米² 11 000 穴。基肥以农家肥和氮、磷、钾复合肥为主，干旱时酌情浇水。化学调控，高水肥地块或雨水充足年份要控制旺长，通过盛花期喷洒植物生长调节剂，将株高控制在 35～40 厘米。全生育期注意病虫害防治。该品种是目前南阳市重点推广的高油酸优质花生品种之一。

5. 豫花 37

豫审花 2015011，河南省农业科学院经济作物研究所选育。豫花 37 属珍珠豆型高油酸品种，生育期 111～116 天，疏枝直立型。主茎高 47.4～52 厘米，侧枝长 52～57 厘米，总分枝 7.9～8.6 个，结果枝 6.1～6.9 个，单株饱果数 8.5～11.1 个；叶片黄绿色，椭圆形；荚果茧形，果嘴钝，网纹细、浅，缩缢浅。百果重 169～189.9 克，饱果率 77.5%～81.3%；籽仁桃形，种皮粉色，百仁重 67.2～71.5 克，出仁率 70.3%～73%。高抗网斑病，中抗叶斑病，抗颈腐病，感锈病。蛋白质含量 19.4%，粗脂肪含量 55.96%，油酸含量 77%，亚油酸含量 6.94%，油酸亚油酸比值为 11.1。南阳市一般春播每 667 米² 荚果产量 400 千克左右。

品种利用意见：该品种适宜南阳市春、夏播珍珠豆型花生种植区域种植。夏播在 6 月 10 日前播种，每 667 米² 10 000～11 000 穴，每穴 2 粒。播种前施足底肥，苗期要及早追肥，前期以促为主，中期注意控制株高，防止倒伏，花针期切忌干旱，生育后期注意养根护叶，成熟时及时收获。该品种是目前南阳市重点推广的高油酸优质花生品种之一。

6. 中花 26

GPD 花生（2018）420004，中国农业科学院油料作物研究所选育。中花 26 油食兼用，属于普通型早熟中粒品种，全生育期 124.9 天。主茎高 39.5 厘米，总分枝数 7.1 个；百果重 185 克，百仁重 78 克，出仁率 72%；籽仁含油量 53.71%，蛋白质含量 25.15%，油酸含量 78.6%，亚油酸含量 3.61%，油酸亚油酸比值为 21.8，茎蔓粗蛋白 12.5%。中抗叶斑病，中感锈病，高感青枯病，抗旱性强，抗倒性强。南阳市一般春播每 667 米² 荚果产量 400 千克左右，高产可达 500 千克左右。

品种利用意见：该品种适宜南阳市春花生种植区域种植。春播在 4 月中下旬，夏播不迟于 6 月 15 日，春播种植密度每 667 米² 0.8 万～1 万穴。注意青枯病防治。

卜连生，沈又佳，周春和，2003. 种子生产简明教程 [M]. 南京：南京师范大学出版社.

陈立云，2001，两系法杂交水稻的理论与技术 [M]. 上海：上海科学技术出版社.

陈燕，王岱萍，马惠应，2006. 两用系杂交棉制种技术 [J]. 现代农业科技，2006 (5X)：32-33.

董海洲，1997. 种子贮藏与加工 [M]. 北京：中国农业科学技术出版社.

盖钧镒，1997. 作物育种学各论 [M]. 北京：中国农业出版社.

高尊诗，陈庆，翟心田，等，2007.2004—2007 全国农作物新品种实用技术 [M]. 西安：西安地图出版社.

郭香墨，1997. 棉花新品种与良种繁育技术 [M]. 北京：金盾出版社.

郝建平，时侠清，2004. 种子生产与经营管理 [M]. 北京：中国农业出版社.

胡晋，2001. 种子贮藏加工 [M]. 北京：中国农业出版社.

胡晋，2010. 种子贮藏加工学 [M].2 版. 北京：中国农业出版社.

李向东，王绍中，2016. 小麦丰优高效栽培技术与机理 [M]. 北京：中国农业出版社.

梁金城，高尔明，1992. 栽培与耕作 [M]. 郑州：中原农民出版社.

刘纪麟，1991. 玉米育种学 [M]. 北京：中国农业出版社.

刘健敏，董小平，1997. 种子处理科学原理与技术 [M]. 北京：中国农业出版社.

刘晓红，2010. 杂交棉制种高产栽培技术 [J]. 新疆农垦科技 (1)：52-53.

麻浩，孙庆泉，2007. 种子加工与贮藏 [M]. 北京：中国农业出版社.

马育华，1985. 田间试验和统计方法 [M]. 北京：农业出版社.

马志强，马继光，2009. 种子加工原理与技术 [M]. 北京：中国农业出版社.

欧行奇，2006. 小麦种子生产理论与技术 [M]. 北京：中国农业科学技术出版社.

钱章强，樊贵义，1991. 杂交玉米制种技术 [M]. 合肥：安徽科技出版社.

宋志刚，2002. 种子包装与营销 [J]. 种子科技 (5)：11.

孙庆泉，2001. 种子加工学 [M]. 北京：中国科学技术出版社.

孙善康，1988. 棉花原种生产方法探讨 [J]. 种子 (5)：90-93.

孙羲，郭鹏程，张耀栋，等，1988. 植物营养与肥料 [M]. 北京：农业出版社.

孙元峰，杜海洋，2008. 农作物种子病虫害防治技术 [M]. 郑州：中原农民出版社.

孙元峰，杜海洋，2008. 作物种子病虫害防治技术 [M]. 郑州：中原农民出版社.

陶嘉龄，郑光华，1991. 种子活力 [M]. 北京：科学出版社.

王春平，陈翠云，赵虹，等，2003. 育种家种子的生产与保存 [J]. 种子，21 (6)：113-115.

王翠兰，陈永森，2009. 杂交棉制种方法 [J]. 农村科技 (12)：7.

王建华，谷丹，赵光武，2003. 国内外种子加工技术发展的比较研究 [J]. 种子 (5)：74-76.

王景升，1994. 种子学 [M]. 北京：中国农业出版社.

王育楠，2016. 南阳市建国以来花生生产和品种更换情况分析 [J]. 种子科技 (3)：64-65.

王育楠，2016. 南阳市建国以来小麦生产和品种更换情况概述 [J]. 种子科技 (9)：56-59.

王长春，1997. 种子加工原理与技术 [M]. 北京：科学出版社.

吴志行，1993. 蔬菜种子大全 [M]. 南京：江苏科学技术出版社.

武喆，2015. 蔬菜种子生产与管理 ［M］. 北京：中国农业出版社 .

颜启传，成灿士，2001. 种子加工原理与技术 ［M］. 杭州：浙江大学出版社 .

叶常丰，戴心维，1994. 种子学 ［M］. 北京：中国农业出版社 .

张光昱，2019. 关于南阳小麦品种利用现状的分析与思考 ［J］. 种子科技 （7）：46 - 48.

张鲁刚，2005. 白菜甘蓝类蔬菜制种技术 ［M］. 北京：金盾出版社

张天真，2004. 作物育种学总论 ［M］. 北京：中国农业出版社 .

张万松，王清莲，李友军，等，2015. 中国现代种子生产学 ［M］. 北京：中国农业出版社 .

张香柱，钱大顺，许乃银，等，2000. 杂交棉种子生产技术 ［J］. 种子科技，18 （5）：299 - 300.

张旭，1998. 作物生态育种学 ［M］. 北京：中国农业出版社 .

张兆合，傅传臣，王洪军，等，2011. 农作物栽培学 ［M］. 北京：中国农业科学技术出版社 .

赵洪璋，王金陵，孙济中，等，1979. 作物育种学 ［M］. 北京：农业出版社 .

赵玉巧，1998. 新编种子知识手册 ［M］. 北京：中国农业出版社 .

郑光华，史忠礼，赵同芳，等，1990. 实用种子生理 ［M］. 北京：中国农业出版社 .

郑跃进，刘宪法，袁建国，1997. 新编种子学 ［M］. 西安：陕西科学技术出版社 .

周武岐，陈占廷，1998. 玉米杂交种子生产与营销 ［M］. 北京：中国农业出版社 .

图书在版编目（CIP）数据

种子生产实用技术 / 张光昱，杨志辉主编 . —北京：
中国农业出版社，2020.9
ISBN 978 - 7 - 109 - 27309 - 2

Ⅰ.①种… Ⅱ.①张… ②杨… Ⅲ.①作物育种—中
国 Ⅳ.①S33

中国版本图书馆 CIP 数据核字（2020）第 172797 号

中国农业出版社出版
地址：北京市朝阳区麦子店街 18 号楼
邮编：100125
责任编辑：廖 宁 文字编辑：齐向丽
版式设计：王 晨 责任校对：沙凯霖
印刷：中农印务有限公司
版次：2020 年 9 月第 1 版
印次：2020 年 9 月北京第 1 次印刷
发行：新华书店北京发行所
开本：787mm×1092mm 1/16
印张：15.75
字数：450 千字
定价：68.00 元